·畜禽病防治及安全用药丛书·

猪病
防治及安全用药

罗超应　王贵波　◎主编

U0344891

化学工业出版社
·北京·

本书不仅对猪病的诊疗具有很强的实用性与系统性，而且还提供了猪病防治各类兽药与疫苗的作用特点、配伍与安全使用等方面的知识。这不仅可以促进猪病防治知识的普及，避免因对猪病的不识而造成的防治错误；而且还可以避免临床上“重病轻药”——只重视对猪病的诊断认识，而对药物作用特点及其配伍不太熟悉而胡乱堆砌用药，造成兽药的乱用与滥用。本书不但使临床猪病的防治有原则可依、有方法可循，也使猪病防治中的兽药使用更有针对性、更有效、更安全。

图书在版编目（CIP）数据

猪病防治及安全用药/罗超应，王贵波主编. —北京：化学工业出版社，2016.6（2021.2 重印）
（畜禽病防治及安全用药丛书）
ISBN 978-7-122-26768-9

Ⅰ.①猪… Ⅱ.①罗…②王… Ⅲ.①猪病-防治②猪病-用药法 Ⅳ.①S858.28

中国版本图书馆 CIP 数据核字（2016）第 073918 号

责任编辑：漆艳萍　　装帧设计：韩　飞
责任校对：边　涛

出版发行：化学工业出版社
（北京市东城区青年湖南街13号　邮政编码100011）
印　　装：北京缤索印刷有限公司
850mm×1168mm　1/32　印张11　字数297千字
2021年2月北京第1版第7次印刷

购书咨询：010-64518888
售后服务：010-64518899
网　　址：http://www.cip.com.cn
凡购买本书，如有缺损质量问题，本社销售中心负责调换。

定　　价：68.00元

版权所有　违者必究

猪病防治及安全用药

编写人员名单

主　　编　罗超应　王贵波

副 主 编　谢家声　李锦宇　何文斌　李建喜　王学智

参编人员　郑继方　罗永江　辛蕊华　杨　锐　何虎成　张志杰　侯红岩　韩　霞　李锦龙　谢姗姗

前言

FOREWORD

近年来，随着集约化与规模化养猪业的不断发展，在我国形成了规模化与散养共存的态势，不仅增加了猪病防控难度，使其危害极度增大，而且也造成了环境安全问题等严重的社会事件。如2010—2012年我国各地仔猪腹泻的大流行，哺乳仔猪病死率达到80%乃至100%，不少猪场出现了产房无仔猪的现象。2013年上海黄浦江死猪事件，更是惊动了全社会，此事件影响持续到2014年。其次，由于相关人员配备不到位，或其科学知识有限，造成疫苗与药物滥用，不仅使猪病防治效果大打折扣，甚或完全失效，而且还造成食品安全事件。在有些猪场，猪就好像是一个活靶子，一头猪要注射十几种疫苗，结果导致重要疾病免疫失败甚至排毒；饲料与饮水加药不按剂量，或者是应急乱配伍，猪好像就是一个“药罐子”，导致很多猪不是死于疾病，而是死于疫苗和药物的滥用。有鉴于此，我们会同猪病防治一线的临床专家，精心策划，认真编写而成本书，拟从当前猪病发生特点与防治原则、兽药与疫苗安全使用常识、常见猪病防治等方面，对猪病防治作一简洁而又比较系统的介绍；编写力求实用而又通俗易懂、系统而又重点突出、中西兽医结合而又图文并茂，以满足当前猪场诸病防治之急需。

由于笔者水平、时间有限，疏漏之处在所难免，还望使用者多提宝贵意见，以便今后进一步改进与完善。

编　者

目录

CONTENTS

第一章　当前猪病发生的特点与防治原则

第二章　猪病毒性传染病

第三章　猪细菌性传染病

第四章　猪寄生虫病

第五章 母猪疾病

第六章 其他疾病

第七章　兽药安全使用常识

第八章　兽药安全使用原则与方法

第九章　兽药禁用与停药期

第十章　疫苗安全使用常识与程序

第十一章　抗感染类药物的安全使用

第十二章　其他类药物的安全使用

第一章　当前猪病发生的特点与防治原则

chapter one

第一节　猪病发生特点

一、规模化养殖与散养并存，猪病防控难度加大

近年来，随着人们对肉的需求量不断加大，我国养猪业得到了巨大的发展，涌现出了一大批集约化、规模化、工厂化的养猪场。但随着这种养殖模式的急速增加，很多硬件设施和软件设施不能合理配套使用，或者厂房设计不合理，或技术力量薄弱等，造成很多养殖场出现了一系列影响发展的问题。而我国规模化养猪与散养并存的现状，更是增加了猪病防控难度，也使其危害极度增大。

据报道，2010年4月，我国广东、广西、福建、江西、湖北和山东，规模化猪场相继发生以哺乳仔猪呕吐和死亡为主要特征的严重腹泻，任何药物防治都收不到理想的效果，发病急、病程短，常在1～3天出现死亡。病猪出生2～3天后先出现呕吐症状，然后水样腹泻、迅速消瘦、脱水死亡。发病率为50%～100%、病死率80%～100%。2011年年初发生至2012年的高病死率哺乳仔猪腹泻，

给养猪业带来巨大损失，各种抗菌药物与抗病毒措施（干扰素、转移因子、卵黄囊抗体等）疗效之低，令人吃惊与困惑。哺乳仔猪病死率达到80%乃至100%，不少猪场出现产房无仔猪的现象。

2013年3月上海黄浦江死猪事件，曾引起了全社会的巨大震动与广泛关注。

二、新病时有出现，老病、少发病增多

由于饲养模式的变化与对外交流的增加，新病原时有发现。据统计，我国近10年来新出现畜禽传染病30余种，而猪病就有7种以上。有些传染病（如猪蓝耳病、猪圆环病毒感染等），在国外出现不久就相继在我国发现。其次，由于饲养模式、环境条件与管理技术等的原因，出现了许多新病（如异嗜癖、应激综合征、呼吸道综合征等）。再则，过去已被控制或较少发生的猪链球菌病、仔猪伪狂犬病、蓝耳病、仔猪多系统衰弱综合征等，近年来发病增多；仔猪水肿病、猪霉形体肺炎等往往不被人们重视的传染病，也有高发的趋势。

猪病发生日趋复杂，病因病原众多，为猪病的诊断与防治提出了更高的要求。如目前引起猪腹泻的疾病主要就有传染性胃肠炎、猪瘟、猪流行性腹泻、轮状病毒病、仔猪黄白痢、球虫病、红痢、痢疾、副伤寒、伪狂犬、猪丹毒等；引起母猪流产、死胎病的疾病有细小病毒病、乙型脑炎、伪狂犬、猪瘟、流感、水泡性病、巨细胞病毒感染、布氏杆菌病、蓝耳病等；引起呼吸道病的疾病有传染性萎缩性鼻炎、巨细胞病毒感染、曲霉菌病、气喘病、腺病毒感染、嗜血杆菌感染、接触性传染性胸膜肺炎、副伤寒、伪狂犬、流感等；引起神经性症状的疾病有伪狂犬、水肿病、链球菌、李氏杆菌病、副嗜血杆菌、破伤风等。

目前，我国养殖场（户）的猪病死淘汰率为发达国家的1～3倍，甚至更多，不少猪场在15%以上。而在猪病防治中，有些养殖户和兽医人员往往按经验处理，思想僵化，将思维定死在猪瘟、猪丹毒、猪肺疫等过去常见、多发的传染性疾病上，造成诊断失误，必然很难治愈。

三、混合感染与非典型性发病增多

目前，多病原混合感染已成为猪病发生的主要形式。其既有多种细菌相加，或多种病毒相加，如猪瘟与牛黏膜病毒病、猪瘟和猪繁殖与呼吸障碍综合征、圆环病毒病与猪瘟、猪繁殖与呼吸障碍综合征、细小病毒病、猪气喘病与巴氏杆菌、猪传染性胸膜肺炎混合感染等；也有多种细菌与病毒相加的，或与附红细胞体相加的。或是一种或几种疾病原发，再继发或并发其他疾病，使其临诊表现和病理变化不像单纯感染那么典型，给猪病的诊断和防治带来了更大的难度。如在2006年，猪“高热病”闹得全国一片热，犹如当年“附红细胞体病”闹成全国一片红一样，好像有什么新病原；而据某地区对653例的相关病料抗原检测（100%）时发现，猪瘟病毒检出率为42.4%，圆环病毒2型为37.7%，蓝耳病为29.1%，伪狂犬病为10.1%，支原体肺炎为22.8%，副嗜血杆菌为25.6%，传染性胸膜炎为20.8%，弓形体病为3.1%，霉菌毒素为8.3%等。这些已知病原在不同地区甚至同一地区的多重感染组合可能不同，但其共同表现是“看啥不像啥，看啥又像啥”。几种病毒、细菌和霉菌毒素混合感染或继发感染表现出的复杂综合征，发热只是其中之一，却让人觉得好像存在什么神秘病原，而事实上并非什么新病原，或某种单一病原所致，从而给判断与防控对策的制定带来了极大的困难。

多病原体的混合共存，其中一些能抵御或破坏宿主的防御系统，使共生病原体得到保护。尤其重要的是，混合感染常使抗生素活性受到干扰，体外药敏试验常不能反映出混合感染病灶中的实际情况，使得依据药敏试验结果这一传统的抗生素使用的“黄金标准”受到了严峻的考验。过去猪病多是急性典型发作，侵害导致猪发病和死亡，用疫苗与药物进行单纯的特异性防治十分有效；而当前的猪病多是以猪免疫系统受损而导致多种病原并发、继发或复合感染为特征，改变了病原与猪体之间的原有关系，造成了许多猪病以非典型或综合征的形式出现。其发病也许并不很急，但就是难以控制与治愈。

温和型、慢性及隐性传染病逐年增多，使种公猪、母猪、后备种猪、初生仔猪、保育猪、育肥猪等同一猪场中的各类型猪，均可感染疾病。临诊上母猪多表现为流产、死产、产弱仔及震颤；仔猪多表现为生长迟缓、成为僵猪、产生免疫耐受、发生免疫失败等，给整个养猪业带来巨大的经济损失。如20世纪六七十年代，猪瘟一直是养猪业的头号杀手，经过几十年的努力，猪瘟已经得到了有效控制；但猪瘟现在并没有绝迹，只不过临诊症状与以前已大不相同了，多数表现为亚临诊感染或呈现温和型变化。据统计，我国每年因为非典型猪瘟死亡的数量占当年全部因病致死猪数量的三分之一左右，如果算上因为该病导致的死胎、流产、种猪淘汰等，造成的直接损失高达10亿元人民币左右。

四、免疫抑制性因素增多

为什么有些猪场，疫苗应用与免疫程序似乎都无可挑剔，却总有散发的或疑似的猪瘟发生？支原体肺炎、副猪嗜血杆菌病似乎无处不在，用疫苗也无济于事；特别是人工免疫后群体免疫效价低和抗体效价整齐度差，其原因不是疫苗质量变差了、病原体的毒力变强了，而是产生了所谓的猪群免疫抑制现象。如我国猪瘟兔化弱毒疫苗是世界公认最好的预防猪瘟的疫苗；研究也发现，我国猪瘟病毒野毒株中也并没有出现能抵抗现行疫苗免疫作用的突变强毒株，但近七八年来，却不断有猪场在多次使用疫苗后仍发生猪瘟的报告。其原因固然是多方面的，如有疫苗保存、运输及使用不当等；但更多的与猪群发生免疫抑制现象有很大的关系。

免疫抑制是指由于猪免疫系统遭到破坏而引起的临时性或永久性免疫应答功能障碍，从而导致猪对病原的敏感性提高，造成低致病力病原或弱毒疫苗也可能感染发病的一种临诊常见病理现象。引起猪群产生免疫抑制的因素很多，既有传染性因素，也有非传染性因素。传染性因素如蓝耳病、圆环病毒病、伪狂犬病、猪瘟、支原体肺炎、细小病毒感染、猪流感、巨细胞病毒感染以及许多细菌的感染；非传染性因素如遗传因素、毒素毒害作用、营养因素、药物因素、疫苗因素与理化因素等。传染性因素将在后面的疾病章节中进行介绍，在此就仅对非传染性因素做一简单介绍。

先天性免疫缺陷、染色体异常、先天性胸腺发育不全症、先天性脾脏发育不全等遗传性因素可引起的体液免疫缺陷，可导致疫苗免疫失败。复合维生素B、维生素A、维生素C、维生素E和微量元素铜、铁、锰、锌等，都是猪免疫器官发育，T淋巴细胞、B淋巴细胞分化、增殖，受体表达、活化以及合成抗体和补体的必需营养物质；而如果饲料中营养不均衡、缺少或过多或各成分搭配不当，就会造成猪免疫系统萎缩和麻痹，导致免疫抑制。氨基糖苷类（庆大霉素、卡那霉素等）、四环素类、氯霉素、新霉素以及糖皮质激素等抗生素都具有一定的免疫抑制作用，长期大量的使用磺胺类药物，可造成动物免疫系统抑制，免疫器官出血与萎缩等。地塞米松可减少淋巴细胞的产生，具有免疫抑制作用，并影响疫苗的免疫效果。疫苗免疫剂量不够，或超大剂量注射疫苗，或疫苗免疫次数过多等，都会造成猪体免疫应答麻痹，导致免疫抑制。苯酚类、甲醛消毒剂、重金属、过量的氟等，能毒害和干扰机体免疫系统正常的生理功能，降低免疫器官活性，使抗体生成减少。大量照射紫外线均可杀伤骨髓干细胞而破坏其骨髓功能，导致造血功能和免疫功能的丧失。

五、饲养管理性发病增多

随着集约化与规模化养殖的发展，有些人片面地追求大规模与密集化，让猪生活在集中营式的圈舍中。限位栏，限产床，不给放风，不见阳光，“只吃饭没有菜”，3周断奶、剪牙、断尾，使猪遭受的应激反应与痛苦超过了其承受能力而处于亚健康状态，从而使其体质衰弱、免疫力下降、疾病易感性增强。许多养殖户为了所谓的低投入与高产出，使用一些低价而配合不全的饲料，结果导致育肥猪营养缺乏而产生各种应激反应，或诱发出许多规模化猪场的常见疾病。如公猪肢蹄病是临诊常见的疾病，就是常因为猪舍地面和运动场地设计得不科学或因为遗传因素而引起。盲目从国外引种，带来外来病原，而国内活猪大流通又导致病原大扩散。规模化养猪场引来外来病原带给散养户，反过来散养户又威胁规模化猪场的安全。

规模化养猪场规划不到位，污染严重超过消纳能力，没有从根本上解决养殖小区的防疫与污染两大问题。更有甚者，许多猪场的污水不经处理直接排出，病死猪没有按照规定处理而随便丢弃，使其实际上成了百病园，污水横流，污物遍地，老鼠乱窜，蚊蝇满天。猪场周围土壤、水体、空气遭到各种有毒有味气体及病原微生物的严重污染，成为最危险的疫源地。随着规模化养殖场的增多和规模不断扩大，环境污染越加严重，细菌性疫病和寄生虫病明显增多，如猪大肠杆菌病、弓形体病、附红细胞体病等。其中不少病的病原广泛存在于养殖环境中，可通过多种途径传播，这些环境性病原微生物已成为养殖场的常在菌和常发病。

由于相关人员配备不到位，或其科学知识有限，造成疫苗与药物滥用，不仅使猪病防治效果大打折扣，甚或完全失效；而且还造成食品安全事件。在有些猪场，猪就好像是一个活靶子，一头猪要注射十几种疫苗，结果导致重要疾病免疫失败甚至排毒；饲料与饮水加药不按剂量，或者是应急乱配伍，猪好像就是一个“药罐子”，导致很多猪不是死于疾病，而是死于疫苗和药物的滥用。

第二节　猪病防治总原则

一、预防为主，综合防控

随着集约化与规模化养猪业的不断发展，猪一旦发病就往往不是一两头，不仅危害大，损失严重，而且治疗起来也比较困难与麻烦，所以对猪病的预防可以说没有人不重视。然而，对于如何来预防猪病，人们却还存在着许多误区。如有些人认为猪病预防就是简单的“注射疫苗”，而不太重视或往往忽视疫苗使用的条件及其各种影响因素对其结果的影响，结果是虽然使用了疫苗，甚或是多种疫苗连续的使用，最后却造成了疾病免疫失败甚至排毒。有些人错误地理解猪感染性疾病的防治就是抗病原体治疗，不仅抗病原体药物开发与使用成为除疫苗以外，人们对付感染性疾病的最主要选择，而且药敏试验结果成了抗病原体药物使用的“黄金标准”。然而，随着人们对抗病原体药物与疫苗多次密集使用具有抑制机体免疫功能等副作用认识的日益增多，以及人们越来越多地认识到，感染性疾病的发生、发展与转归，不仅取决于病原体毒力与数量一个方面，而且也与机体的免疫功能状态等机体因素密切相关。抗生素的作用无论多么强大，最后杀灭和彻底清除微生物还有赖于机体健全的免疫功能。机体免疫功能状态良好，抗生素选择适当，可迅速、彻底地杀灭、清除病原微生物；反之，机体免疫功能低下，抗生素无论如何有用，也难以彻底杀灭并清除病原微生物。还有脓肿形成、抑制抗生素的物质产生，或者在实验室条件下没有表现出来，但在动物活体中产生的毒素等，使实验室药敏试验结果与临诊疗效常常无关。据报道，急性细菌性心内膜炎伴有严重贫血及营养不良患者，尽管药物敏感试验对青霉素敏感，但治疗数天后仍未取得理想疗效，后经输血及加强支持治疗，病情很快好转。有些细菌感染性病例用特效抗生素治疗时无效，而结合几乎无抗菌作用的中药［由于大多数中药的MIC（最小抑菌浓度）太高，几乎都可以被判定为无抗菌作用］或针灸进行治疗，却取得了很不错的临诊疗效。故有人指出，使用抗生素治疗感染性疾病时，必须注意综合治疗，处理好抗生素、病原体与机体三者的相互关系。改善机体状况，增强免疫力，充分调动机体的能动性，才能使抗生素更好地发挥作用。因此，在猪病防治中，我们不仅要树立预防为主的思想，而且还要认识到疾病发生与预防的多因素成因及其复杂性，坚持综合防控，才能收到更为理想的防治效果。

1.建立完善的预防接种程序，科学合理使用疫苗

目前疫苗接种依然是猪病防控的最有效与最经济的方法之一。

疫苗接种要根据猪场与本地区猪病发生与流行的规律、特点与季节性等，有针对性地制定相应的预防程序。其程序要做到常规预防接种与紧急控制接种相结合；既要制度化，又要有一定的灵活性；既要有重点，以减少不必要的接种麻烦、经济负担及其对重点疾病预防的干扰与影响，又要兼顾其安全性与有效性，最大限度地减少猪病尤其是重大疫病的发生及其所带来的经济损失。

2.搞好环境卫生与消毒，隔绝或减少外部病原的传入与群体间的交叉感染

当前威胁养猪业发展的最主要猪病依然是感染性疾病，尤其是随着集约化与规模化养殖的发展，防治感染性猪病的发生是养猪场或养猪户的最大任务之一。感染性猪病虽然可以通过疫苗接种与抗病原体药物进行防治，但由于感染性猪病种类愈来愈多，疫苗与抗病原体药物使用的日益频繁，使其临诊疗效多受影响；尤其是猪病混合感染的日趋增加，使疫苗接种与抗病原体药物防治面临着愈来愈严峻的挑战。而搞好环境卫生与消毒，从物理、化学的角度杜绝或减少外部病原的传入与病原在群体之间的交叉感染，不仅安全可靠，而且也更经济实惠。

3.加强饲养管理与营养平衡，增强猪体抗病能力

当前猪病不仅饲养管理性发病增多，单纯药物治疗效果不佳；而且许多所谓的感染性疾病的发生与发展，实际上都与饲养管理与营养平衡密切相关。如仔猪腹泻、猪流感、支原体性肺炎等病都可以认为是由病菌或病毒等多种病原体感染所致，但其发生、发展与转归却并不完全是由病原体所决定的，还与环境、气候、营养与应激反应等饲养管理因素有很大的关系。加强猪的饲养管理与营养平衡，减少各种应激反应，增强猪体抗病能力，不仅可以减少与预防各种猪病的发生，也有利于患病猪的康复。

4.妥善处理病死猪及其污染物，以减少病原扩散与猪群体之间的交叉感染

随着规模化与集约化养猪业的不断发展，病死猪及其污染物的

处理面临着愈来愈大的压力与挑战。其一，因为处理不当而引起的社会问题（如上海黄浦江死猪事件等），愈来愈多地引起了人们的广泛关注。其二，病死猪及其污染物处理不当，几乎都可以成为猪病再次发生的感染源或传染源，给猪病的防治带来更大的威胁。因此，我国农业部办公厅在2013年3月13日发布了“关于进一步加强病死动物无害化处理监管工作的通知”，要求各地卫生监督机构要加强对养殖场（户）的日常监督检查，各地要严格按照《动物防疫法》等法律法规的规定，对不按照规定处置染疫动物和动物产品、病死或者死因不明动物尸体，以及经检疫不合格的动物、动物产品的，责令无害化处理，同时予以处罚，情节严重的，要移交公安机关立案查处。在2013年10月15日又颁发了《病死动物无害化处理技术规范》，以进一步规范病死动物无害化处理操作技术，有效防控重大动物疫病，确保动物产品质量安全。

二、合理用药，科学预防与治疗

由于当前混合感染或多病因所致的猪病日益增多，尤其是免疫抑制性疾病与因素的增多，对猪病的预防就不仅是疫苗与抗病原体药物的使用了；而且由于各种药物抗病原体的性能不同，预防用药不仅要有所选择，而且更要科学合理。

1.改变用抗生素等抗病原体药物进行猪病预防的错误做法

由于病前无法进行药敏试验而长期无目标用药，其不仅不能预防猪病，增加了猪病防治的经济负担，造成了药物残留与食品安全事件等社会问题的发生，而且还可能造成猪体内肠道菌群混乱与机体免疫功能抑制，导致严重的继发感染、疫苗免疫失败与病菌耐药性的发生，给疾病的防治带来极大的困难，所以世界各国越来越多地都在禁止或控制饲料添加抗生素来预防疾病的做法。平时可根据猪场的不同情况及猪的不同生长阶段，主要采用非抗病原体类药物或补益、消导及安神类中药等，通过促进生长与提高机体抗病能力，来进行预防。

2.做好应急控制准备

在平时做好预防接种、环境卫生与消毒等措施的基础上，根据猪场和本地区猪病发生与流行的经验与规律，做好相应药物储备及其药敏试验等器材设备的准备工作。一旦发生疫情，最好先进行药物敏感试验，选择高敏感性的药物用于病情控制。如果发病较急来不及进行药敏试验，可先根据临诊特征与流行病学特点，结合往年的经验，选择安全性好、抗菌谱广的药物一边防控，一边进行药敏试验，再根据后者修正用药，切不可乱用滥用药物。

3.保证用药的有效剂量与时间

不同药物与不同途径给药的药物用量与时间都不相同，如同一种药物的口服剂量、肌内注射与静脉注射的用量与间隔都不一样，在临诊上要严格按照说明进行使用。药物用量过小，时间过短，不仅达不到防控要求，耽误病情，而且还有可能促使诱发病原耐药性的产生；而药量过大或用药时间过长，不仅可以增加猪病防控的经济负担，而且还有可能引发临诊中毒反应与增加药物残留和食品安全事件的发生；尤其是有些药物进入机体后代谢排出缓慢，连续长期用药可引起药物蓄积中毒或产生一定的副作用。如猪患慢性肾炎，长期使用链霉素或庆大霉素可在体内造成蓄积引起中毒；长期大剂量使用喹诺酮类药物会引起猪的肝肾功能异常；氨基糖苷类（庆大霉素、卡那霉素等）、四环素类、氯霉素、新霉素、磺胺以及糖皮质激素等药物都具有一定的免疫抑制作用，长期大量使用可造成动物免疫系统抑制、免疫器官出血与萎缩等；疫苗免疫剂量不够，或超大剂量注射疫苗，或疫苗免疫次数过于密集等，都会造成猪体免疫应答麻痹，导致免疫抑制等。

4.选择合适的给药途径

随着集约化与规模化养殖的增多，饲料添加或饮水给药无疑最方便，也是人们选择最多的一个给药途径。然而，有些药物不溶于水，不适宜于饮水添加；而有些剂型又不适合于拌料添加；还有些病情不适合于饲料添加与饮水给药。如有些病可以引起猪饮食欲废绝而不吃不喝，就无法通过饲料添加与饮水给药来保证药物的有效用量；有些病情紧急，需要抢救性用药等，静脉注射或腹腔注射等就比较合适，而通过饲料或饮水添加给药就无法及时完成。因此，根据病情、药物及其剂型，选择合适的给药途径，是取得良好临诊疗效的重要条件之一。

5.确保药物的有效摄入

饲料添加或饮水给药时，为了保证药物全部被猪食入，不仅其药物拌入的饲料或饮水要少于猪的饮食量，而且还要先行适度限制饮食。同时，还要注意别让个别猪漏食饮或贪食饮，以尽量减少药物漏给或过量。

6.合理地联合用药

由于目前猪病越来越多的是混合感染性发生，联合用药就成为猪病防治中的最常见选择。合理地联合用药常常可以达到事半功倍的效果，而配伍用药不当便是事倍功半甚或是劳而无功。根据抗菌的强度（抑菌或杀菌）和作用的快慢，可将抗菌药物分为：第一类繁殖期速效杀菌剂，如青霉素类、头孢菌素类药物等；第二类静止期慢效杀菌剂，如氨基糖苷类、多黏菌素类药物等；第三类速效抑菌剂，如四环素类、大环内酯类、氯霉素类药物等；第四类慢效抑菌剂，如磺胺类药物等。其第一类和第二类联用，如青霉素、链霉素联用，有增强抗菌作用；第一类和第三类联用会有拮抗作用；第一类和第四类联用，如青霉素类+磺胺嘧啶（SD）类配伍，可能无影响，意义不大；第二类和第三类联用，有协同作用；第三类和第四类联用，有协同相加作用；第二类和第四类联用，有协同作用。

其次，中西药合理配伍可以取长补短，提高与改善临诊疗效。这不仅是由于中西兽医学认识方法与经验积累方式不同，而且以往的诊疗实践也已证明，中西兽医结合辨病与辨证相结合能有效地提高与改善中西药的临诊疗效。如针对当前兽医临诊上猪免疫抑制性疾病日益增多与难以防治的情况，可采用黄芪多糖配合干扰素、灵芝多糖配合白细胞介素与免疫核糖核酸、香菇多糖配合胸腺肽、左旋咪唑配合转移因子与免疫球蛋白等中西药物相配伍，以通过调节免疫作用与激活免疫细胞，来达到增强猪体免疫功能、提高免疫力与抗病力的效果。据报道，痢菌净不同途径给药治疗仔猪白痢病比较观察发现，后海穴注射痢菌净3毫克/千克体重，总有效率分别较肌内注射5毫克/千克体重与口服痢菌净片10毫克/千克体重提高20.3%～21.6%和37.8%～38.8%，疗程平均缩短25.2～25.6小时和55.0～55.4小时，投药次数平均减少2.9次和4.99次。

7.考虑猪的品种、性别、年龄与个体差异，合理用药

幼龄猪、老龄猪及母猪对药物的敏感性与成年猪和公猪不同，其药物用量应当相对小一些。怀孕后用药不当易引起流产。同种猪不同个体对同一种药物的敏感性也存在着差异，用药时应加倍注意。体重大、体质强壮的猪，比体重小、体质虚弱的猪对药物的耐受性要强，因此对体重小、体质虚弱的猪，应适当减少药物用量。

三、正确认识和处理群体与个体的关系

随着集约化与规模化养猪业的发展，群防群治在猪病防治中所占的比例越来越大。然而，猪群是由一个个猪体所组成的，而且猪群发病往往是先由个别的1头或几头猪发病，或者是1头或几头病猪有可能传染给整个猪圈或猪群的猪。其次，由于猪群中不同个体发病时间、进程及轻重不完全一致，导致不同个体对疫苗与药物的反应有所不同；尤其是由于饮食欲的不同，而导致了通过饲料添加或饮水给药的差别，从而使有些个体无法保证有效的给药剂量而影响疗效。因此，在猪病防治中，一定要正确认识和处理群体与个体的关系。

1.重视个体征兆性，着眼全群处理

无论是猪群感染性疾病还是营养代谢性疾病等，其发生往往都是先由个别的1头或几头猪出现，然后再波及或传染给整个猪圈或猪群的猪。因此，我们在任何时候既要重视对个别猪发病的识别与处理，更要着眼全群，重视个别猪发病的群体征兆性。即在发现个

别的1头或几头猪发病时，不仅要对其个体进行必要的、及时的诊断与治疗处理，而且更要以整个猪群发病的先兆或传染源来对待。即在对其个体进行处理时，首先要排除群体发病的可能，或在对群体做好预防处理的基础上，对其做好隔离、治疗及其病死动物的无害化处理。换句话来说，就是一定要有全局观念，在首先保证全局安全的前提下，来确定进一步的治疗与无害化处理措施；尤其是在有可能是烈性重大传染病时，要严格地按照有关防疫规定进行。如农业部2007年4月重新发布了《14个动物疫病防治技术规范》，涉及猪病的有《口蹄疫防治技术规范》《布鲁菌病防治技术规范》《猪伪狂犬病防治技术规范》《猪瘟防治技术规范》与《炭疽防治技术规范》；2007年6月又发布了《高致病性猪蓝耳病防治技术规范》等，请遵照执行。

2.群体处理为主，兼顾个体特殊处理

在对发病群体进行整体防治处理时，要注意对病情较重的个体进行特别的处理，以保障不同个体用药均衡与足量，提高猪病防治的效率。其一，有些个体由于体况较差或病情较重，造成饮食欲较差，在饮水与饲料添加给药时易造成给药量不足，而其他猪却有可能过饮过食而超量，造成额外的病情贻误、加重、中毒乃至死亡。其二，在感染性疾病的防治中，有些个体由于病情较重甚或衰竭，单纯的抗感染防治不足以维持其生命，有可能出现虽然进行了有效的抗感染防治，但猪的病情依旧加重甚或死亡。在这种情况下，适当的支持疗法与特殊护理，如补饲、保暖与液体疗法等，就可以很大程度地提高猪病的防治效率。

四、防治规范化与程序化

猪病防治不仅责任重大，而且其牵涉面广、程序复杂，稍有疏忽或遗漏，就有可能造成巨大的经济损失。另外，无论是现代科学技术发展还是已有的猪病防治经验积累，都已经形成了相当成熟的规范化与程序化操作。如2009年国家标准颁布《集约化猪场防疫基本要求》(GB/T 17823—2009),代替了原来的《中、小型集约化猪场兽医防疫工作规程》(KGB/T 17823—1999),农业部从2001年到2005年陆续发布了多个有关猪病防治的技术规范。因此,猪病防治规范化与程序化不仅必要,而且也有可能实施。

1. 日常预防规范化

(1)建立严格的消毒制度　第一,在猪场大门处要设立水泥消毒池,其长度要大于汽车轮1周半,并要定期更换其消毒药液。生产区门口应设立更衣室、消毒室和消毒池。非工作人员尽量避免进入猪场,凡要进入场区的人员,都要更衣、换鞋后进行消毒,方可入内。第二,猪舍要保持良好的通风条件,尤其是北方的冬天不能因为要保暖而放弃通风。猪舍要每天清扫,定期消毒。第三,尽量采用猪只全进全出的饲养制度。一批猪转出,在对猪舍进行彻底消毒与空闲1周后,方可进下一批猪。第四,对种猪可选用对人、畜无害的消毒药带猪喷雾消毒,而无需转出。同时,对仔猪应注意保暖。

(2)建立疫病检疫监测制度　第一,尽量做到自繁自养,若从外地引进,要严格地进行检疫。要至少隔离饲养与观察3周以上,确认无病后方可混群饲养。第二,每天至少早、晚两次巡视猪舍,对异常猪要进行隔离观察、诊断和处理;对死亡猪,要进行复检,做出明确诊断。第三,有条件的猪场应建立兽医诊断室,便于对传染病和寄生虫病进行监测。第四,建立详细的疾病检查、复检、诊断、治疗、处理等记录,有助于了解疫病动态。

(3)建立可行的免疫、驱虫制度　第一,结合本场猪群的实际情况,并参考社会,尤其是邻近地区疫病流行状况,制定相应的免疫程序和驱虫计划。第二,免疫前、后应做好免疫水平监测,以确定免疫最佳时机,并观察免疫效果。第三,因地制宜进行药物预防,正确使用饲料添加剂。第四,严格做好尸体无害化处理。发现死猪,应送剖检室解剖,并及时做出诊断,然后对尸体进行烧毁或深埋等无害化处理。第五,若猪场发生传染病,则应按传染病的性质，采取相应的检疫、隔离、封闭、消毒等措施，及时控制和扑灭疫病，减少经济损失。

2.疫病扑灭规范化

（1）隔离　当猪群发生传染病时，应尽快作出诊断，明确传染病性质，立即采取隔离措施。一旦病性确定，对假定健康猪应进行紧急预防接种。隔离开的猪群要专人饲养，用具要专用，人员不要互相串门。根据该种传染病潜伏期的长短，经一定时间观察不再发病后，再经过消毒后可解除隔离。

（2）封锁　在怀疑发生及流行一二类危害性大的烈性传染病时，应立即报告当地政府主管部门，划定疫区范围进行封锁。封锁应按“早、快、严、小”的原则，根据该疫病流行情况和流行规律进行。针对不同的传染源、传播途径、易感动物群，封锁要采取不同的相应措施。

（3）紧急预防和治疗　一旦发生传染病，在查清疫病性质之后，除按传染病控制原则进行诸如检疫、隔离、封锁、消毒等处理外，对疑似病猪及假定健康猪可采用紧急预防接种，预防接种可应用疫苗，也可应用抗血清。

（4）淘汰病畜　淘汰病畜，也是控制和扑灭疫病的重要措施之一。农业部2007年4月颁布的《口蹄疫防治技术规范》《布鲁菌病防治技术规范》《猪伪狂犬病防治技术规范》《猪瘟防治技术规范》《炭疽防治技术规范》与《高致病性猪蓝耳病防治技术规范》，对这几种传染病的患病猪均应扑杀，并进行无害化处理。病死动物无害化处理应遵循农业部办公厅在2013年3月13日发布的“关于进一步加强病死动物无害化处理监管工作的通知”与2013年10月15日颁发的《病死动物无害化处理技术规范》。

3.防治用药的规范化与程序化

（1）防治用药的规范化　猪病防治用药不仅要依据猪病的发生情况而定，而且还要根据其有可能造成的食品安全性威胁等确定。为此，我国农业部陆续发布了《饲料药物添加剂使用规范》（农业部公告第168号，2001年9月）、《禁止在饲料和动物饮用水中使用的药物品种目录》（农业部公告第176号，2002年2月）、《食品动物禁用的兽药及其它化合物清单》（农业部公告第193号，2002年4月）、《部分国家及地区明令禁用或重点监控的兽药及其它化合物清单》（农业部公告第265号，2003年4月）、《兽药国家标准和部分品种的停药期规定》（农业部公告第278号，2003年5月）、《兽药地方标准废止目录及禁用兽药补充》（农业部公告第560号，2005年10月）等，应该遵照执行。

（2）防治用药的程序化　无论是疫苗还是防治药物的使用，都有一个疗程的问题，尤其是疫苗加佐剂，抗生素，抗生素加增效剂、缓释剂，加辅助治疗药物等的使用，都有一个不同时机的相互配合问题，要按疗程用药，勿频繁换药。一般情况下，抗菌药物首次用量加倍，第二次可适当加量，症状减轻时用维持量，一般用药3～5天。为了巩固疗效，症状消失后，追加用药1～2天。药物预防时，7～10天为一个疗程，拌料混饲。

五、用药规模化与精准化

随着集约化与规模化养猪的日益普及，猪病防治中的给药规模化与精准化要求也日趋严格。如疫苗预防接种，不仅每次数量巨大，而且对每一头猪也不能马虎，都需要精准到位。如果有个别的猪免疫失败，不仅是个体的问题，而且还要影响到整群乃至整圈的猪。饲料添加与饮水给药，简洁方便，但要注意个别猪饮食欲改变所造成的食入药量变化，防止个别猪给药不足，而其余猪又给药超量。其次，为了保证药物的全部摄入，可在给药前进行适当地限制饮水或饮食，混饲的饲料量与混饮的水量应少于当时的定量。

第二章 chapter two

猪病毒性传染病

第一节　猪瘟

一、概念

猪瘟俗称“烂肠瘟”，是由黄病毒科猪瘟病毒属的猪瘟病毒（CSFV）引起的一种急性、发热性、接触性传染病。其主要特征是高温、微血管变性而引起全身性出血、坏死、梗死，具有高度传染性和致死性。世界动物卫生组织（OIE）将其列为A类传染病，我国将其列为一类动物疫病。

本病仅发生于猪，各年龄、品种的猪（包括野猪）都易感。病猪和带毒猪是最主要的传染源，引进外来带毒猪是猪瘟暴发最常见的原因。病猪由尿、粪便和各种分泌物排出病毒，屠宰时血液、肉和内脏可大量散布病毒。部分健康猪感染猪瘟病毒后1～2天，在未出现症状前就能排毒。部分病猪康复后5～6周仍带毒和排毒。蝇类、蚯蚓、肺丝虫都可在一定时间内保存猪瘟病毒。该病主要经扁桃体、口腔黏膜及呼吸道黏膜感染。弱毒株感染母猪后，病毒可以通过胎盘感染胎儿，产生弱胎、死胎、木乃伊胎。部分胎儿产出后发生先天性震颤、共济失调，存活者可发生持续性感染。被猪瘟病毒污染的饲料、饮水、饲养用具、运输工具、饲养及管理人员的工作服、鞋及医疗器械等都可成为传播媒介。猪瘟病毒空气传播不会远距离发生，而在单个的猪棚里会发生，或者距离相差不到500米的猪群之间也会发生。人工授精也能够导致猪瘟的传播。经过免疫的母猪所产仔猪，1月龄以内很少发病，1月龄以后易感性逐渐增加。繁殖障碍型猪瘟多表现为新生仔猪发病、死亡。猪瘟病毒能引起免疫抑制，发生猪瘟时容易继发或并发猪肺疫、副伤寒等疾病。

有机溶剂（乙醚或氯仿）和去污剂可以使猪瘟病毒灭活，2%NaOH是猪场常用的有效消毒剂。猪瘟病毒在冷冻、潮湿以及富含蛋白质的条件下可以长期生存，但在液体中，20℃仅可以存活2周，4℃不超过6周。猪瘟病毒在pH值5～10时相对稳定，pH值低于5时，温度越高越易灭活。在相同温度和pH值下，不同毒株的稳定性不同，但灭活条件主要取决于介质。如细胞培养物中，猪瘟病毒在60℃，10分钟就丧失了感染性，但在去除纤维蛋白的血液中，68℃、30分钟以上仍能够存活。

二、临诊特征与诊断

1.临诊症状

潜伏期一般为5～7天，短的2天，长的可达21天。

（1）最急性型　多见于流行初期，突然发病，症状急剧，全身痉挛，四肢抽搐，高热稽留，皮肤和黏膜发绀，有出血斑点，经1～5天死亡。

（2）急性型　此型最常见。体温41℃左右，稽留热，行动缓慢，头尾下垂，拱背，寒战，口渴，喜卧一处或闭目嗜睡，眼结膜发炎，眼睑浮肿、有黏脓性分泌物，腹下、耳根、四肢、嘴唇、外阴等处可见紫红色出血斑点（图2-1）。病初粪便干，后期腹泻，粪便呈灰黄色。公猪包皮内积有尿液，用手挤压后流出浑浊灰白色恶臭液体。哺乳仔猪，主要表现神经症状，如磨牙、痉挛、角弓反张

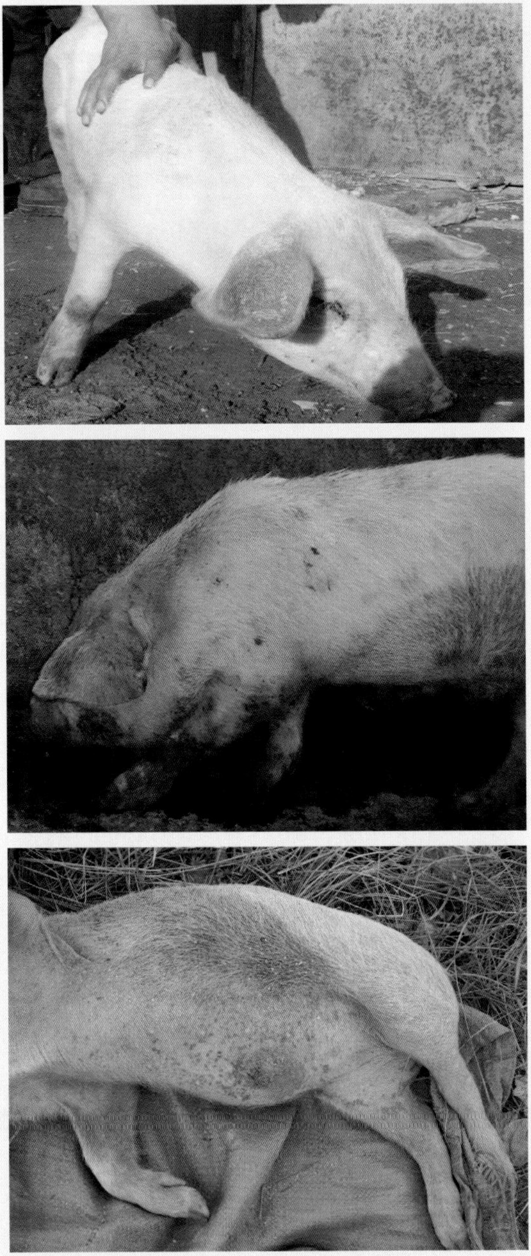

图2-1 皮肤出血斑点

或倒地抽搐，最终死亡。

（3）亚急性型　此型常见于老疫区或流行中后期的病猪。症状较急性型缓和，病程20～30天。

（4）慢性型　主要表现消瘦，贫血，全身衰弱，常伏卧，步态缓慢无力，食欲不振，大便干和腹泻交替出现。有的病猪耳端、尾尖及四肢皮肤上有紫斑或坏死痂。病程1个月以上。不死亡者，长期发育不良而成为僵猪。

（5）温和型　病情发展缓慢，病猪体温一般为40～41℃，皮肤常无出血点，但在腹下多见淤血和坏死。有时可见耳部及尾巴皮肤坏死，俗称干耳朵、干尾巴。病程长达2～3个月。

（6）繁殖障碍型　妊娠母猪感染后，可通过胎盘将病毒传给胎儿，造成流产、产死胎、产木乃伊胎或产出弱小仔猪，也可产出外表正常的仔猪。多数仔猪出生后陆续发病死亡；个别虽能长期存活，但呈持续感染和免疫耐受状态，成为猪场危险的传染源。

2.病理变化

肉眼观察病变为小血管内皮变性引起的广泛性出血、水肿、变性和坏死。显微镜检查，网状内皮系统受侵害，小血管内皮细胞水肿、变性、坏死，引起出血。血管变性区的血液迟滞，粒细胞聚于四周，最后成梗死，因而使耳及皮肤变紫。脑有非化脓性脑炎的变化，多见于丘脑和髓质。不论生前是否有神经症状，约75%的病死猪中可见到脑组织内小血管周围，单核淋巴样细胞浸润形成的“管套”现象。这一点有诊断意义。

（1）最急性型　常无明显的特征性变化，一般仅见浆膜、黏膜和内脏有少量出血斑点。

（2）急性型　皮肤、浆膜、黏膜、淋巴结、心、肺、肾、膀胱、胆囊等处常有程度不同的出血变化，一般为斑点状，以肾和淋巴结出血最为常见。

淋巴结肿胀、充血及出血，外表呈紫黑色，切面如大理石状（图2-2）。

肾脏色泽变淡，肾表面布满大小不等出血点，形成麻雀蛋形（图2-3）。皮质部有小出血点，肾盂也可见到（图2-4）。

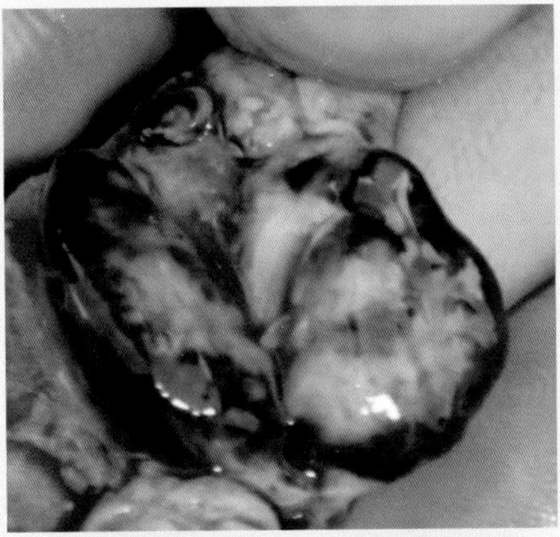

图2-2 淋巴结肿大出血

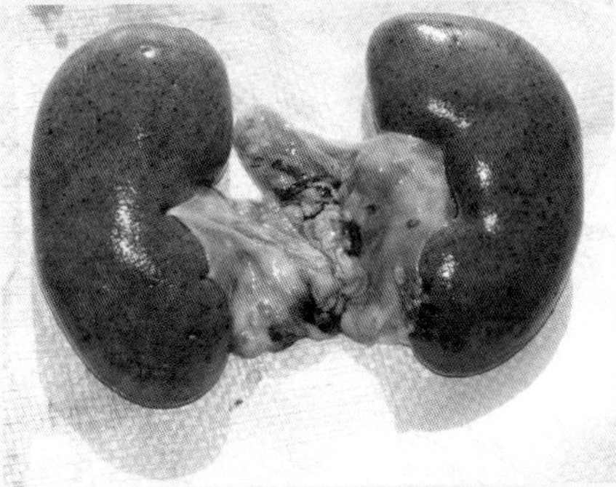

图2-3 肾点状出血似麻雀蛋样

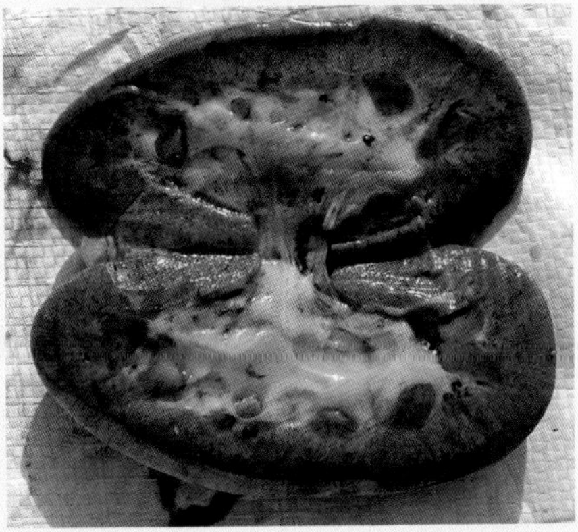

图2-4 肾脏皮质等出血

脾脏一般不肿大，被膜上特别是边缘常可见到隆起的红色小出血点，30%～40%病例的脾脏边缘出血性梗死，呈紫黑色、稍突起（图2-5）。这是本病的特征性病变。

多数病猪两侧扁桃体出血、坏死。喉头、咽部黏膜及会厌软骨有不同程度的出血（图2-6）。

消化道病变表现在口腔、牙龈有出血点和溃疡灶；大、小肠系膜和胃肠浆膜常见点状出血，胃肠黏膜出血性或卡他性炎症。

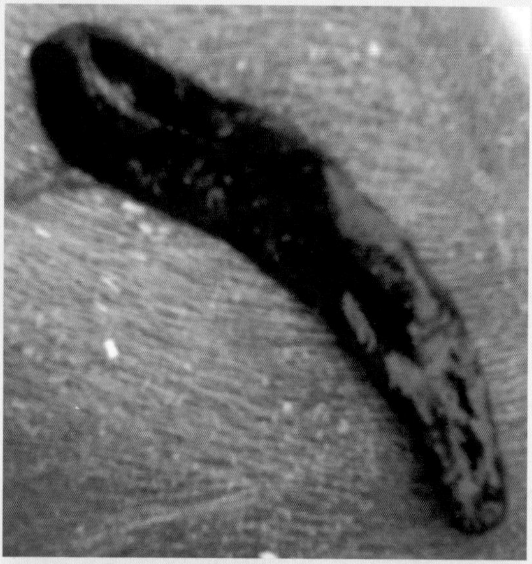

图2-5 脾脏出血性梗死

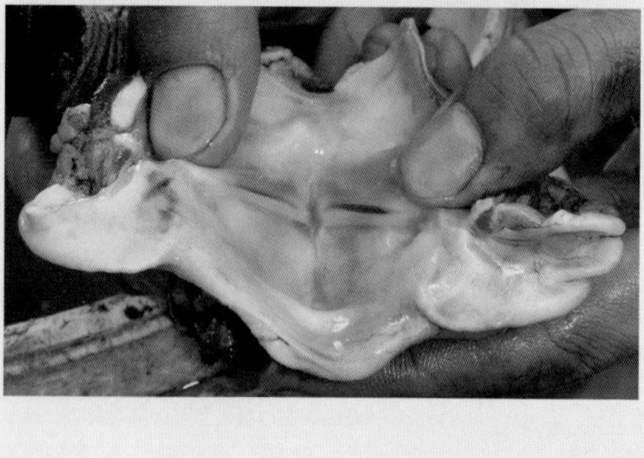

图2-6 喉头会厌软骨出血

（3）亚急性型　全身出血病变较急性型轻，但坏死性肠炎和肺炎的变化更明显。

（4）慢性型　主要表现为坏死性肠炎，大肠回盲瓣处黏膜形成特征性的纽扣状溃疡（图2-7）。全身出血变化不明显。由于钙、磷失调表现为突然钙化，从肋骨、肋软骨联合到肋骨近端常见有半硬的骨结构形成的明显横切面，该病理变化对慢性猪瘟的诊断有一定意义。

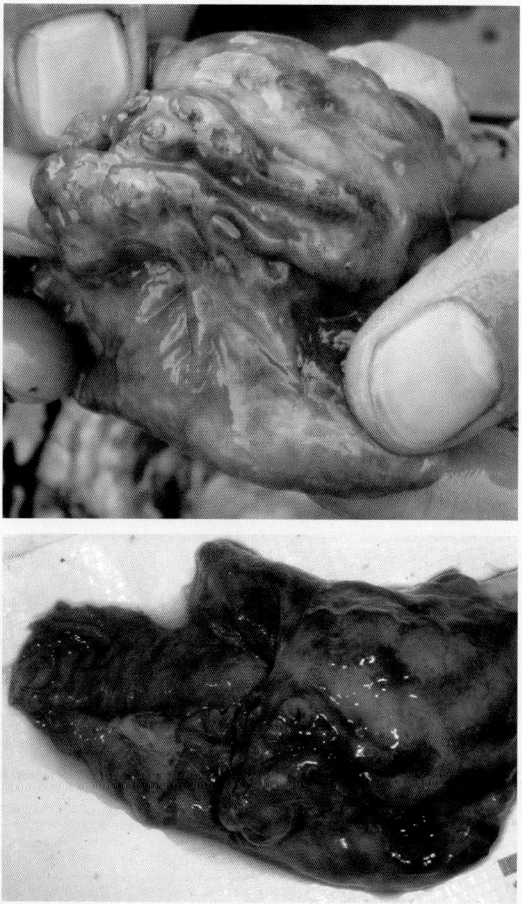

图2-7　回盲瓣纽扣状溃疡

（5）温和型　一般较典型猪瘟轻，如淋巴结呈现水肿状态，轻度出血或不出血，肾出血点不一致，膀胱黏膜只有少数出血点，脾稍肿，有1～2处小梗死灶，回盲瓣很少有纽扣状溃疡，但有时可见溃疡、坏死病变。

（6）繁殖障碍型　可见死胎、木乃伊胎、弱小仔猪或颤抖仔猪产出。多数仔猪可见水肿，腹腔积水，肺动脉畸形，肠系膜淋巴结串珠状肿大，肾皮质出血和出现裂缝，胸腺萎缩，皮肤和肾点状出血，淋巴结出血等。

3.诊断

及时诊断非常重要，稍有延误往往会造成严重损失。典型猪瘟根据临诊症状、病理特征与流行病学即可作出初步诊断，确诊需要实验室病原学诊断。目前非典型猪瘟与混合感染日趋增多，诊断更需注意相互鉴别。

（1）实验室诊断　单克隆抗体技术常用于猪瘟病毒的鉴定技术中，如病毒分离（VI）、荧光抗体试验（FAT）和ELISA，其中猪瘟病毒分离技术是最具敏感性和特异性的检测方法。白细胞减少症虽然不是特异性的，但也是猪瘟变化的一个指标，因此白细胞计数可以作为筛选试验。

（2）鉴别诊断

① 急性猪丹毒。急性猪丹毒多发生于夏天，病程短，发病率和病死率较低。体温很高，但仍有一定食欲。皮肤上红斑指压退色，病程较长时，皮肤上有紫红色疹块。眼睛清亮有神，步态僵硬。剖检胃和小肠充血、出血严重，脾脏肿大，呈樱桃红色。淋巴结和肾淤血肿大。青霉素等治疗有显著疗效。

② 最急性猪肺疫。多发于气候和饲养条件剧变时，发病率和病死率较低。咽喉部急性肿胀，呼吸困难，口鼻流泡沫，皮肤蓝紫，或有少数出血点。剖检咽喉部肿胀出血，肺充血水肿。颌下淋巴结出血，切面呈红色。脾肿大不明显。抗菌药治疗有一定效果。

③ 败血性链球菌病。多见于仔猪。除有败血症状外，常伴有多

发性关节炎和脑膜炎症状。病程短，抗菌药物治疗有效。剖检各器官充血、出血明显，心包液增加、脾肿大。有神经症状的病例，脑和脑膜充血、出血，脑脊髓液增多、浑浊，脑实质有化脓性脑炎变化。

④ 急性猪副伤寒。多见于2～4月龄的猪。阴雨季节多发。一般为散发。先便秘后下痢，有时带血，胸腹部皮肤呈蓝紫色。剖检肠系膜淋巴结显著肿大，肝可见黄色或灰色小点状坏死，大肠有溃疡，脾肿大。

⑤ 慢性猪副伤寒。慢性猪瘟与该病容易混淆，其区别点是后者呈顽固性下痢，体温不高，皮肤无出血点，有时咳嗽。剖检时大肠有弥漫性坏死性肠炎变化，脾增生肿大，肝、肠系膜淋巴结有灰黄色坏死灶或灰白色结节，有时肺有卡他性炎症。

⑥ 猪黏膜病毒感染。黏膜病病毒主要侵害牛，猪感染后多数没有明显症状或无症状，部分可出现类似温和型猪瘟的症状，难以区别，需采取脾、淋巴结做实验室检查。

⑦ 弓形虫病。弓形虫病也有持续高热、皮肤紫斑和出血点、大便干燥等症状，容易同猪瘟相混。但弓形虫病呼吸高度困难，磺胺类药治疗有效，剖检可见肺水肿，肝及全身淋巴结肿大，各器官有程度不等的出血点和坏死灶。采取肺和支气管淋巴结检查，可检出弓形虫。

三、预防与控制

1.平时预防

加强环境卫生消毒与控制，严防病毒侵入，切断传播途径，建立健康猪群，切实搞好疫苗接种工作。中国猪瘟兔化弱毒苗是世界上最好的猪瘟疫苗。其免疫原性好，接种后4～6天即可产生免疫力，免疫期可达18个月，乳猪免疫后可维持6个月，免疫确实的猪可达100%保护，安全性好，接种后无不良反应。猪瘟免疫程序须根据本猪场的具体情况制订，下面提供一个参考。

① 在母猪已经免疫的情况下，仔猪可在30日龄进行第1次免疫。由于考虑到母源抗体的影响，第1次免疫用3～4倍剂量效果较好。65～70日龄进行第2次免疫。后备母猪5月龄时进行免疫，公猪、繁殖母猪每年注射猪瘟弱毒疫苗2次，繁殖母猪可与仔猪30日龄免疫同时进行。

② 发生过猪瘟的猪场，实施超前免疫，以使仔猪尽早建立主动免疫。然后于30日龄时再加强免疫1次。

③ 新购入仔猪，宜在7天内进行疫苗免疫接种。

2. 应急防制措施

（1）报告　任何单位和个人发现患有猪瘟或疑似猪瘟的猪，都应当立即向当地动物防疫监督机构报告。当地动物防疫监督机构接到报告后，按国家动物疫情报告管理的有关规定执行。

（2）封锁疫点　在封锁地点内停止生猪及猪产品的集市贸易和外运，至最后一头病猪死亡或处理后3周，经彻底消毒，才可解除封锁。

（3）处理病猪　对全场所有猪进行测温和临诊检查，病猪以急宰为宜，急宰病猪应就地深埋。凡被病猪污染的场地、用具和与病猪接触过的工作人员应严格消毒，防止病毒扩散。可疑病猪应予隔离。

（4）紧急预防接种　对疫区内的假定健康猪和受威胁区的猪，应立即注射猪瘟兔化弱毒苗，免疫剂量为3～4头份。

（5）彻底消毒　病猪圈舍、垫草、粪水、吃剩余的饲料和用具均应彻底消毒。饲养用具应每隔2～3天消毒1次。

（6）淘汰　对繁殖障碍型猪瘟的母猪及仔猪应坚决淘汰。

四、中西兽医结合治疗

本病尚无有效疗法。根据国家《猪瘟防治技术规范》，对猪瘟应采取以免疫为主，“扑杀和免疫相结合”的综合性防治措施，而不提倡治疗。

第二节 猪口蹄疫

一、概念

猪口蹄疫是由口蹄疫病毒所引起猪的一种急性、热性、接触性传染病。它以猪口腔黏膜、蹄部、乳房等处皮肤出现水泡和烂斑为特征，而传播速度却极快。世界动物卫生组织（OIE）将其列为A类动物疫病名单之首，我国将其列为一类动物疫病。

口蹄疫病毒属微RNA病毒科，有O型、A型、C型、Asia-1型（亚洲1型）、SAT1（南非1型）、SAT2（南非2型）、SAT3（南非3型）7个血清主型，80多个亚型。我国主要流行O型、A型、亚洲1型。不同血清型的病毒感染动物所表现的临诊症状基本一致，但无交互免疫性。病毒对外界环境的抵抗力很强，被病毒污染饲料、土壤和毛皮的传染性可保持数周至数月，但对日光、热、酸、碱敏感。2%氢氧化钠、3%～5%福尔马林、0.5%～1%过氧乙酸、30%热草木灰水、10%新鲜石灰乳剂等常用消毒剂，在15～25℃经0.5～2小时能杀灭病毒。酒精、石炭酸、来苏儿、百毒杀等消毒药对口蹄疫病毒无杀灭作用。

自然发病的动物常限于偶蹄动物，奶牛、黄牛最易感，其次为水牛、牦牛、猪、绵羊、山羊、骆驼等。幼畜（新生仔猪、犊牛、羔羊）对口蹄疫病毒最易感，发病率100%，并引起80%以上幼畜死亡。

本病通常经呼吸道和消化道感染，也能经伤口甚至完整的黏膜和皮肤感染。口蹄疫病毒感染猪后，首先在猪咽喉部及肺部上皮细胞中储存并不断增殖。其病毒大量存在于病畜的水泡液和水泡皮中，而血液及组织器官（如淋巴结、脊髓、皮肤、肌肉、脑、肝、肺、肾以及分泌物、排泄物）中都有存在；尤其是病猪和染毒而未发病猪的淋巴结和脊髓中病毒含量最高。故口蹄疫的主要传染源为患病动物和带毒动物、污染饲料、水、空气、用具和环境。屠宰后未经消毒处理的肉品、内脏、血、皮毛和废水等，也可成为猪口蹄疫的重要传递因素。病毒能随风传播到50 ～ 100千米以外的地方，人与非易感动物（狗、马、鸟类等）均可成为本病的传播媒介。

本病一年四季均可发生，但流行有一定的季节性。一般是冬春低温季节多发，夏秋高温季节少发。易感猪高度集中，一旦被感染则极易暴发口蹄疫。

二、临诊特征与诊断

1.临诊症状

口蹄疫自然感染的潜伏期为24 ～ 96小时，人工感染的潜伏期为18 ～ 72小时。主要临诊表现为蹄冠、蹄踵、蹄叉、副蹄和吻突、口腔黏膜等部位皮肤出现大小不等的水泡和溃疡（图2-8、图2-9），母猪的乳头、乳房等部位也会出现水泡（图2-10）。病猪出现精神不振，体温升高，厌食等症状。当病毒侵害蹄部时，蹄温增高，跛行明显，病猪卧地不能站立，严重时可导致蹄壳变形或脱落。水泡充满清亮或微浊的浆液性液体，随后很快破溃，露出边缘整齐的暗红色糜烂面。如无细菌继发感染，经1 ～ 2周病损部位结痂愈合；若继发感染，会引起蹄壳脱落，病情加重。口蹄疫对成年猪的致死率一般不超过3%。仔猪受感染时，水泡症状不明显，主要表现为胃肠炎和心肌炎，致死率高达80%以上。妊娠母猪可发生流产。

2.病理变化

除口腔、蹄部或鼻端（吻突）、乳房等处出现水泡及烂斑外，咽喉、气管、支气管和胃黏膜也有烂斑或溃疡，小肠、大肠黏膜可见出血性炎症。仔猪心包膜有弥散性出血点，心肌切面有灰白色或淡黄色斑点或虎斑样条纹（图2-11）。组织学检查心肌细胞呈颗粒变性、脂肪变性或蜡样坏死。

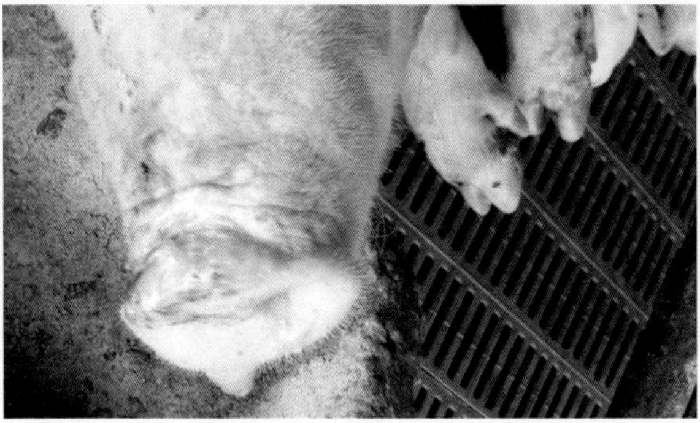

图2-8 吻突水泡与溃疡

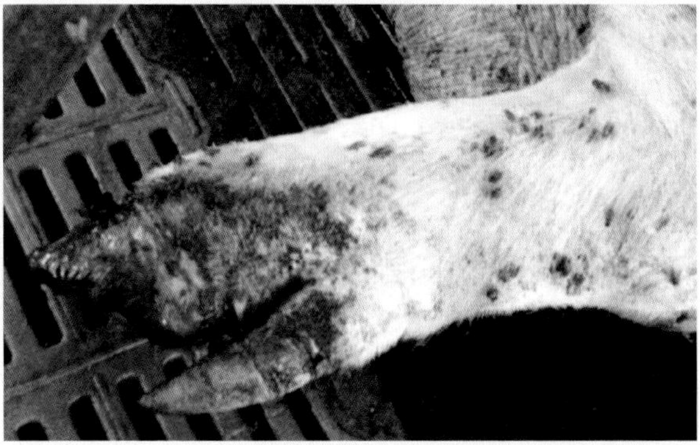

图2-9 蹄部溃烂

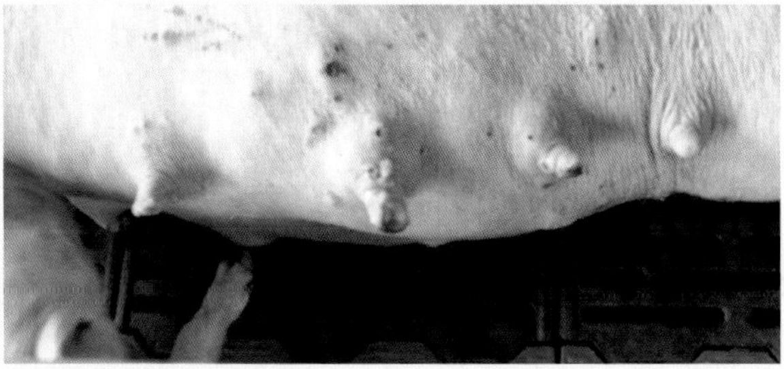

图2-10 乳头水泡脓包

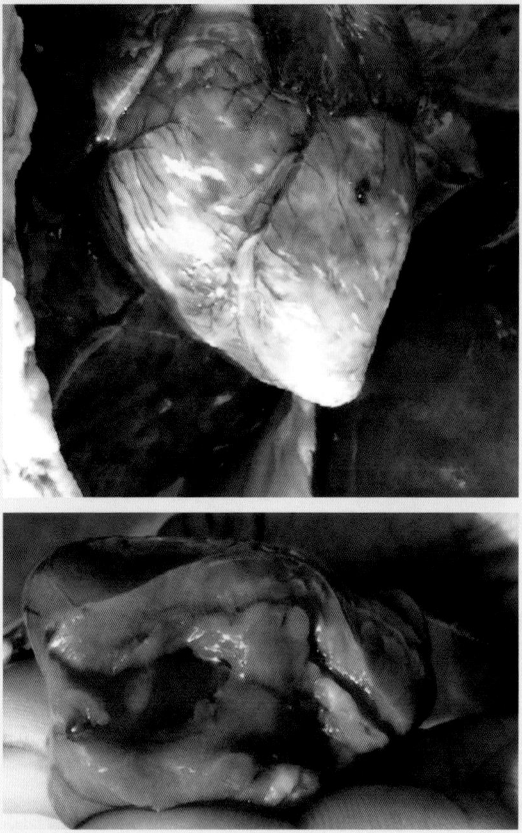

图2-11 心肌灰白色病灶

3.诊断

根据本病流行特点、临诊症状、病理变化，一般不难作出初步诊断，但确诊尤其是要与水泡病、水泡疹、水泡性口炎相区别，需要进行实验室病原学诊断。

（1）动物接种试验　采集水泡液和水泡皮等病料，制成悬液接种3～4日龄乳鼠，15小时出现后腿运动障碍、皮肤发绀、呼吸困难，最后因心脏麻痹死亡；剖检心肌和后腿肌肉有白斑病变。

（2）病毒分离　将病料接种敏感细胞进行病毒分离培养，做蚀斑试验。

（3）血清学检查　血清学检查方法有补体结合试验、间接血凝试验和琼脂扩散试验、酶联免疫吸附试验（ELISA）、免疫荧光技术等。阻断夹心ELISA已用于进出口动物血清的检测。

三、预防与控制

1.预防措施

加强检疫，禁止从疫区购入动物、动物产品、饲料、生物制品等。购入动物必须进行隔离观察，确认健康方可混群。常发地区要定期应用相应毒型的口蹄疫疫苗进行预防接种。

目前常用的疫苗是油佐剂灭活苗。该疫苗安全可靠，但免疫保护期较短，通常只有3个月左右。近年国内研制出的浓缩苗，免疫效果好于普通的油佐剂灭活苗。合成肽疫苗也有应用，但保护期较短。弱毒苗对猪的安全性差。

免疫程序应根据各场实际情况而定，下面提供一个参考。仔猪40～45日龄首免，80～100日龄二免，肉猪出栏前15～20天进行三免。种公猪、后备公猪、后备母猪，每隔3个月免疫1次，每次肌内注射常规苗2毫升/头，或浓缩苗1～1.5毫升/头。经产母猪配种前1周、产前1个月各免疫1次。

2.应急防制

① 任何单位和个人发现有口蹄疫及其疑似临诊异常情况时，都应及时向当地动物防疫监督机构报告，动物防疫监督机构应立即按照有关规定赴现场进行核实。

② 一旦发现疫情，应按“早、快、严、小”的原则，立即实行封锁、隔离、检疫、扑杀、消毒等措施，迅速通报疫情，查源灭源，并对易感畜群进行预防接种，以及时拔除疫点。在疫点内最后一头病畜痊愈或屠宰后14天，没有出现新的病例，经全面消毒后可解除封锁。

四、中西兽医结合治疗

家畜发生口蹄疫后，应该按照国家《口蹄疫防治技术规范》，采取相应的措施，以尽快扑灭疫情，而不提倡治疗。

第三节　猪繁殖与呼吸障碍综合征

一、概念

猪繁殖与呼吸障碍综合征（PRRS），也称猪蓝耳病，是由猪繁殖与呼吸障碍综合征病毒引起的一种接触性传染病。其临诊特征为母猪发热、厌食，怀孕后期发生流产，产木乃伊胎、死胎、弱仔等，仔猪表现呼吸道症状和高病死率。1996年世界动物卫生组织（OIE）已将PRRS列入B类传染病，我国将其列为二类动物疫病。

猪繁殖与呼吸障碍综合征病毒是一种小正链RNA病毒，对乙醚和氯仿敏感。病毒在–70℃可保存18个月，4℃保存1个月，在37℃48小时、56℃ 45分钟完全失去感染力。pH值依赖性强，在pH值6.5 ～ 7.5相对稳定，高于7或低于5时，感染力很快消失。

猪繁殖与呼吸障碍综合征病毒具有高度的宿主依赖性，主要在猪的肺泡巨噬细胞以及其他组织的巨噬细胞中生长。猪是唯一的易感动物，不同年龄和品种猪均可感染，怀孕母猪和仔猪最易感。病猪和带毒猪是主要传染源。感染猪可通过唾液、鼻液、精液、乳汁、粪便等途径向外排毒，而不同公猪其精液的排毒时间差别很大。耐过猪可长期带毒并不断向外排毒。鸟类可能是病毒的携带者。

猪繁殖与呼吸障碍综合征病毒可通过口、鼻、眼、腹膜、阴道和胎盘等多种途径感染猪，而呼吸道是其感染的最主要途径，肺是其原发性靶器官。空气是本病的主要传播途径。本病可随风传播迅速。在流行期间，即使严格封闭式管理的猪群也同样发病。猪舍卫生条件差，防疫消毒制度不健全，猪群密度过大，恶劣的天气条件，可促进本病的流行。

本病常与猪2型圆环病毒、流感病毒、猪呼吸道冠状病毒、伪狂犬病毒、肺炎支原体、巴氏杆菌、沙门菌、链球菌、猪葡萄球菌、猪胸膜肺炎放线杆菌、副猪嗜血杆菌、大肠杆菌、胞内劳森菌、疥螨病原体并发感染或协同致病，给其防治带来更大的困难。

二、临诊特征与诊断

1.临诊症状

人工感染潜伏期4～7天，自然感染一般为14天。病程通常3～4周，少数持续6～12周。本病的临诊症状变化很大，且受毒株、猪群的免疫状况以及管理因素的影响。未免疫猪群或者未免疫地区的猪群，所有年龄的猪只都会受到感染，从而引起该病的流行。

（1）流行发病特点　PRRS流行可分为两个阶段。第一阶段多持续2周或者2周以上，所有年龄的猪只均可发病，发病率为5%～75%。多见厌食和精神沉郁等急性病毒血症表现，或淋巴细胞减少、发热、直肠温度39～41℃、呼吸急促、呼吸困难以及四肢皮肤出现短暂的“斑点”样充血或发绀（图2-12）。此后进入第二阶段，持续1～4个月，主要特征为繁殖障碍，多发生在怀孕后期感染病毒血症的母猪，其所产活仔猪在断奶前的病死率升高。当繁殖障碍和断奶前的病死率恢复至疾病暴发前的水平后，大部分猪群仍会继续发生地区性的流行。

（2）母猪发病特点　主要为流产及流产后的不规则发情或不孕。个别急性病例母猪可出现无乳、共济失调的症状和（或）疥癣、萎缩性鼻炎或膀胱炎（肾盂肾炎）等局部病变的急剧恶化。急性病母猪的病死率通常为1%～4%，或伴有肺水肿和（或）膀胱炎（肾盂肾炎）等症状。严重者流产率可达10%～50%，病死率约10%，并且伴有共济失调、转圈和轻瘫等神经症状。大约1周后出现后期繁殖障碍并持续约4个月。在急性感染病例中也有部分感染母猪不表现出临诊症状。通常，5%～80%的母猪会在怀孕后的第

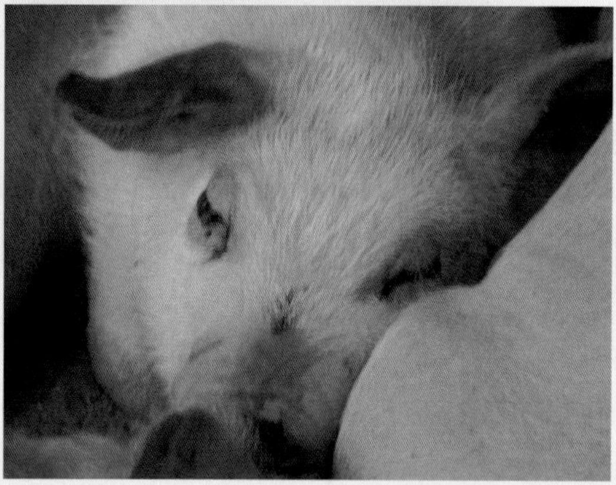

图2-12 两耳、鼻端及四肢发绀

100～118天产仔，所产仔猪中有不同数量的正常猪、弱小猪、新鲜死胎（分娩过程中死亡）（图2-13）、自溶死胎（褐色）和部分木乃伊胎儿或完全木乃伊胎儿。母猪围产期的病死率可达1%～2%。耐过母猪在此后的发情延迟并且不孕率升高。

（3）公猪发病特点　急性病例除厌食、精神沉郁和呼吸道症状外，还表现出性欲缺乏和不同程度的精液质量降低。但是公猪精液中的猪繁殖与呼吸障碍综合征病毒会通过性交传染给母猪。

（4）哺乳猪发病特点　在繁殖障碍末期的1～4个月，早产弱胎的病死率非常高（约60%），并伴精神沉郁、消瘦（饥饿）、腿外

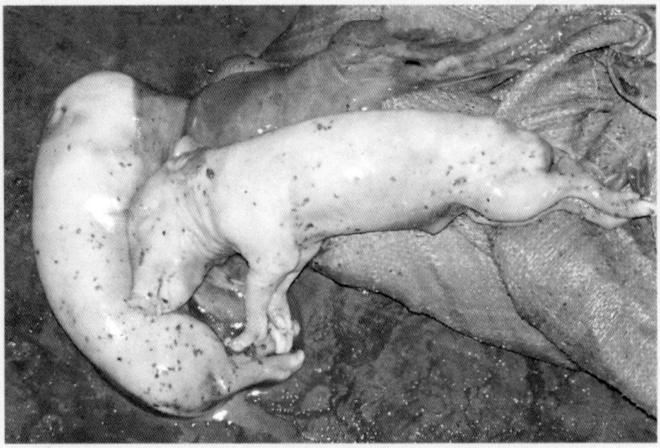

图2-13 无被毛流产仔猪

翻、呼吸急促、呼吸困难、喘鸣和球结膜水肿。有时个别病例会出现振颤或划桨运动，前额轻微突起，贫血，血小板减少，并伴有脐部等部位的出血以及细菌性多发性关节炎和脑膜炎增加。

（5）断奶和生长猪发病特点　保育期或生长-肥育期猪经常表现为厌食、精神沉郁、皮肤充血、呼吸加快和（或）困难、不咳嗽、毛发凌乱、日增重不同程度的减少，以至出现大小不等的猪只。一些地方病死率高达12%～20%。常与链球菌性脑膜炎、败血性沙门菌病、副猪嗜血杆菌感染、渗出性皮炎、疥癣和细菌性支气管肺炎等合并发生。

2.病理变化

猪繁殖与呼吸障碍综合征病毒可引起猪的多系统感染，然而大体病变仅在呼吸系统和淋巴组织出现。其中以新生乳猪的病变最明显，较大的猪病变较轻。在猪场，往往由于同时感染一种或多种其他病原而使病变变得复杂。高致病性蓝耳病，剖检可见脾脏边缘或表面出现梗死灶；肾脏呈土黄色，表面可见针尖至小米粒大出血斑点，皮下（图2-14）、扁桃体、心脏、膀胱、肝脏和肠道均可见出血点和出血斑。心脏、肝脏、膀胱出血性或渗出性炎症，部分病例可见胃肠道出血、溃疡、坏死。

（1）新生乳猪　可见明显的间质性肺炎和淋巴结肿大。肺脏呈红褐色花斑状（图2-15），不塌陷，质地较硬，感染部位与健康部

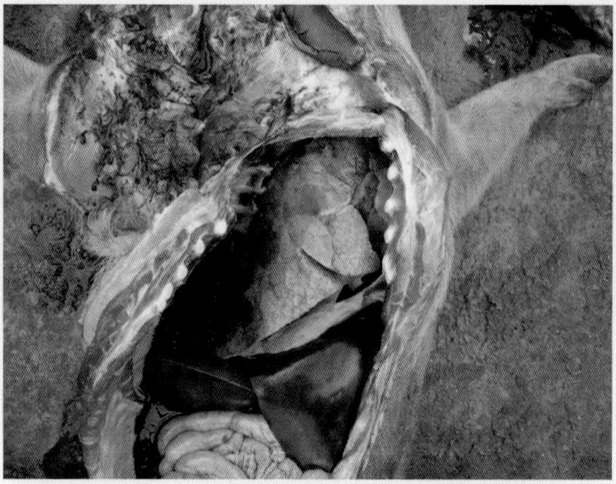

图2-14 皮肤与内脏淤血

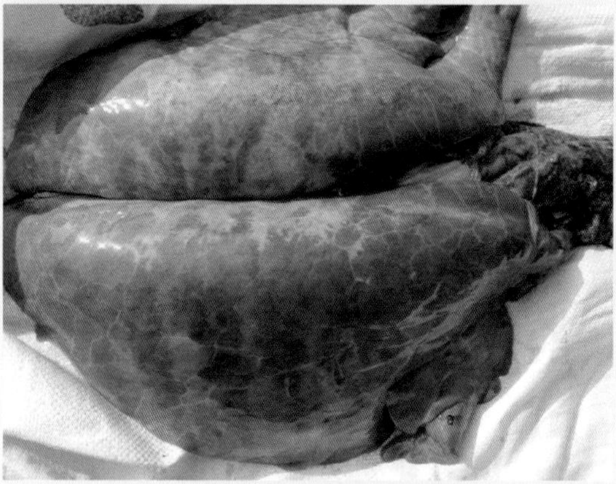

图2-15 肺脏淤血、水肿

位界限不明显，常出现在肺前腹侧。淋巴结中度到重度肿大，呈棕褐色，肺门淋巴结、腹股沟淋巴结最明显。

（2）保育猪　最常见的标志性的病变是淋巴结显著肿大，呈棕褐色。或可见到球结膜水肿，腹腔、胸腔和心包腔透明液体增多。

（3）生长—肥育猪　常见淋巴结肿大，肺脏病变常由于混合感染而复杂化。常与肺炎支原体、多杀性巴氏杆菌和猪流感病毒混合感染，导致肺呈暗红色或呈褐色，肺前部30%～70%出现实质性变。与支原体和链球菌等细菌协同感染，呼吸道有渗出物，病肺和未感染肺组织界限清晰。

（4）公猪、母猪　通常没有特定的肉眼和显微损害。

（5）胎儿　猪繁殖与呼吸障碍综合征病毒感染后出生的仔猪，典型的情况是包含正常胎儿、死胎、棕色和自溶的胎儿，胎儿体表覆盖一层黏性胎粪、血液和羊水。胎儿中最常见的大体病变为脐带有一部分出血到全部出血。肾周和结肠系膜水肿。

3.诊断

根据临诊症状及流行病学特点尚难对本病作出诊断，需要与其他有关繁殖与呼吸道疾病进行鉴别后，方能怀疑本病。确诊需要实验室病原学与血清学诊断等。

（1）临诊诊断　妊娠后期母猪发生流产，产死胎、弱仔，胎儿木乃伊化，出现呼吸困难；新生仔猪出现呼吸道症状，病死率高达80%～100%者，可怀疑本病。但应注意与伪狂犬病、猪圆环病毒病、猪细小病毒病、猪瘟、猪流行性乙型脑炎、猪呼吸道冠状病毒病、猪脑心肌炎、猪血凝性脑脊髓炎以及其他细菌性疾病进行区分。

（2）病毒的分离与鉴定　选取病死猪肺、扁桃体、脾、淋巴结和血清，死产和流产胎儿的脾肺血清和胸水，可用于病毒分离。

（3）间接ELISA和血清中和试验（SN）　ELISA方法简便，适用于大规模的检测。血清中和试验检测的是病毒中和性IgG（免疫球蛋白G），一般要感染6周后方可检出SVN（血清病毒中和试验）抗体，由于ADE（抗体依赖性增强作用）影响，SVN试验只能在传代细胞系上进行。

（4）免疫组织化学（IHC）分析　用10%的中性缓冲甲醛固定肺脏、淋巴结、心脏、胸腺、脾脏和肾脏，然后转送至诊断试验室进行显微评价和免疫组织化学（IHC）分析。IHC和组织病理学技术相结合可直接观察到细胞质中显微病变内部或者临近部位的猪繁殖与呼吸障碍综合征病毒病原。需要对固定48小时内的组织进行处理以避免猪繁殖与呼吸障碍综合征病毒抗原的降解以及IHC阳性细胞的损失。

三、预防与控制

1.预防

猪繁殖与呼吸障碍综合征以持续感染、亚临诊感染、免疫抑制和易继发感染为流行特点，给本病的防治带来困难。预防既是本病防治的关键，也是最佳方法。

（1）自养自繁，建立稳定的种猪群　不要轻易引种，如须引种，则也须从非疫区的健康猪场，进行血清学检测为阴性的猪方可引入。引入后必须隔离检疫3～4周，健康者方可混群饲养。

（2）建立健全生物安全体系，实行全进全出的策略　建立健全猪场生物安全体系，保持猪舍、饲养管理用具及环境的清洁卫生，定期对猪舍和环境进行消毒，严格消除与防止疫情传入与散布的因素与可能。实行全进全出的策略，至少要做到产房和保育两个阶段的全进全出，以便对猪舍产房等进行彻底消毒。

（3）控制继发感染　猪繁殖与呼吸障碍综合征病毒可造成猪免疫功能的损害，易引起一些细菌性的继发感染。因此，在妊娠母猪产前和产后，以及哺乳仔猪断奶前后与转群时，可适当采用一些抗菌药物（如泰妙菌素、土霉素、金霉素、阿莫西林、利高霉素等），以防治猪群肺炎支原体、副猪嗜血杆菌、链球菌、沙门菌、巴氏杆菌、附红细胞体等细菌性继发感染。

（4）做好其他疫病的免疫接种与控制　猪瘟、猪伪狂犬病和猪气喘病等可与猪繁殖与呼吸障碍综合征相互诱发与促进病情发展乃至提高病猪病死率，故应尽最大努力地做好这些疾病疫苗接种与控制，从而提高猪群肺脏对呼吸道病原体感染的抵抗力。

（5）定期监测　一般而言，每季度1次，可采用ELISA试剂盒进行抗体监测。如果4次监测抗体阳性率没有显著变化，则表明该病在猪场是稳定的。相反，如果监测抗体阳性率有所升高，说明猪场在管理与卫生消毒方面存在问题，应加以改善。

（6）目前尚无十分有效安全的免疫防制措施　PRRS减毒疫苗有返祖毒力增强的现象，在国内外使用中曾引起多起PRRS暴发事件。灭活疫苗从安全性角度来讲没有问题，但免疫效力有限或不确定，还有待提高与完善。如果与减毒活疫苗联合使用，或者用于以前感染过猪繁殖与呼吸障碍综合征病毒的猪只时，会诱导产生比单独应用时更多的中和抗体。

2.防控

（1）报告　高致病性猪蓝耳病是由猪繁殖与呼吸障碍综合征病毒变异株引起的一种急性高致死性疫病。仔猪发病率可达100%、病死率可达50%以上，母猪流产率可达30%以上，育肥猪也可发病死亡是其特征。任何单位和个人发现猪出现急性发病死亡情况，应及时向当地动物疫控机构报告。

（2）严密封锁　对发病猪场及其周围的猪场都要采取一定的防范措施，以避免疫病扩散。对流产的胎衣、死胎及死猪做好无害化处理，产房彻底消毒；隔离病猪，对症治疗，改善饲喂条件等。中止替代动物的引入，暂时关闭种群2～4个月。

（3）紧急接种　在疾病急性暴发时，可以使用急性发病猪只的血清有计划地进行接种。这种接种程序具有一定的风险，但是这种程序仍旧不失为一种缩短临诊暴发时间和加速猪繁殖与呼吸障碍综合征病毒阴性断奶仔猪产生一种好方法。

（4）断奶猪只的管理　为了阻止猪繁殖与呼吸障碍综合征病毒在慢性感染猪群中的继续传播，可以采用剔除部分病猪方法。该方法具有明显改进日增重、减少死亡，并能从总体上减少护理病猪经济损失的优点；但是会剔除日龄较大的猪只，而且可能需要定期重复剔除，才能维持生产性状的改进。

四、中西兽医结合治疗

1.西药治疗

（1）抗病毒　尚无抗猪蓝耳病病毒的特效药物，一般可使用干扰素来诱导抑制病毒复制因子的产生，从而防止病毒的扩散与流行。

（2）防继发感染和逐渐退烧　每7千克饲料中加复方花青素1

千克、牛磺酸2千克、阿司匹林1千克，搅拌均匀饲喂，服用4天左右，观察效果，再根据病情增减药物剂量。除非必要情况，一般不要对病猪施行针剂注射，以免容易导致病猪心力衰竭而亡。

2.中药治疗

① 生石膏50克，银花藤20克，生地黄18克，板蓝根、玄参、黄芩各15克，赤芍、牡丹皮、连翘10克。高热者加水牛角30克，麦冬15克，丹参10克。加水2000毫升，浸泡30分钟，煎沸10分钟后，自然放凉。大猪每次100毫升，3～6次/日；小猪每次20～50毫升，3次/日。病猪退烧并恢复食欲后，先禁食10余天，每日以少量清水掺以中药或西药饮之，待肥猪渐渐变瘦，病情随之日渐缓解或康复。否则，病情会反复持续发作，并不断加重。

② 猪繁殖与呼吸障碍综合征病毒不耐高温，发病初期的猪在1～2天内可采用热血疗法，即不用退烧药物，而利用机体发热来直接杀灭猪繁殖与呼吸障碍综合征病毒。此时只用抗生素控制继发感染，配合黄芪多糖类药物。第2天可以使用退烧药物治疗，但尽量使用中药制剂，如黄连解毒汤、双黄连制剂、清开灵、清瘟败毒散，连用3～5天。如有猪瘟混合感染，第4天可注射猪瘟疫苗10～30头份，配合黄芪多糖制剂。有其他疾病混合感染者，可根据具体病情选用氟苯尼考、阿莫西林，同时配合使用中药制剂治疗。

第四节　猪圆环病毒病

一、概念

猪圆环病毒病是由猪圆环病毒（PCV）引起猪的一种多系统功能障碍性疾病，临诊上以新生仔猪先天震颤和断奶仔猪多系统衰弱综合征为主要症状，患猪体质下降，皮肤苍白。

猪圆环病毒根据抗原性和基因组的不同，可分为PCV-1和PCV-2两型。前者对猪致病性较低，偶尔可引起怀孕母猪的胎儿感染，造成繁殖障碍，但在正常猪群及猪源细胞中的污染率却极高。后者对猪的危害大，可引起一系列相关的临诊病症，如断奶仔猪多系统衰竭综合征（PMWS）、皮炎肾病综合征（PDNS）、母猪繁殖障碍等。此外，还可能与增生性肠炎、坏死性间质性肺炎（PNP）、猪呼吸道综合征（PRDC）、仔猪先天性震颤等有关。

PCV-2在自然界广泛存在，家养猪和野猪是自然宿主。监测发现，100%猪场呈现血清学阳性，猪群血清学阳性率高达20%～80%。病毒可随粪便、鼻腔分泌物排出体外。该病毒对外界环境的抵抗力极强，可耐受低至pH值为3的酸性环境。一般消毒剂很难将其杀灭。

PCV通过消化道、呼吸道感染，也可经胎盘感染。各年龄的猪均可感染，但仔猪感染后发病严重。胚胎期或仔猪早期感染，往往在断奶后才可以发病，多在5～18周龄，尤其在6～12周龄最多见。

PCV-2在猪群中长期存在，特别是与猪细小病毒、猪繁殖与呼吸障碍综合征病毒、猪伪狂犬病病毒、猪肺炎支原体、副猪嗜血杆菌、链球菌等混合感染，给本病的控制带来了极大的困难。饲养管理不善、通风不良、温度不适、免疫接种应激、不同来源猪和不同日龄猪混养等，可诱发仔猪发病。猪群健康状况、饲养管理水平、环境条件及病毒类型等的不同，其发病率和病死率变化很大，一般在10%～20%，个别病死率可达40%。PCV-2主要侵害机体的免疫系统，可造成机体免疫抑制。本病无明显的季节性。

二、临诊特征与诊断

1.症状与剖检变化

（1）断奶仔猪多系统衰竭综合征（PMWS）　2～4月龄猪易发，发病率多为4%～30%，也有50%～60%；病死率为4%～20%。病猪消瘦、皮肤苍白、呼吸困难、有时腹泻、黄疸。早期常常出现皮下淋巴结肿大，淋巴结组织中淋巴细胞减少，大量组织细胞及巨型多核细胞浸润。胸腺皮质萎缩，组织细胞及树突状细胞内可看到病毒包涵体。肺有时扩张，显微镜下可见间质性肺炎的病理变化，早期可见支气管纤维化及纤维素性细支气管炎变化。或见肝肿大或萎缩，颜色发白，质地坚硬，表面有颗粒状物质覆盖，镜检大面积细胞病变及炎症。疾病后期可见无明显特征的黄疸。或见猪肾皮质表面会出现白点（非化脓间质性肾炎），许多组织中可见到局灶性淋巴组织细胞浸润。

（2）猪皮炎和肾功能综合征（PDNS） 多见于仔猪、育成猪和成年猪，发病率小于1%，病死率50% ～ 100%，严重者临诊症状出现后几天内就全部死亡。最显著症状为后肢及会阴部等皮肤出现不规则的红紫斑及丘疹（图2-16）。随着病程延长，破溃区域会覆盖黑色结痂。镜检可见红斑和丘疹和坏死性血管炎性坏死及出血现象。全身特征性症状表现为坏死性脉管炎。双侧肾肿大，皮质表面有颗粒渗出及红色点状坏死，肾盂坏死（图2-17）。病程稍长的猪会呈现慢性肾小球肾炎的症状。或见淋巴结肿大或发红，脾脏梗死。

图2-16 后肢会阴部皮肤丘疹

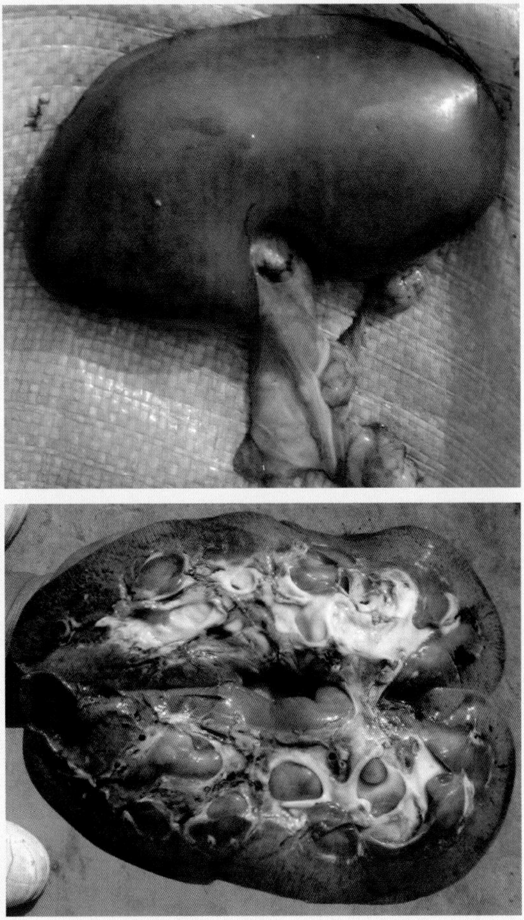

图2-17 肾脏肿大、皮质出血

（3）繁殖疾病　PCV-2多与后期流产及死胎相关。死胎或中途死亡的新生仔猪一般呈现慢性、被动性肝充血及心脏肥大，多个区域呈现心肌变色等病变。镜检可见纤维素性或坏死性心肌炎。

（4）肺炎　PCV-2感染可引起肺炎，并且PCV-2在呼吸道综合征中起着十分重要的作用。

（5）肠炎　PCV-2感染可引起肉芽肿性肠炎，猪只表现为腹泻、消瘦。

（6）先天性震颤　近年来证实，发生先天性震颤的初生仔猪，大脑和脊髓中含有PCV2核酸和抗原。

2.诊断

根据临诊症状与流行病学等可判断断奶仔猪多系统消耗综合征、猪皮及肾综合征、生殖系统疾病等，但确诊需要实验室诊断。原位杂交（SH）及免疫化学法（IHC）是目前最为广泛用于诊断猪圆环病毒病的方法。

三、预防与控制

1.预防

病毒和细菌混合感染，以及饲养环境等因素是引起断奶仔猪多系统衰竭综合征的重要原因，因此断奶仔猪多系统衰竭综合征的控制措施主要集中于消灭这些原因。

（1）加强饲养管理，避免应激　禁止饲喂发霉变质的饲料，及时处理粪便，搞好猪舍通风换气，降低饲养密度，保持舍内清洁卫生；禁止外来人员进入生产区，进出车辆、人员必须经过严格消毒；免疫、剪齿、断尾、阉割、打耳号等器械与过程都要严格消毒；空圈要彻底冲洗、消毒，至少留出1周的间隔时间；适当提高饲料中蛋白质、氨基酸、维生素和微量元素的水平，保证充足饮水。

（2）提高仔猪的抵抗力　切实做好本病和猪繁殖与呼吸障碍综合征、猪伪狂犬病、猪瘟、猪流感等传染病的预防接种。接种猪圆环病毒疫苗可以参考以下程序。

经产母猪及公猪同一天免疫后，过2周再免疫1次；后备母猪及青年公猪，配种前免疫2次，间隔2周；怀孕母猪，在怀孕10周和12周各免疫1次；种公猪，每3～4个月免疫1次；仔猪，5周龄和7周龄时各免疫1次（如果母猪没有免疫，仔猪免疫可以在2周龄和4周龄各1次）。一般来说，猪圆环病毒阳性的猪场使用4～8个月疫苗后就变得较稳定。

2.防控

皮下注射乳猪或保育猪成猪的血清可以成功降低断奶仔猪多系统衰竭综合征病死率。然而，该方法疗效还不确切，有时甚至会起到相反的作用。

四、中西兽医结合治疗

由于人们至今对PCV-2引起相关猪病的病原和机制尚未完全了解，对其防治还不能完全依赖特异性防治措施，而只能采取综合性的防范措施，才能收到事半功倍的疗效。

1.西药治疗

（1）西药抗菌，减少并发感染　应用氟苯尼考、丁胺卡那霉素、庆大-小诺霉素、克林霉素、磺胺类药物等进行治疗的同时，应用促进肾脏排泄和缓解类药物进行肾脏的恢复治疗。

（2）黄芪多糖与多维素　采用黄芪多糖注射液并配合维生素B_1+维生素B_{12}+维生素C肌内注射，也可以使用佳维素或氨基金维他饮水或拌料。

（3）抗病毒剂　选用干扰素、白细胞介导素、免疫球蛋白、转移因子等新型抗病毒剂进行治疗，同时配合中药抗病毒制剂，会取得明显治疗效果。

2.中药治疗

（1）黄芪大青煎　黄芪150克，大青叶100克，板蓝根、连翘、党参各50克，金银花、柴胡、甘草、陈皮各20克，煎水至1升（沸煎30分钟，煎3次），候温服用，每千克体重1毫升，每天1～2次，连用5～7天。

（2）腥草芩柏散　鱼腥草20克，黄芩、黄柏、金银花、连翘、蒲公英、板蓝根各15克，黄连、苍术、茯苓各10克，甘草5克，研细拌入1头仔猪3～4天的饲料中饲喂，每天2次，连喂2剂。

（3）参芪银花散　黄芪、党参各25克，银花、连翘、黄芩各20克，桔梗、远志各15克，麻黄10克，甘草5克，研细拌入1头仔猪3～4天的饲料中饲喂，每天2次，连喂2剂。

第五节 猪伪狂犬病

一、概念

伪狂犬病又称奥叶基病，是由伪狂犬病病毒（PRV）引起的多种家畜和野生动物的一种高度接触性、急性传染病。猪是该病的主要宿主和传染源，感染仔猪以发热、腹泻、呼吸困难、肌肉震颤、麻痹、共济失调为临诊特征，母猪以繁殖障碍为主要症状，给世界养猪业造成了巨大的损失。我国将其列为二类动物疫病。

伪狂犬病病毒属于疱疹病毒科甲疱疹病毒亚科，宿主范围广，有高度的细胞致病性，复制周期短，且常在神经节内形成潜伏感染。伪狂犬病病毒的自然宿主是猪，但也可以感染牛、羊、狗、猫、养殖狐狸、老鼠和野鼠。在牛、绵羊和山羊，伪狂犬病病毒导致机体以瘙痒和脑炎为特征的致死性感染。伪狂犬病病毒的发病率和病死率取决于猪的年龄，仔猪和青年猪危险性最高。猪群的饲养密度、饲养数量、育肥猪的比例、母猪的更换率，可直接或间接地影响其易感性。伪狂犬病病毒主要通过鼻与鼻的接触而传播，也可经胎盘垂直传播。在合适的环境下，病毒可以气雾的形式传播。伪狂犬病病毒的传染性不太强，感染率在10% ～ 90%，决定于动物之间的直接接触率。同一围栏内的感染性很高，但围栏之间的感染性比较低。

伪狂犬病病毒在不同pH值和温度条件下相对比较稳定。夏季在干草上可以存活30天，冬季存活46天。pH值4 ～ 12时伪狂犬病病毒比较稳定。储存在50%的甘油中，在冷藏条件下可以存活154天，且病毒的浓度几乎不降低。低温下伪狂犬病病毒在组织中可以存活若干年，且仍具有存活能力。冻干的病毒可以持续存活2年。

二、临诊特征与诊断

1.临诊症状

潜伏期36小时到10天。临诊症状随年龄不同而异。

（1）妊娠母猪　体温升高0.5℃左右，精神沉郁，食欲减退或废绝，咳嗽，腹式呼吸以及便秘。可发生流产、产死胎、产木乃伊胎及延迟分娩。妊娠后期感染虽然可产出活的胎儿，但仔猪活力差，通常在出生后1～2天内出现神经症状而死亡。

（2）新生仔猪　在20日龄内大量死亡，3～5日龄是高峰，甚则整窝全部死亡。出现神经症状（图2-18），昏睡、鸣叫、呕吐、腹泻，眼睑和嘴角水肿（图2-19），腹部有粟粒大紫色斑点，重者

图2-18　仔猪神经症状

图2-19　眼睑肿胀

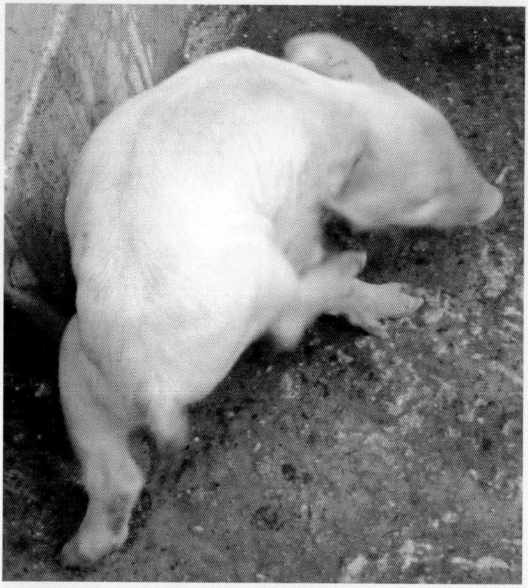

图2-20 黄色水样腹泻

全身紫色。一旦发病，1～2天内死亡。出现神经症状的仔猪病死率为100%。

（3）20日龄以上仔猪　症状与20日龄以内的相似，不过病程略长，病死率40%～60%。断奶前后有明显黄色水样稀便的仔猪（图2-20），病死率可达100%。

（4）成年猪　症状较轻，随年龄增长，神经症状减少，多表现为沉郁、呼吸困难、咳嗽等。

（5）种猪　母猪配种后返情率高达90%，屡配不孕；公猪睾丸肿胀，萎缩，丧失种用能力。

2.病理变化

（1）眼观病变　眼观病变不明显，只可见角结膜炎、浆液性纤维坏死性鼻炎、喉炎、气管炎或坏死性扁桃体炎、肺水肿、散在性小叶性坏死、出血和肺炎等病变。肝脏和脾以及浆膜面下一般散在有黄白色疱疹样坏死灶（2～3毫米），这类病变最常见于缺乏被动免疫的幼龄猪。新流产的母猪有轻微的子宫内膜炎、子宫壁增厚及水肿。胎盘检查可见坏疽性炎症、胎儿流产等。同窝仔猪部分正常，另一部分虚弱或出生时死亡。感染胎儿或新生猪的肝脏和脾脏一般有坏死灶，肺和扁桃体有出血性坏死灶。

（2）镜检病变　多见非化脓性脑膜脑炎和神经节炎，白质和灰质都有病变。感染区出现以单核细胞为主的血管套和神经胶质结节。少数粒细胞可能与单核细胞混合存在，后者发生明显的细胞固缩和核破裂。神经元局灶性坏死，周围聚集有单核细胞或病变神经元散在分布。脊髓，尤其是颈部和脑部脊髓，有类似病变，脑膜和背膜因单核细胞的浸润而增厚。神经元、星形细胞和少突神经胶质内可见核内包涵体。

肺部可见坏死性支气管炎、细支气管炎、肺泡炎、支气管周黏液腺上皮坏死，常有出血和纤维蛋白渗出，急性病变邻近区纤维化后愈合。呼吸道上皮细胞和结缔组织细胞及其脱落至肺泡内的细胞，可见核内包涵体。核内包涵体有同源性嗜碱包涵体与嗜酸性包涵体两种类型，前者充盈于整个细胞核，后者与染色体边缘之间有明显的晕轮。

脾脏、肝脏、淋巴结和肾上腺组织呈局灶性坏死。

子宫感染的特征病变为多灶性至弥漫性的淋巴组织细胞子宫内膜炎、阴道炎、坏疽性胎盘炎，多伴有绒膜窝凝固性坏死。公猪生殖道的病变为输精管退化，睾丸白膜有坏死灶。患有睾丸鞘膜炎的公猪生殖器官的被膜有坏死和炎性病变。精子尾部异常，远端胞浆残留，顶体囊状突起，双头、裂头。

小肠发生黏膜上皮灶性坏死病变，可能波及黏膜肌层和外膜。内皮细胞可见核内包涵体。

扁桃体坏死，伴有口腔内和上呼吸道淋巴结肿胀、出血。上皮细胞发生明显的细胞固缩和核破裂。感染的血管被嗜中性粒细胞浸润，感染的内皮细胞可见核内包涵体。

3.诊断

根据发病特点和临诊症状基本可以作出初步诊断。但由于其症状复杂，必须结合病理组织学、病毒学或血清学方法才能作出确诊。

实验室诊断，活体上取口、咽腔、鼻液或扁桃体组织，分离伪狂犬病病毒。死亡动物的脑和扁桃体是病料采取的首选器官，潜伏期感染猪的三叉神经是分离的最适器官，尽管潜伏期的病毒难于培养。然后通过伪狂犬病病毒诱导的细胞病变（CPE）、聚合酶链式反应（PCR）、免疫荧光（IF）、病毒中和试验（VN）或ELISA试剂盒检测等方法进行确定。

三、预防与控制

1.预防

（1）建立科学的免疫程序　建立与完善科学的免疫程序，多种疾病共同预防，是防制该病的最有效措施。参考免疫程序为，育肥仔猪，断奶后肌内注射油苗1次即可。种用仔猪，在30日龄肌内注射油苗1次，4～5周后重复注射1次，以后每半年1次。必要时可注射弱毒苗，乳猪0.5毫升，断奶猪1毫升，3月龄以上架子猪1毫升，成年猪和妊娠母猪（产前1个月）注射2毫升。

最有效的接种方式为鼻内接种活疫苗和弱毒疫苗。优点在于黏膜免疫可以阻止毒株的复制和扩散。鼻内接种获得被动免疫的方法优于肌内注射。但鼻内免疫比肌内注射需要更多的人力，因而限制了它的应用范围。鼻内免疫可以建议应用于首次感染伪狂犬病病毒的仔猪。

（2）药物预防　饲料中添加氟苯尼考、替米考星等抗生素防止继发感染，同时使用苍耳子、菊花各30克，蝉蜕15克，乳香5克，没药6克，每天1剂，配合疫苗接种，可有效控制猪伪狂犬病的发生。怀孕母猪不用中药。

2.防控

（1）报告　任何单位和个人发现患有本病或者疑似本病的动物，都应当及时向当地动物防疫监督机构报告。

（2）防控处理　根据当地动物健康制度，降低伪狂犬病病毒感染畜群养殖密度。限定猪的运动，并进行定点屠宰，净化和无害化处理死亡动物、组织和废弃物。净化畜舍、垫料、公猪和运输区域，对工具、运输车辆和建筑物进行大面积的消毒。污染畜群禁止本交配种，而要改为人工授精。消灭或严格控制老鼠的运动，无关人员及猫和狗等不得进入畜舍。与感染猪和设施有紧密接触的人员应执行安全程序，以避免将其衣物上的伪狂犬病病毒携带出去。在猪伪狂犬病暴发时或其他动物感染伪狂犬病病毒时，当地猪市场、猪展览场和猪运输场所，均应执行相关的管制措施。

（3）紧急接种　紧急情况下用高免血清治疗，可降低病死率；接种选用弱毒苗，在疫情稳定后，则以灭活苗为宜，以获得稳定而较持久的抗体水平，并减少因使用弱毒疫苗带来的散毒可能性。对全场未发病种猪（包含后备母猪和公猪）在配种前免疫接种1次猪伪狂犬病油乳佐剂灭活苗，母猪产前用疫苗再加强免疫1次，每头2毫升；初生仔猪注射伪狂犬病油乳剂灭活疫苗。

四、中西兽医结合治疗

本病尚无有效药物治疗，发生本病时应严格将病畜隔离或捕杀。在严格隔离与不散毒的前提下，可试用下列处方进行治疗。

1. 西药

（1）对症抗感染　流产母猪流产的当天可肌内注射催产素，以利排尽死胎及胎衣，然后以复方青霉素、硫酸庆大霉素肌内注射进行抗感染治疗，连用1周。发病仔猪可进行对症抗感染治疗，直到恢复正常。

（2）高免血清　伪狂犬病高免血清，15～20毫升，肌内注射，每日2次，连用2～3次。或无菌采集健康马血或病愈猪血250毫升，与25毫升无菌10%柠檬酸钠溶液混合，每头猪每次肌内注射15～25毫升，连用2～3次。

2. 中药

（1）延胡细辛煎　延胡索、金银花、知母各15克，细辛、白芷、川芎、天冬、麦冬、天花粉、黄柏、黄芩、玄参、芍药、贝母、前胡、甘草各10克，水煎内服。

（2）白芷菖蒲煎　白芷、石菖蒲、胆南星、杏仁、桔梗、广藿香、法半夏、全蝎、防风、秦艽各15克，细辛、竹黄、僵蚕、大黄各10克，水煎内服。

（3）黄连钩藤煎　黄连35克，钩藤30克，南星、天麻各25克，菊花、法夏、防风、焦栀子、枳壳、木香、茯苓、龙胆草、僵蚕各15克，竹黄、广陈皮各10克，水煎内服。

第六节　猪细小病毒病

一、概念

猪细小病毒病是由猪细小病毒（PPV）引起的猪繁殖障碍性疾病，主要表现为胎儿和胚胎的感染死亡，而母体通常并不表现任何临诊症状。

猪细小病毒为细小病毒科，细小病毒属。其血清型单一，很少发生变异。本病毒对热具有强大抵抗力，56℃ 30分钟不影响其感染性和血凝活性，70℃ 2小时仍不使其丧失感染性和血凝活性，但是80℃ 5分钟可使其丧失感染性和血凝活性。对乙醚、氯仿等脂溶剂有抵抗力，对酸、甲醛蒸汽和紫外线也有一定抵抗力；但0.5%漂白粉或氢氧化钠溶液5分钟即可杀死该病毒。

本病常见于初产母猪，多呈地方性流行或散发。哺乳仔猪可以从免疫母猪初乳中获得高滴度的抗体，但抗体会随着时间的推移而逐渐减少，在3～6月龄时通常下降到血凝抑制试验法检不出的水平。多数9月龄以上的母猪会通过自然感染产生主动免疫。

污染的圈舍是猪细小病毒主要的传染源。在急性传染期，病毒能以各种途径排出，其中包括精液。不管猪的免疫状态如何，公猪在敏感的母猪群中都是猪细小病毒的机械传播者。

二、临诊特征与诊断

1. 临诊症状

猪细小病毒感染的主要特征和仅有的临诊反应是母猪的繁殖障碍。母猪有可能再度发情，或既不发情，也不产仔，或每窝只产很少的几个仔，或者产出的一部分为木乃伊胎儿。其他表现还有不孕、流产、产死胎、新生仔猪死亡和产弱仔（图2-21、图2-22）等。不管这些胎儿是否受到感染，都可能导致同窝健康胎儿的死亡。

图2-21 母猪流产

图2-22 所产弱仔猪

2.病理变化

（1）眼观病变　母猪子宫内膜有轻度的炎症反应，胎盘部分钙化，胎儿在子宫内有被溶解吸收的现象。受感染胎儿表现不同程度的发育障碍和生长不良，或见胎重减轻、木乃伊胎、畸形胎、骨质溶解的腐败黑化胎儿等。胎儿可见充血、水肿、出血、体腔积液、脱水（木乃伊胎）及死亡等症状。

（2）组织学变化　子宫上皮组织和固有层有局灶性或弥散性单核细胞浸润。胎儿各种组织和器官有广泛的细胞坏死、炎症和核内包涵体。大脑灰质、白质和软脑膜有以增生的外膜细胞、组织细胞和浆细胞形成的血管套为特征的脑膜炎变化。

3.诊断

（1）临诊诊断　只要出现胚胎或胎儿死亡或两者并存，在鉴别诊断猪的繁殖障碍综合征时，就应考虑到猪细小病毒。如果只有青年母猪出问题，而老母猪没有问题时，妊娠期间不表现临诊症状，也不出现流产或胎儿发育异常；而有迹象表明这是一种传染病，可暂时认为是由猪细小病毒诱发的繁殖障碍。通过临诊症状与流行病学，可以把猪细小病毒和其他繁殖障碍性疾病区别开，然而最终确诊还有赖于实验室诊断。

（2）实验室诊断　如果确实出现了木乃伊胎，长度小于16厘米，应将其胎儿或其肺脏送交实验室进行诊断。

① 免疫荧光显微镜检测。用免疫荧光显微镜检测猪细小病毒抗原，是一种可靠而敏感的诊断方法。将胎儿肺组织冰冻切片与标准诊断试剂反应，在几个小时内即可作出诊断。

② 检测病毒血凝素。该实验所需设备少，在没有抗体的情况下很有效，是一种较理想的诊断方法。首先把待检组织在稀释液中研磨碎，离心取上清，用豚鼠红细胞做血凝素检查。

③ 血清学试验。血凝抑制实验最早可在猪细小病毒感染猪的第5天就可以检查到抗体，而且可以持续数年，是经常用于检测或定量分析猪细小病毒体液抗体的一种方法。

④ 病毒中和试验（VN）。通常是通过检查细胞核内包涵体、荧光细胞和细胞培养液中病毒血凝素是否消失或减少，来确定感染性是否被中和。

三、预防与控制

1.预防

（1）严防病毒引入　采用综合性防制措施，防止带毒猪引入等途径将病毒带入。

（2）免疫接种　在本病流行地区，可采用自然感染或人工接种的方法，使初产母猪在配种前获得主动免疫。猪细小病毒病的免疫最好选用灭活疫苗。健康猪、假定健康猪在配种前1个月接种灭活疫苗。新生仔猪免疫接种可以选择在20日龄左右，后备种猪要在配种前20小时以前接种；经产母猪应在产后15天进行，每年接种2次，连续3年；种公猪每年春秋两季分别进行免疫。曾发生过细小病毒病的猪，大多数获得免疫力，体内已产生抗体，可以获得良好的保护。

2.防控

除采取传染病的常规措施外，猪细小病毒病控制需尤其注意妥善处理感染猪的排泄物、分泌物及其污染的器具、场所和环境等。由于该病毒对外界理化因素有很强的抵抗力，环境消毒时要采用0.5%漂白粉或氢氧化钠等敏感的消毒剂。

四、中西兽医结合治疗

（1）抗感染　猪细小病毒病尚无特效药物进行治疗。本病治疗主要是加强护理和消炎，以防并发症，同时可配合肌内注射黄芪多糖注射液，2次/天，连用3～5天，以提高免疫力。流产后若发生产道感染，可肌内注射青霉素160万～240万国际单位、链霉素100万国际单位，2次/天，连用3天。

（2）对症治疗　对延时分娩的病猪，应及时注射前列腺烯醇注射液进行引产，以防止胎儿腐败与滞留子宫引起母猪子宫内膜炎及不孕。对心功能衰竭的可使用强心药，机体脱水的要静脉补液。

第七节　猪乙型脑炎

一、概念

猪乙型脑炎又称流行性乙型脑炎，简称乙脑，是由日本乙型脑炎病毒（JEV）引起的一种严重的蚊媒性人畜共患传染病。其主要临诊表现为妊娠母猪流产和产死胎，公猪发生睾丸炎，生长—肥育猪持续高热和新生仔猪脑炎。我国除新疆和西藏外，其他各省、市、地区均有流行；尤其是海南、台湾、广东和福建等省，常年有此病发生。其主要危害是导致怀孕母猪发生繁殖障碍。

日本乙型脑炎病毒属于黄病毒科黄病毒属，只有一个血清型，但各个毒株在毒力和血凝特性上具有比较明显的差别。它们的抗原性都较强，自然感染或人工感染都能产生较高效价的中和抗体、血凝抑制抗体和补体结合抗体。其在外界环境中的抵抗力不强，易被消毒剂灭活。56℃加热30分钟或100℃加热2分钟均可使其灭活。病毒对酸和胰酶敏感。猪易感，人、马、骡、驴、牛、羊、鹿、鸡、鸭和野鸟等也有易感性，其中以幼龄动物最易感。

乙脑是自然疫源性疾病，许多动物和人感染后都可成为本病的传染源。国内很多地区猪、马、牛等的血清抗体阳性率在90%以上。猪感染后产生病毒血症时间较长，血中病毒含量较高，而且猪的饲养数量多，更新快，总是保持着大量新的易感猪群。媒介蚊虫嗜猪血，容易通过猪—蚊—猪的循环，扩大病毒的传播，所以猪是本病的主要增殖宿主或传染源。此外，鹭、蝙蝠、越冬蚊虫也可能是乙脑病毒的储存宿主。

本病主要通过带病毒的蚊虫叮咬而传播。已知库蚊、伊蚊、按蚊属中的不少蚊种以及库蠓等均能传播本病，其中尤以三带喙库蚊为本病主要媒介。病毒在三带喙库蚊体内可迅速增至5万～10万倍。三带喙库蚊的地理分布与本病的流行区相一致，它的活动季节也与本病的流行期明显吻合。在热带地区，本病全年均可发生，无明显的季节性；而在温带和亚热带地区，80%的病例发生在7月、8月、9月三个月内。乙脑具有高度散发的特点，但局部地区的大流行也时有发生。

二、临诊特征与诊断

1.临诊症状

常突然发病，病猪精神沉郁，嗜眠喜卧，高热稽留，40～41℃，持续数天（图2-23）；食欲减少或不食，口渴喜饮，粪便干硬呈球形，表面附有白色黏液，尿深黄色。个别猪兴奋，乱撞及后肢轻度麻痹，或见后肢关节肿胀而跛行。幼龄猪偶尔有神经症状，成年猪及怀孕母猪症状不明显。

公猪常一侧性睾丸肿胀，或两侧睾丸肿胀程度不等。肿胀大小比正常大小大0.5～1倍，肿胀大多数在2～3天后消失，逐渐恢复正常。偶尔可见个别公猪的睾丸缩小、变硬，丧失生产精子的能力。

个别妊娠母猪会发生突然流产，之后症状很快减轻，体温和食欲逐渐恢复正常。多数母猪分娩时，产出数量、大小不等及肢、蹄或头部畸形的死胎、木乃伊胎或弱仔。

2.病理变化

脑和脊髓充血、出血、水肿或脑液化。睾丸充血、出血和坏

图2-23 病猪高热、嗜眠喜卧

死。子宫内膜充血、水肿、黏膜上覆有黏稠的分泌物。胎盘呈炎性浸润，流产或早产的胎儿常见脑水肿、皮下水肿，有血性浸润，胸腔积液，腹水增多。

3.诊断

根据流行病学特征、临诊症状和病理剖检变化，可以作出初步诊断，但应注意与猪布鲁菌病、细小病毒感染以及伪狂犬病相鉴别。确诊需要实验室血清学诊断。

适用于日本乙型脑炎病毒诊断的血清学方法有乳胶凝集试验（LAT）、补体结合试验（CF）、血凝抑制试验（HI）、中和试验（SN）、斑点免疫渗滤试验、酶联免疫吸附试验（ELISA）、间接免疫荧光试验（I-FA）、间接血凝试验（IHA），放射免疫测定、免疫电镜技术等。

其中补体结合试验，因为补体结合抗体出现较晚，大多于发病后2周左右才呈现阳性反应，因此常常用作回顾性诊断。血凝抑制试验最常用，但日本乙型脑炎病毒血凝素十分脆弱，易失活，而且其发生红细胞凝集的pH值范围较小，被检血清中非特异性凝集素处理也较费时费力。酶联免疫吸附试验方法很适用于该病的早期诊断。乳胶凝集试验方法具有特异、敏感、微量、快速、稳定、简易的特点，特别适合于基层及大规模流行病学调查。新型SPA（特异性抗体致敏A蛋白）协同凝集试验具有快速、操作简便、特异性强的特点，适合于乙脑的临诊快速诊断和流行病学调查。

三、预防与控制

1.防制

消灭蚊虫是控制乙脑流行的一项重要措施，但目前灭蚊技术尚不完善，而免疫接种是一项有效的措施。目前猪用乙脑疫苗主要有灭活疫苗和减毒疫苗两种。

（1）鼠脑灭活疫苗　该苗在猪乙脑防治中发挥了不少作用，但其含有较多的脑组织成分，接种后易发生严重的变态反应性脑脊髓炎。同时有注射剂量大、注射次数多、效果不稳定及免疫力持续时间短等缺点。

（2）乙脑减毒疫苗 动物试验及临诊应用效果良好。可在本病流行地区蚊子开始活动的前1个月，对4月龄至2岁的公猪、母猪注射疫苗免疫，半年后再注射1次，以后每年注射1次。

2. 公共卫生

带毒猪是人乙型脑炎的主要传染源。常在猪乙型脑炎流行高峰过后1个月，便出现人乙型脑炎的发病高峰。患者大多数为儿童，从隐性到急性致死性脑炎都有，潜伏期多为7～14天。多突然发病，常见发热、头疼、昏迷、嗜睡、烦躁、呕吐以及惊厥等。预防人类乙型脑炎主要靠免疫接种，我国对本病实行计划免疫。

四、中西兽医结合治疗

1. 西药治疗

暂无特效药可以治疗猪乙型脑炎，因此目前主要是抗感染防止继发感染与对症治疗。

（1）抗感染 抗生素或者磺胺类药物进行注射治疗，可以有效控制感染。

（2）冷敷消炎 公猪睾丸发炎的可以进行冷敷，并以磺胺嘧啶注射液进行消炎处理，从而控制炎症。

（3）脱水疗法 神经症状伴有脑水肿或脑瘫等时，可采取脱水疗法进行治疗。甘露醇注射液或山梨醇注射液100～250毫升，静脉注射。

2. 中药治疗

（1）石膏板蓝煎 生石膏、板蓝根各120克，大青叶60克，生地、连翘、紫草各30克，黄芩20克，水煎服，每天1次，连续3天以上。

（2）石膏元明煎 生石膏160克，元明粉125克，板蓝根、大青叶各62克，滑石31克，天竺黄25克，青黛20克，朱砂6克（另包）。除朱砂外，水煎2次，候温加朱砂胃管灌服。高热不退者，加知母、生甘草，重用石膏；大便秘结者，加大黄，重用元明粉；津液不足者，加玄参、生地、麦冬。轻者用元明粉、滑石；高热昏迷者，重用天竺黄、青黛；抽搐不止者，加全蝎、蜈蚣；病后体虚者，加黄芪、当归、党参、白术等。

第八节　猪流行性感冒

一、概念

猪流行性感冒是由猪流行性感冒病毒所引起的一种急性、热性与高度接触性呼吸器官传染病。临诊上以突然发病、传播迅速（2～3天内波及全群），发热、咳嗽、呼吸困难、上呼吸道炎症和迅速转归为特征。

猪流感病毒是一种正黏液病毒，世界卫生组织2009年4月30日将此前被称为猪流感的新型致命病毒更名为H_1N_1甲型流感。根据病毒表面糖蛋白的不同，甲型流感病毒可以分为16种HA亚型（H_1～H_{16}）以及9种NA亚型（N_1～N_9）。甲型流感病毒可感染多种宿主，包括禽、猪以及人等。由于猪的呼吸道上皮细胞中同时具有与禽流感病毒和人流感病毒的结合受体，人流感病毒和禽流感病毒均可感染猪。在人流感流行过后，虽然病毒及其变异株在人群中很快消失，但病毒仍有可能在猪群中长期存在，并再次引起人类的感染。猪流感病毒对人与其他动物的健康有着难以预测的影响，近年来，国际上对于猪流感的研究给予了高度的重视。

病猪和带毒猪是其主要传染源。猪流感是猪的一种地方流行性传染病，临诊暴发多发生在气温变化较大时。猪流感病毒存在于病猪的鼻液、气管、支气管的渗出液和肺组织中，可通过飞沫经呼吸道传播。该病的流行特征是突然发生、潜伏期短、迅速波及全群，发病率可达100%，但病死率通常不超过1%。各种年龄、性别、品种的猪都可感染猪流感病毒。随着流感病毒在猪群中的传播，临诊疾病可能持续几周时间。猪群康复后会产生主动免疫。仔猪由初乳获得母源抗体，可避免发病，但不能避免感染。猪流感发病可受猪体免疫状况、年龄、感染压力、混合感染、气候条件和畜舍情况等因素的影响。流感病毒还可与肺炎支原体、胸膜肺炎放线杆菌、多杀性巴氏杆菌、副猪嗜血杆菌和猪链球菌等协同作用，引起猪的呼吸道综合征。

二、临诊特征与诊断

1. 临诊症状

疾病突然暴发，潜伏期1～3天，一个猪群或一个流行病学单元内所有年龄的大部分猪发热，体温40℃以上，食欲不振，不爱活动，衰竭，蜷缩，扎堆及卧地不起，被毛粗乱。或见结膜炎、鼻炎、鼻腔分泌物、喷嚏、咳嗽及体重减轻，部分怀孕母猪可有流产症状。进一步发展，病猪张口呼吸，呼吸困难，尤其是迫使病猪走动时，表现更为明显（图2-24～图2-26）。本病的发病率近100%，但病死率通常不超过1%，除非并发感染和（或）幼龄仔猪发病才可超过1%。发病猪增重减慢、生产力下降。一般来说，发病5～7天后开始快速恢复，如同暴发时一样突然，出乎意外。

2. 病理变化

肉眼病变主要为病毒性肺炎，最常出现在肺的尖叶和心叶。人工感染4～5天后，50%以上的肺脏可出现典型病变。病变肺组织和正常肺组织之间分界明显，病变区呈紫色的硬结，部分肺叶间质明显水肿，呼吸道内充满血色、纤维蛋白性渗出物（图2-27）。相连的支气管和纵膈淋巴结通常肿大。自然发生病例，这些病理变化常很复杂，或由并发感染特别是细菌感染所掩盖。组织学病变是肺脏上皮坏死和支气管上皮细胞层脱落。H_1N_1病毒株和H_3N_2病毒株可引起增生性和坏死性肺炎（PNP），可见Ⅱ型肺细胞明显增生和肺泡

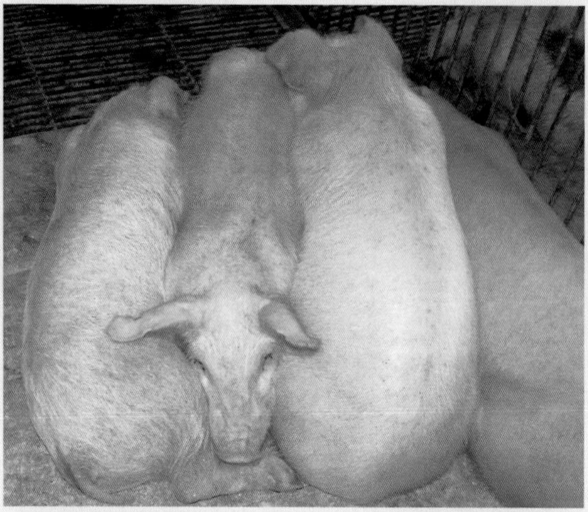

图2-24 仔猪喜欢扎堆

图2-25 呼吸困难、流鼻涕

图2-26 结膜炎

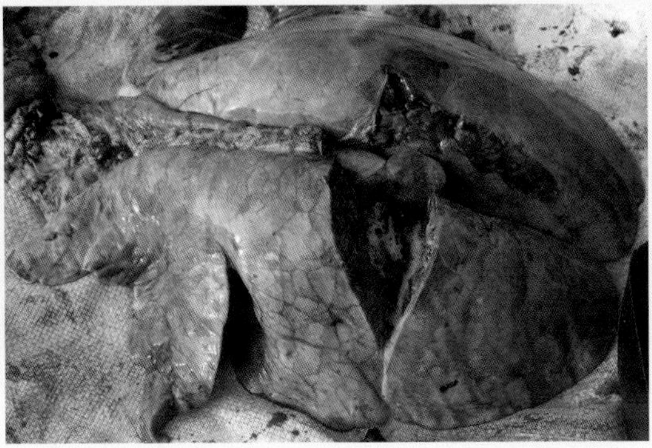

图2-27 肺脏水肿、充血与出血

中坏死细胞聚集。

3.诊断

猪流感没有特殊的临诊症状，尤其要注意与其他呼吸道疾病进行区别。确诊要靠实验室诊断。

（1）病原分离与鉴定　可采取发病2～3日急性病猪的鼻腔分泌物、气管或支气管渗出液，或采取急性病死猪的脾脏、肝脏、肺脏、肺区淋巴结等组织，进行猪流感病毒的分离。病料加抗生素处理后，可接种9～11日龄鸡胚羊膜腔和尿囊腔中，或MDCK（一种细胞培养用细胞，是由Madin和Darby于1958年从美国Cocker Spaniel母曲架犬的肾脏组织分离培育建立，通常是以贴壁方式生长的上皮样细胞），37℃孵育3～4天，收集尿囊液和羊膜腔液，用血凝（HA）和血凝抑制试验（HI）鉴定病毒的血清亚型。

（2）抗体检测　一般采用双份血清检测抗体法，即于发病猪群的急性期采集第一份血清样本，于发病后2～3周恢复期采集第二份血清，如果检测恢复期血清中的血凝抑制试验抗体效价比急性期血清高4倍，即可诊断为猪流感。

（3）猪流感病毒检测　可以采用RT-PCR直接检测病料中的猪流感病毒。其敏感性相当于病毒分离，但快速、高通量。或用抗原捕获酶联免疫吸附试验、间接免疫荧光试验、免疫组化等技术，检测分泌物或组织中的猪流感病毒。

三、预防与控制

猪流感是养猪场中普遍存在的一种传染病，虽然该病自身对猪的危害并不严重，但是容易与其他疾病混合感染，造成严重的经济损失。对猪流感的防控重点应该以预防为主，减少该病的发生和流行。

1.预防

（1）免疫接种　免疫接种和生物安全是预防猪流感的主要措施。初次免疫接种应进行2次，间隔2～4周。母猪每半年加强免疫接种1次。目前市场上销售的猪流感疫苗主要是针对经典毒株H_1N_1和H_3N_2的两种亚型单价和双价疫苗，随着病毒的不断变异，这些疫苗对近些年来的流行毒株保护力较差，注意疫苗毒株的更新以及生产自家疫苗，也许是更好的选择。

（2）加强饲养管理　虽然接种疫苗可以减少猪只发病，但是并不能阻断病毒的感染与释放，因此更应该注重猪场本身的日常管理与消毒措施。猪流感病毒在外界环境中抵抗力较低，生存周期较短，0.03%百毒杀或0.3%～0.5%过氧乙酸等常用的消毒剂以及高温措施等，均可较好地杀灭病毒。对猪场实行严格的管理，控制好猪只的进出，改善猪场的饲养条件也是防控本病的关键所在。

2.公共卫生意义

猪流感在公共卫生学上的意义，其一是人可以感染猪流感病毒（动物病），与猪接触的人中感染猪流感病毒的概率增加；其二是猪可作为人流感大流行的新病毒宿主，在人流感流行过后，虽然病毒及其变异株在人群中很快消失，而病毒却有可能在猪群中长期存在，并再次引起人类的感染。

四、中西兽医结合治疗

1.西药治疗

猪流行性感冒病目前没有特效的治疗药物，一般只能实行对症治疗。当病情严重、在确定有细菌感染或并发症状时，可考虑使用抗生素。

（1）30%安乃近注射液，30毫克/千克体重，肌内注射，每日2次。

（2）柴胡针、鱼腥草针进行肌内注射，按说明书用量，连用3～5天。

（3）青霉素，40万～80万国际单位，1次肌内注射，每日2次。或土霉素，10毫克/千克体重，肌内注射。

2.中药治疗

清热解毒，温中散寒，调和脾胃。

（1）银柴汤加减（猪体重60千克） 生姜100克，神曲50克，金银花、柴胡、前胡、苍术、陈皮各30克，紫苏、荆芥各25克，鱼腥草20克，葱白13根，甘草15克。将药加清水2000毫升，加热至沸，滴出药液，备用。药渣再加清水煎2次，滴出药液3次混合至温，分5次灌服。食欲未绝者，拌少量精料喂服，2次/天，视病情可服第2剂。

（2）风寒感冒散 猪患风寒感冒，用桔梗、陈皮、杏仁、薄荷、枳壳各15克，苏叶、前胡、半夏、麻黄、桑白皮各10克，生姜3片，共研末，混入饲料饲喂。

（3）风热感冒煎 猪患风热感冒，用石膏50克，栀子、牛蒡子、麦冬、款冬花、蒌仁各15克，天冬、桔梗、前胡、桑白皮各10克，加水1.5千克，煎至0.5千克，每千克体重每次20～30克，日服50～100克。

（4）生姜金柴煎 预防用药（猪体重60千克），生姜250克，金银花50克，柴胡50克，药物水煎至沸3次，药液总量至2500毫升晾温，分3次喂服。

第九节 猪传染性胃肠炎

一、概念

猪传染性胃肠炎是由猪传染性胃肠炎病毒所致的一种急性传染

病。它以呕吐、水样下痢、脱水为特征。不同品种、年龄的猪均易感，但2周龄以内仔猪病死率高，而随着年龄的增长其症状减轻，发病率降低，多呈良性经过。

猪传染性胃肠炎病毒属于冠状病毒科，冠状病毒属。只有一个血清型，不耐热，在4℃以上很不稳定，56℃加热45分钟，或65℃加热10分钟，就会死亡。相反在4℃以下的低温，病毒可长时间地保持其感染性。对光线敏感，在阳光下暴晒6小时即被灭活，紫外线能使病毒迅速灭活。病毒在pH值4～8稳定，pH值2.5时很快被灭活。对乙醚和氯仿敏感，所有对囊膜病毒有效的消毒剂对其均有效。用0.5%石炭酸在37℃处理30分钟可杀死病毒。

病毒存在于病猪的各器官、体液和排泄物中，但以病猪的空肠、十二指肠、肠系膜淋巴结和扁桃体中含毒量最高。在患病早期，呼吸系统组织和肾中含毒量也相当高。随粪便排毒可持续8周。猪主要是通过食入被污染的饲料，经消化道传染；也可以通过空气经呼吸道传染。密闭的猪舍，湿度大和猪只集中的猪场，更易传播。

各种年龄的猪均有易感性，但10日龄以内仔猪的发病率和病死率较高。断奶猪、生长－肥育猪和成年猪发病症状轻微，大多数能自然康复。其他动物对本病无易感性。本病多发于11月至来年4月。一旦发生，传播迅速，数日内可使猪群内大部分猪感染本病。发生过本病的猪，特别是常年产仔的繁殖猪场的猪，多表现为仔猪断奶后腹泻，而哺乳仔猪发病轻或不发病。

二、临诊特征与诊断

1. 临诊症状

潜伏期仔猪12～24小时，生长—肥育猪2～4天。仔猪突然发生呕吐，接着急剧水样腹泻，粪便为黄绿色或灰色，或呈白色，含凝乳块（图2-28～图2-30）。部分病猪体温先短暂升高，腹泻后体温下降，迅速脱水，很快消瘦，严重口渴，食饮减退或废绝。一般经2～7天死亡。10日龄以内的仔猪有较高的致死率，致死率随着日龄的增长而降低。病愈仔猪生长发育缓慢。生长—肥育猪和成年

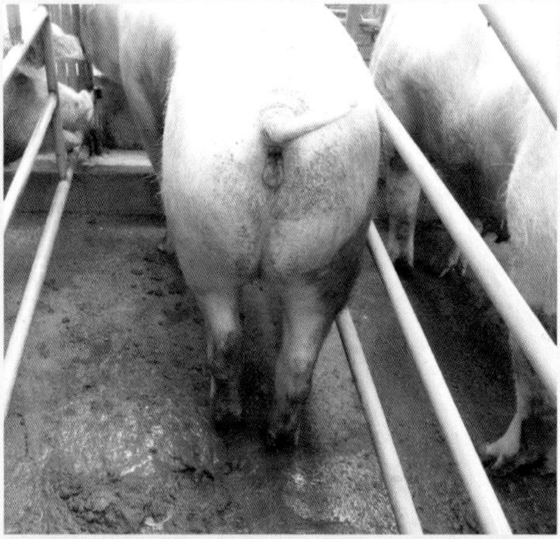

图2-28 母猪腹泻

图2-29 仔猪腹泻

图2-30 稀粥样粪便

猪的症状较轻，食欲降低，腹泻、体重迅速减轻，有时出现呕吐。母猪厌食，泌乳减少或停止。一般3～7天恢复，极少发生死亡。

2.病理变化

主要病变在胃和小肠。仔猪胃内充满凝乳块，胃底部黏膜轻度充血，有时在黏膜下有出血斑（图2-31、图2-32）。小肠内充满黄绿色或灰白色液状物，含有泡沫和未消化的乳块。小肠壁变薄，弹性降低，肠管扩张呈半透明状。肠系膜血管扩张，淋巴结肿胀，肠系膜淋巴管内见不到乳糜。组织学检查，黏膜上皮细胞变性、脱落；尤其是空肠绒毛呈弥漫性萎缩。肾组织变性，并有白色尿酸盐沉积。

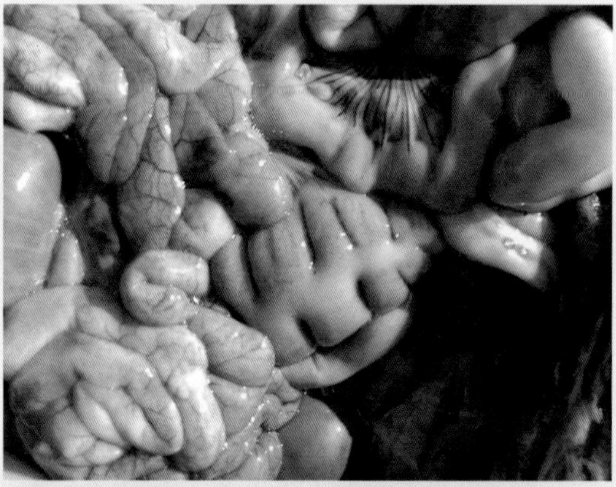

图2-31 肠出血、臌气

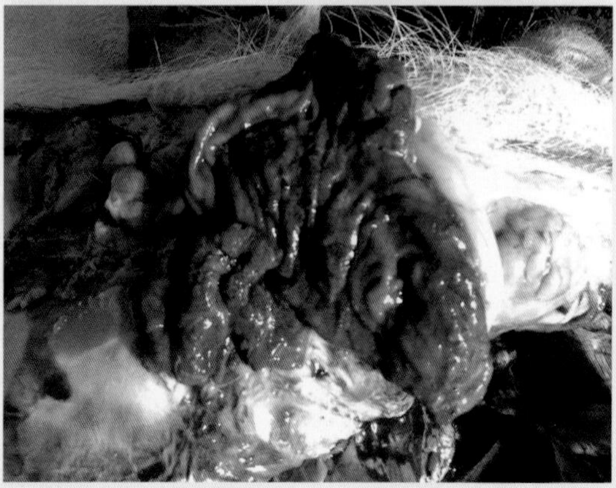

图2-32 胃底部黏膜出血

3.诊断

根据流行病学和临诊症状可以作出初步诊断，但需注意与猪流行性腹泻、仔猪轮状病毒感染、仔猪黄痢、球虫病等疾病相区分。确诊需要血清学方法。

① 免疫荧光抗体试验。取刚发病的急性期病猪的空肠，制成冰冻切片，用免疫荧光抗体染色，在荧光显微镜下检查，如细胞质内发现亮绿色荧光，即可确诊。注意，下痢初期荧光抗原最多，感染9天后则减少，病料的采集时间必须适当。荧光抗体试验配合组织学检查，其准确性更高。

② 酶联免疫吸附试验、微量中和试验、间接血凝试验等，也是本病常用的血清学诊断方法。

三、预防与控制

1.预防

（1）加强饲养管理　由于猪传染性胃肠炎发病率很高、传播快，一旦发病，采取隔离、消毒等措施效果不大。因此，做好平时的饲养管理和消毒卫生工作，搞好圈舍卫生及保温措施，定期消毒，注意不从疫区或病猪场引进猪只，以免传入本病，是最主要的预防措施。

（2）免疫接种　传染性胃肠炎是典型的局部感染和黏膜免疫，只有通过黏膜免疫产生的IgA（免疫球蛋白A）才具有抗感染能力，而IgG（免疫球蛋白G）的作用很弱。其免疫大多数是对妊娠母猪于临产前20～40天经口、鼻和乳腺接种，使母猪产生抗体。这种抗体在乳中效价较高，持续时间较长。仔猪可从乳中获得母源抗体而得到被动免疫保护，此谓乳源免疫。该病现在可用传染性胃肠炎弱毒冻干疫苗进行后海穴注射免疫。妊娠母猪于产前20～30天注射2毫升，初生仔猪注射0.5毫升；10～50千克猪注射1毫升；50千克以上注射2毫升。免疫期为6个月。传染性胃肠炎和流行性腹泻二联灭活疫苗，通常在初次免疫3～4周后，需再次进行加强免疫，以使猪获得更强、更持久的免疫力。不少猪场免疫失败的重要原因之一就是忽视了这一点。

（3）人工感染“返饲疗法” 如果买不到疫苗，可以考虑采用人工感染“返饲疗法”，使怀孕母猪提前感染获得免疫力，再通过哺乳使仔猪获得被动免疫保护力。将发病仔猪腹泻的粪便或将因腹泻死亡仔猪的肠管，用不能加热至沸的普通豆浆机打浆，连同肠内容物一起拌料，于产前15天以上饲喂怀孕母猪。临产前不足15天的怀孕母猪不能采用“返饲疗法”，因为来不及产生有效抗体，不能保护哺乳仔猪。1头仔猪的粪便和肠管可“返饲”3头母猪。

2.防控

① 已感染传染性胃肠炎病毒的怀孕母猪，可经非肠道接种其弱毒苗或后海穴接种其自家灭活苗，其抗体水平可得到很大的提高。临诊上给新生仔猪口服康复猪的血清或全血，有一定的预防和治疗作用。

② 在发病时要改善饲养管理，加强护理特别重要，日龄大的猪可很快康复，康复猪可产生一定免疫力。在积极治疗的同时，应该减少饲料尤其是蛋白质饲料的饲喂量，给猪饮温水，以防止脱水；并提高舍内温度，加强消毒，每天1次。

四、中西兽医结合治疗

1.西药治疗

本病尚无特效的治疗方法，除采用抗菌消炎以防继发感染治疗外，主要是进行对症治疗，补充水分和电解质，以防止脱水和酸中毒。

（1）仔猪防脱水 5%葡萄糖氯化钠注射液，30～50毫升/千克体重，腹腔注射。或采用口服补液盐（ORS），可有效地预防和治疗腹泻引起的轻、中度脱水，显著减少腹泻造成的死亡。

口服补液盐：氯化钠（食盐）3.5克，碳酸氢钠（小苏打）2.5克，氯化钾1.5克，口服葡萄糖20克，加水至1000毫升；或购买现成的口服补液盐产品，按照说明书加水兑制。仔猪中、轻度脱水时，补液总剂量按每千克体重40～50毫升，在4～8小时内自由饮完或多次少量灌服。或氯化钠2.0～3.5克、氯化钾0.5～1.5克、葡萄糖10～20克、黄连素0.5～2.0克、0.1%高锰酸钾100毫升、维生素B_6 100毫克，冷开水1000毫升混合。轻度脱水者50～70毫升，中度脱水者70～110毫升，高度脱水者110～150毫升，让猪自由饮用。注意不要使用过量，以免引起食盐中毒。

（2）抗菌止泻　痢菌净、磺胺类药或大蒜素、黄连素等抗菌药物拌料或饮水，配合收敛止泻剂和抑制肠道分泌的药物。磺胺脒0.4～0.5千克、小苏打1～4千克、次硝酸铋1～5千克，混合内服。或0.5%痢菌净注射液，1毫升/千克体重，肌内注射，每日2次，最多用药2日。或黄连素片，0.1～0.2千克，内服，每日2～3次，连用3～5天。或盐酸土霉素，5～10毫克/千克体重，肌内注射，每日2次，连用5～7天。

2.中药治疗

（1）焦三仙　焦神曲、焦麦芽、焦山楂各30克，开水煎15分钟，拌食饲喂。

（2）黄连白乌煎　黄连50克，白头翁、乌梅、柯子各15克，白芍、地榆、车前子、甘草各12克，大黄9克，水煎，25千克的猪一次候温灌服。

（3）藿香苏朴煎　藿香、苏梗、厚朴、半夏、苍术、陈皮、茯苓各20克，甘草、豆蔻、佩兰各10克，水煎服。

（4）黄三白头散　黄连、三棵针、白头翁、苦参、胡黄连各40克，白芍、地榆炭、棕榈炭、乌梅、诃子、大黄、车前子、甘草各30克，研末，分3次冲服，每天3次，连用2天以上。

（5）穴位注射疗法　维生素B_1 2～5毫升，氟苯尼考0.25～0.50克，氯化钾0.01～0.03克，后海穴注射。

第十节　猪流行性腹泻

一、概念

猪流行性腹泻（PED）是由猪流行性腹泻病毒引起的猪的一种高度接触性肠道传染病。它以水样腹泻、呕吐、脱水和食欲下降为主要特征。不同年龄和不同品种的猪对本病都易感，但对哺乳仔猪的危害最为严重。

猪流行性腹泻病毒对乙醚和氯仿敏感，在4℃、pH值5.0～9.0与37℃、pH值6.5～7.5条件下稳定。该病毒没有凝血活性。猪流行性腹泻病毒在仔猪小肠中的致病特点与传染性胃肠炎病毒极为相似，但在小肠中复制和感染过程较慢，潜伏期较长。目前尚无迹象表明存在不同的血清型。

猪流行性腹泻是独立的猪急性接触性肠道传染病，发病猪和带毒猪是主要的传染源。其主要通过被感染猪只排出的粪便或污染物经口自然感染，但有人报道该病也可以经呼吸道传染，并可经呼吸道的分泌物排出病毒。发病猪和健康猪直接接触即可传播病毒，污染周围环境、运输车辆、饲养员的衣服和鞋、用具等也可散播传染病毒。由于哺乳仔猪、断奶仔猪和育肥猪都较易感，发病率高达100%，都会持续性带毒；尤其是4～5周龄的哺乳仔猪病死率很低，1周后可自行停息，但会持续带毒，并不断排出带有病毒的粪便，污染墙壁、水槽、垫料甚至饲料，被其他健康猪直接接触或食入而可能造成感染。

易感猪场常于猪只交易后4～5天内，可能通过病猪或运输车辆、靴子等污染物感染而暴发急性流行性腹泻。种猪场该病暴发后，可能自然消失，也可能呈地方性流行。分娩和断奶仔猪数量大的猪场，病毒因为不断有断奶时丧失初乳免疫的仔猪而存活，从而多发生地方流行性，也可能是导致这种种猪场持续发生断奶仔猪腹泻的一个重要原因。

各种年龄的猪都能感染发病，哺乳仔猪、架子猪、育肥猪发病率达100%。1周龄哺乳仔猪持续腹泻，3～4天后因脱水而死，病死率平均50%，最高可达90%。年龄较大的哺乳仔猪持续呕吐、腹泻1周后，多逐渐康复，但对其病毒仍较敏感。这些易感猪群可单一感染流行性腹泻病毒或与传染性胃肠炎病毒混合感染。目前尚未见报道其他动物感染流行性腹泻病毒。

二、临诊特征与诊断

猪流行性腹泻的临诊症状一般表现为严重的水样腹泻，并伴有呕吐现象，全身脱水明显，粪便稀且呈黄色或灰黄色。病猪精神萎靡，眼窝下陷，食欲减退或废绝，病猪在腹泻3～4天后，会因严重脱水而死亡。猪流行性腹泻的临诊症状与猪传染性胃肠炎较为相似。两者相比，猪流行性腹泻的传播速度较慢，持续时间相对较长，腹泻程度也相对较轻。

1.临诊症状

猪流行性腹泻最主要的症状是水样腹泻。易感种猪群暴发本病时的发病率和病死率差异很大，最高发病率可达100%，所有日龄的猪只均可感染发病。1周龄以内仔猪发病，常常表现为持续腹泻3～4天后因脱水而死亡，平均病死率50%，最高可达90%。日龄较大的仔猪约1周后可康复。暴发过急性腹泻的猪场，其猪只在断奶后2～3周可能又出现持续性腹泻；新引进猪只也可能相继发病。其发生与猪传染性胃肠炎极为相似，只是传播速度较慢，哺乳仔猪病死率稍低而已。其病毒通常需要4～6周才能感染不同猪舍的猪群，而有的猪舍猪群甚至仍不能被感染。

多渠道来源、混养的架子猪或育肥猪暴发急性流行性腹泻，所有猪在1周内出现腹泻、食欲稍减退、精神沉郁、粪便水样（图2-33）。在育肥后期，猪流行性腹泻比猪传染性胃肠炎的表现更为严重，但通常大多数在7～10天后康复，病死率仅1%～3%。这种急性死亡常见于育肥猪腹泻早期或发生腹泻之前，剖检病死猪只常可见其背部肌肉坏死。对应激敏感的病猪病死率更高。

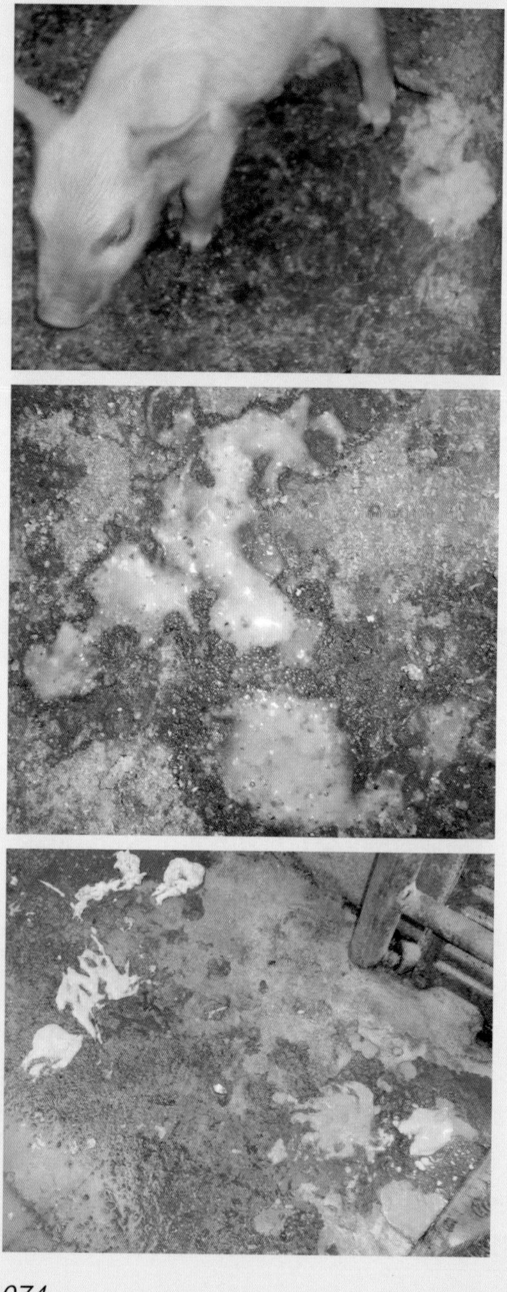

图2-33 水样腹泻

2.病理变化

病死猪眼球深陷，呈严重脱水症状。小肠壁变薄透明，可见其中大量充盈的白色奶样或无色内容物。剪开肠管，有的会流出黄绿色或白色卵清样物质。个别猪会发生肠套叠，其损伤区域多局限在小肠，体积膨胀（图2-34），肠内充满大量黄色液体。超微结构变化主要发生于小肠细胞胞浆中，可见细胞器减少，出现半透明区。微绒毛和末端网状结构消失，部分胞浆突入肠腔。肠细胞变平、紧密连接消失，脱落进入肠腔内。可见肠细胞内的病毒是通过内质网膜以出芽方式形成的。在结肠，含病毒的肠细胞出现一些细胞病变，但未见细胞脱落。

3.诊断

仅凭临诊症状难以作出诊断，所有日龄猪急性流行性腹泻在临诊上不能与传染性胃肠炎相区分。实验室内通过直接显示流行性腹泻病毒或其抗原或抗体的检测，可以作出病原学诊断。所有检测抗体的方法，都应检查双份血清样本。康复期血清样品的采集不早于腹泻开始后2周。

（1）直接采用免疫荧光和免疫组化技术　该技术已用于哺乳仔猪小肠切片的检测，是目前最为敏感、快速、可靠的方法，但仅适用于急性腹泻期内，尤其是发病后2天内捕杀的患病仔猪小肠切片的检查。由于自然感染死亡的仔猪绒毛严重萎缩，其检测的结果不可靠。

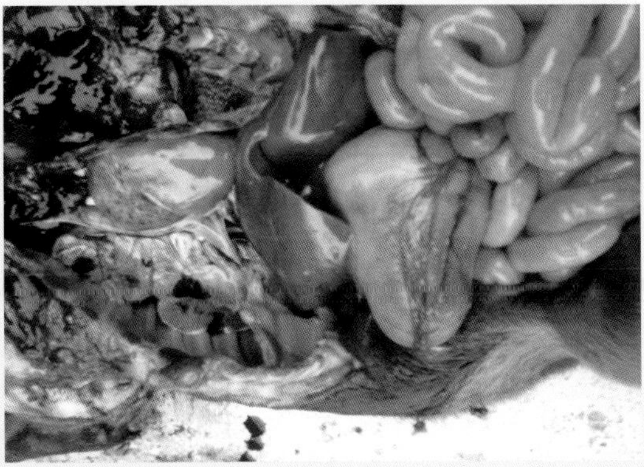

图2-34 肠管臌气变薄

（2）ELISA方法　目前已建立了许多用于检测粪中流行性腹泻病毒抗原和血样中特异性抗体的ELISA方法。这些方法既敏感、又可靠，特别是检测大量样本。如果收集的粪样合适、充分，可以检出种猪场中流行断奶腹泻的病毒。

（3）其他方法　检测粪中流行性腹泻病毒的其他方法还有反转录聚合酶链式扩增反应（RT-PCR）、原位杂交技术。RT-PCR可用于病猪小肠和粪便样品流行性腹泻病毒和传染性胃肠炎病毒的差异检测。

三、预防与控制

1.预防

（1）加强饲养管理与预防控制　加强对猪场的消毒综合防治措施，平时经常性地对圈舍卫生进行维护，对饲喂中使用的料槽、铲等器具及时消毒；加强对猪只的饲养管理，保持猪圈干燥、通风、保温。

（2）制定合理的免疫程序　采用猪传染性胃肠炎-猪流行性腹泻二联灭活苗或二联弱毒苗进行群体免疫，并定期采集血清，应用ELISA法监测群体抗体水平。

2.防控

（1）隔离预防　对已发病猪只进行隔离，对所有猪采用饲料添加抗生素的方法，以防止或减少猪只由于病毒病感染和腹泻等消化系统症状造成的机体免疫水平下降，从而继发其他细菌性感染的可能。由于其病毒传播相对较慢，可及时采取一些预防措施而防止病毒进入分娩舍而侵害新生仔猪。

（2）积极治疗　以补液为主，可于饮水中加入黄芪多糖以提高免疫力，加入电解多维以补充相应维生素，加入一定浓度的钠盐和糖分，以平衡电解质与补充能量。

（3）加强养护　感染的哺乳仔猪应保证其自由饮水，以减少脱水症的发生。育肥猪建议停止喂料。妊娠母猪暴露在病毒污染的粪便或者肠内容物下，可激发母猪乳汁中迅速产生免疫力，可利用这一点缩短本病的流行时间。若连续数窝的断奶仔猪中均存在病毒，则可将仔猪断奶后立即移至别处至少饲养4周。同时暂停从外引进新猪。新生猪口服鸡蛋黄或者含有流行性腹泻病毒免疫球蛋白的牛初乳，具有预防作用，可预防疾病或者降低病死率。

四、中西兽医结合治疗

1.西药治疗

（1）防脱水　可采用5%葡萄糖氯化钠注射液腹腔注射或口服补液盐，参考传染性胃肠炎治疗。

（2）抗菌止泻　抗菌药物连用2～3天，防止继发感染。

① 磺胺脒4千克，次硝酸铋4千克，小苏打2千克，混合1次喂服，每天2次，连用2～3天。

② 5%恩诺沙星粉按每千克饲料5克拌料喂服，连喂5～7天；同时，按每千克水加入10%庆大霉素粉2克，50%黄芪多糖粉5克，混合饮服，连饮5～7天。

③ 庆大霉素每千克体重1000～1500单位，穿心莲注射液每千克体重0.1毫升分别肌内注射，每隔12小时注射1次。

④ 2.5%恩诺沙星注射液每千克体重2.5毫克，硫酸黄连素注射液每千克体重0.1毫升肌内注射，每天2次，连用5天。

（3）补充维生素　维生素B_{12} 5～50毫克，维生素C0.2～0.5克，肌内注射，一天2次，连用2～3天。

2.中药治疗

（1）郁金散加减　郁金、蒲公英、白头翁、炒莱菔子各30克，黄芩、黄连、黄柏、白芍、二花、连翘、厚朴各20克，栀子15克，当归、木香、玉片各10克，共粉碎细末，按每千克饲料5克拌料喂服，连喂5～7天。

（2）参苓白术散加减　扁豆60克，党参、白术、茯苓、炙甘草、葛根、山药各45克，黄连、莲子肉、桔梗、薏苡仁、砂仁各30克，共为末，开水冲调，候温灌服或水煎服。此为10只20千克猪用量，其他猪可酌情增减。

第三章 chapter three

猪细菌性传染病

第一节　猪巴氏杆菌病

一、概念

猪巴氏杆菌病，又称猪肺疫，由多杀性巴氏杆菌引起的急性流行性或散发性和继发性传染病，多发生于地方性肺炎或猪的呼吸系统疾病综合征（PRDC）的后期。急性病例以出血性败血病、咽喉炎和肺炎的症状为特征，故俗称“锁喉风”或“肿脖子瘟”。慢性病例主要为慢性肺炎症状，呈散发性发生。

多杀性巴氏杆菌为巴氏杆菌属。根据其荚膜抗原（K抗原）可分为A、B、D、E和F五个血清型，根据菌体抗原（O抗原）分为1～12型。两者结合起来共15个血清型，各血清型之间不能交互保护。多杀性巴氏杆菌一旦在机体内定居，就能迅速刺激机体产生以嗜中性白细胞浸润为特征的化脓性反应。宿主对细菌脂多糖作出反应，刺激致炎细胞因子的释放。病猪可能由于严重的内毒素性休克和呼吸衰竭而死亡。

多杀性巴氏杆菌广泛分布于所有畜（禽）群，并且能很容易地从健康动物的鼻腔和扁桃体中分离得到。健康带菌猪，常因寒冷、闷热、天气突变、潮湿、长途运输、拥挤、通风不良、营养缺乏、饲料突变、某些疾病、过度疲劳等应激因素而导致机体抵抗力降低，引起内源性感染。病菌随病猪和带菌动物的分泌物和排泄物排出，污染饲料、饮水、用具和外界环境，经消化道传染给健康猪，或通过鼻—鼻接触传播，也可经吸血昆虫的叮咬和皮肤、黏膜的损伤发生传染。咳嗽、喷嚏排出的病原偶尔也通过飞沫经呼吸道传播。多杀性巴氏杆菌可寄生于鼠和其他的啮齿动物，也可存在于鸡和鸡粪中。然而，在现代化猪场，这些都不可能是多杀性巴氏杆菌的来源。

本病多为散发，有时呈地方流行性，一般无明显的季节性。本病常继发于猪瘟、猪伪狂犬病、猪气喘病以及猪传染性胸膜肺炎等疾病。

二、临诊特征与诊断

1.临诊症状

潜伏期为1～14天。一般分为最急性型、急性型和慢性型三种。

（1）最急性型　常突然发病，无明显症状而死亡。病程稍长的，体温升高至41℃以上，呼吸高度困难，心跳加快，食欲废绝。临死前，耳根、颈部及腹下部等处皮肤变成蓝紫色，有时有出血斑点。同时咽喉部肿胀，有热痛，重者可蔓延至耳根及颈部。病猪口鼻流出泡沫样液体，有的混有血液，呈犬坐姿势，常因窒息而死。病程仅1～2天。

（2）急性型　主要呈现纤维素性胸膜肺炎症状，败血症较最急性型轻微。病初体温40.5～41.6℃，可见短而干的痉挛性咳嗽、流鼻液和脓性结膜炎，开始便秘后腹泻。末期皮肤出现紫斑或小出血点。病程4～6天。有的病猪转为慢性。

（3）慢性型　多见于流行后期，主要以慢性肺炎或慢性胃肠炎为特点。病猪精神不振，食欲减退，步行摇晃，持续性咳嗽与呼吸困难。由急性转来的可见渐进性消瘦。有的关节脓肿，皮肤出现痂样湿疹。后期腹泻，以致衰竭死亡。病程约2周。

2.病理变化

（1）眼观病变

① 最急性型。可见全身黏膜、浆膜、皮下组织有大量出血点，以咽喉部及其周围结缔组织的出血性浆液浸润、喉头黏膜高度充血和水肿（图3-1）、气管内充满白色或淡黄色胶冻样分泌物为特点。切开颈部皮肤，可见大量胶冻样淡黄色纤维素浆液。水肿自颈部延至前肢。全身淋巴结出血，切面红色；尤其是颌下、咽背和颈部淋巴结更明显，甚至坏死。肺急性充血、水肿。脾有出血点，但不肿大。心外膜和心包膜有出血点。胃肠黏膜有出血性炎症。皮肤有出血斑。

② 急性型。除有出血性病变外，特征性的病变是纤维素性胸膜肺炎（图3-2）。多发生于肺尖叶、心叶和膈叶的前下缘，也可见于膈叶的背部。肺有不同程度的肝变区，区内常有坏死病灶，切面呈大理石样花纹，肺小叶间质增宽，充满胶冻样液体。胸膜常有透明、干燥的纤维素性附着物，严重的肺与胸膜发生粘连。胸腔及心包积液，可见纤维素性心包炎（图3-3）。气管、支气管内有泡沫状黏液。

③ 慢性型。尸体消瘦、贫血。肺组织大部分发生肝变，并有大量坏死病灶，其周围有结缔组织包囊；或形成空洞，与支气管相通（图3-4）。胸腔及心包积液，肺与胸壁粘连。有时在肋间肌、支气管周围淋巴结、纵膈淋巴结以及扁桃体、关节和皮下组织内有坏死灶出现。

（2）显微病变　肺小叶内发生渗出性支气管肺炎。可见严重的支气管肺炎、肺泡上皮细胞增生及肺泡内存在有大量的嗜中性粒细胞，或见支气管腔和肺泡内有脓性黏液性渗出物。这些并不是多杀巴氏杆菌感染的特有病理变化，因为大多数细菌性支气管肺炎都有类似病变。

图3-1 咽喉部肿胀

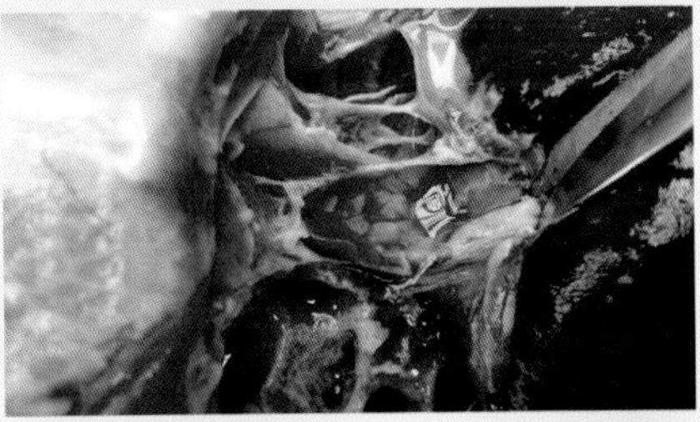

图3-2 纤维素性胸膜肺炎

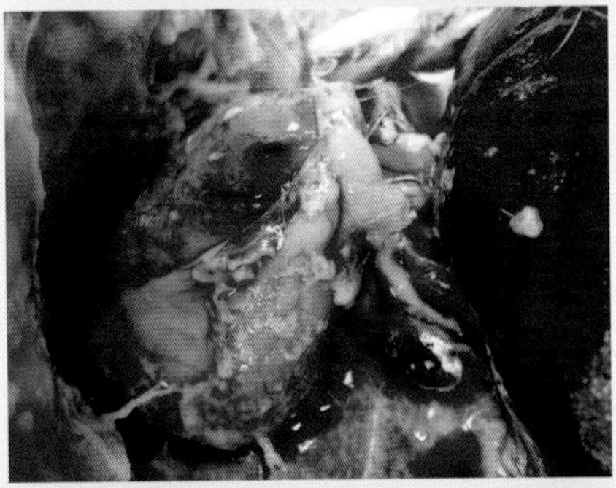

图3-3 纤维素性心包炎

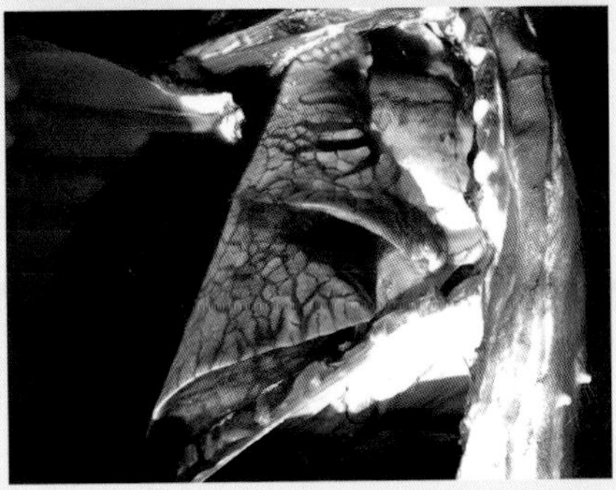

图3-4 肺充血呈大理石样变

3.诊断

多杀性巴氏杆菌感染没有特异性的病理变化，因此根据临诊症状、组织学病变和细菌的分离与鉴定，才能对本病作出初步诊断。目前还没有可作为常规应用的血清学诊断方法。

病猪支气管渗出液拭子、鼻拭子或肺脏病变区和正常组织的交界部位，是分离多杀性巴氏杆菌的良好材料。肺部组织应尽量在无菌条件下采样。在分离培养前，应将采集的病料冷藏而非冰冻。

注意与猪流感病毒、猪胸膜肺炎放线杆菌、支气管败血波氏杆菌、猪霍乱沙门菌和单纯性猪肺炎支原体感染相鉴别。在某些情况下，根据流行病学、病理变化可以对巴氏杆菌病作出准确的诊断，但是与猪流行性感冒、波氏菌病、猪支原体肺炎等疾病难以区分，此时需通过组织学病变和细菌培养进行鉴别。

三、预防与控制

1.预防

（1）管理方法　抗生素治疗肺炎型巴氏杆菌病往往不易成功，即使成功了但花费巨大，因此现在人们开始重视肺炎的预防。预防通常采取改善管理方式的方法来实现，因为适当的管理能直接改善猪的生活环境，并减少病原菌的传播。

① 改善环境。增加通风量、降低铵浓度、减小温度波动范围与空气中的灰尘。当然，增加通风（尤其在冬天）将会导致温度和湿度同时下降，还增加了空气中的灰尘，要掌握好这个平衡。

② 减少病原菌的传播。及早隔离断奶仔猪，全进全出，封闭饲养，最好不要从猪场外购进猪只，减少猪的混养和分类，降低猪舍和围栏的面积。研究表明，小面积的猪舍和围栏能够降低肺炎的发生，一个猪舍内最多容纳250头猪，而每个围栏内最多容纳20～25头猪。然而，最近更倾向于猪只仅在断奶后混合1次，这很可能有利于减少肺炎的发生。

③ 降低畜群的密度。业已证明，降低饲养密度能够减少肺炎的

发生。然而，合适的密度更重要，一方面该饲养密度能够保证畜群的健康，另一方面又能够给养殖户带来最大的经济效益。

（2）接种免疫　目前尚无有效预防多杀性巴氏杆菌的疫苗，尚有几种可用来预防肺炎巴氏杆菌病的灭活疫苗，但是应用效果仍然存在争议。

2.防控

发病时，对猪舍的墙壁、地面、饲养管理用具要进行彻底消毒，粪便废弃物堆积发酵。对发病群的假定健康猪，可用猪肺疫抗血清进行紧急预防注射，剂量为治疗量的一半。患慢性猪肺疫的小僵猪淘汰处理为好。

四、中西兽医结合治疗

1.西药治疗

（1）20%磺胺嘧啶钠注射液　20～40毫升，肌内注射或静脉注射，每天2次，直至体温下降，食欲恢复为止。或新胂凡纳明，10～15毫克/千克体重。注射用水或生理盐水溶解配成10%溶液，静脉注射。慢性比例隔2～3天重复用药1次。

（2）抗出血性败血症多价血清　50～100毫升，静脉注射或多点皮下注射，早期与20%磺胺嘧啶合并应用，效果更好。

（3）青霉素　按每千克体重5万国际单位，每日肌内注射2次，连用3天。或青霉素、链霉素各按每千克体重1万国际单位，溶于5%葡萄糖注射液500毫升静脉注射，12小时1次，连用3日。

（4）0.5%盐酸普鲁卡因液　在咽喉两侧各注入10毫升，1日1次，连用2日。同时用青霉素160万国际单位、链霉素200万国际单位混合后1次肌内注射，1日2次，连用3日。

2.中药治疗

（1）射干豆根煎　射干、山豆根、金银花、牛蒡子、寒水石各30克，连翘24克，马勃18克，僵蚕15克，甘草9克（架子猪用量），水煎去渣，早晚分服。

（2）银花紫草煎　金银花、紫草各30克，连翘24克，山豆根、大黄各21克，芒硝18克，丹皮、麦冬各15克，射干12克，黄芩9克，水煎2次，混合分2～3次服。本方适于病初。

第二节　猪支原体肺炎

一、概念

猪支原体肺炎又称猪霉形体肺炎、猪地方性肺炎、猪地方流行性肺炎，俗称猪气喘病，是由猪肺炎支原体引起猪的一种慢性呼吸道传染病。主要症状为咳嗽和气喘。病变的特征是融合性支气管肺炎，尖叶、心叶、中间叶和膈叶前缘呈“肉样”或“虾肉样”实变。

单纯由猪肺炎支原体引起的肺炎称为猪支原体肺炎。然而，地方性肺炎通常是由猪肺炎支原体和多杀性巴氏杆菌、猪链球菌、猪副嗜血杆菌或猪胸膜肺炎放线杆菌（APP）等其他致病菌混合感染所引起。当猪肺炎支原体与猪繁殖与呼吸障碍综合征病毒（PRRSV）、猪2型圆环病毒（PCV2）和（或）猪流感病毒（SIV）混合感染时，就会发生常见的猪呼吸道疾病综合征（PRDC），该症候群的出现严重威胁到养猪业的健康发展。它不仅引起猪的呼吸系统疾病，同时导致猪的繁殖能力下降。

猪肺炎支原体对外界的抵抗力不强，在室温条件下36小时失去致病力，在低温或冻干条件下可保存较长时间。一般消毒药和多种抗生素都可将其杀死或抑制。自然条件下，带菌猪是猪肺炎支原体感染的主要传染源。猪肺炎支原体的生长要求苛刻和生长缓慢，在猪群之间将很难传播。自然感染仅见于猪，不同年龄、性别和品种的猪均能感染，但18周龄猪易感性较高，具有发病率高和病死率低的特点。屠宰期的育肥猪如出现典型的临诊症状，表明其有肺炎支原体感染。病猪和带菌猪是其主要传染源，传播主要通过两种途径：其一购买家畜后直接传染，亚临诊感染的后备母猪给其他猪进行传播；其二通过空气传播。在一个猪群里，肺炎支原体在动物之间通过咳嗽、打喷嚏或者以气溶胶颗粒的方式直接接触传播，而污染物等媒介传播性较小，但也是存在的。传染源从本地猪进行水平扩散或者由母猪垂直传染给仔猪。

感染肺炎支原体的母猪和后备母猪能感染新引进的后备母猪，包括已免疫的动物；尤其是产仔数低的母猪或者后备母猪产生的抗体水平较低，排出支原体比经产母猪多。水平传播感染常发生于配种舍的猪，以及相应的流通环节，从年长的动物到年幼的动物。此外，在既定畜群内不同圈舍之间可通过空气进行传播。一旦定殖后，肺炎支原体在成年动物呼吸道内持续长达185天。持续感染的猪有典型的亚临诊症状，但通过目前的诊断方法进行检测有一定的困难。猪携带这些病原对易感猪有一定的传染性。

临诊上暴发支原体肺炎，多是由于环境、管理条件以及生产环节上出现问题。饲料品质低、营养不良、圈舍的温度过高或湿度过大及环境的突然变更等诱因，可使猪群发病率增高、病情加重、病死率增高。本病没有明显的季节性，但寒冷和多雨雪、潮湿的冬春季节发生较多。并发或继发其他病原感染，病死率会明显增高。本病常呈地方流行性。

二、临诊特征与诊断

1.临诊症状

潜伏期数日至1个月以上不等。主要症状为慢性干咳，在清晨、晚间、采食时或运动后最明显。食欲变化不大，体温一般不升高。随着病程的发展，可出现不同程度的呼吸困难，呼吸加快和腹式呼吸。这些症状时而缓和、时而明显。无继发感染时，咳嗽会在2～3个月内消失，病死率很低。但饲料转化率和日增重显著降低。发生继发感染时可能出现食欲不振、呼吸困难或气喘、咳嗽加重、体温升高及衰竭等症状，病死率升高（图3-5）。较好饲养管理条件下，可见感染后没有症状，但体内存在着不同程度的肺炎病灶，X线检查或剖检时可以发现肺炎病灶。

2.病理变化

主要病变见于肺、肺门淋巴结和纵膈淋巴结。肺两侧均显著膨大，有不同程度的水肿。心叶、尖叶、中间叶与膈叶的前下缘出现融合性支气管肺炎。病变界限明显，颜色多为淡灰红色或灰红色，半透明状，像鲜嫩的肌肉样，故俗称“肉变”。切面湿润而致密，常从小支气管流出微浑浊的灰白色带泡沫的浆性或黏性液体。随着病程延长或病情加重，病变部的颜色变深，呈淡紫红色或灰白色，半透明的程度减轻，坚韧度增加，俗称“胰变”或“虾肉样变”（图3-6～图3-8）。恢复期，病变逐渐消散，肺小叶间结缔组织增生

图3-5 猪呼吸困难

图3-6 肺出血肿大

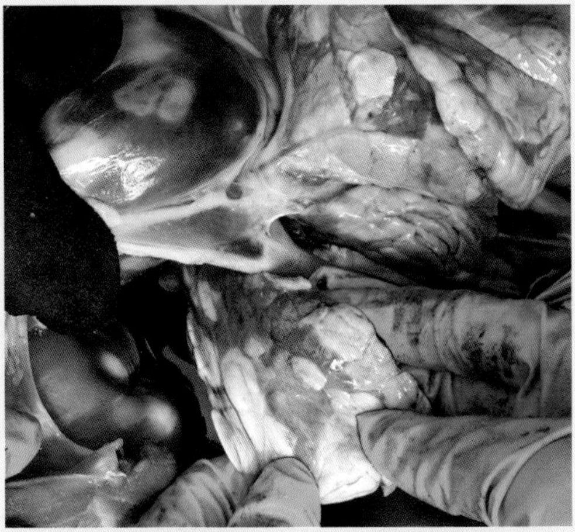

图3-7 肺组织肉样变化

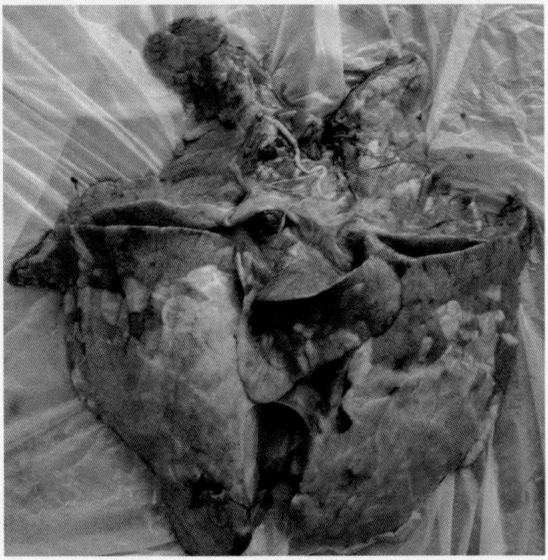

图3-8 肺脏虾肉样变

硬化，表面下陷，其周围肺组织膨胀不全。肺门淋巴结和纵膈淋巴结显著肿大，呈灰白色，切面外翻湿润，有时边缘轻度充血。镜检可见典型的支气管肺炎变化。小支气管周围的肺泡扩大，泡腔内充满大量的炎性渗出物，并有多数的小病灶融合成大片实变区。

3.诊断

根据该病的流行病学、临诊症状和病理变化作出诊断。肺炎支原体不易分离培养，对条件要求较为苛刻，生长速度较慢；但只要能分离培养到肺炎支原体，即可进行诊断。血清学方法有很多，但以补体结合试验、间接血凝试验和酶联免疫吸附试验效果较好。间接血凝试验在临诊上是诊断猪支原体肺炎较为常用的方法之一，但是在制备红细胞的过程中容易发生溶血，使该试验在临诊中使用受到了一定的限制。补体结合试验也是检测该病的常用试验方法之一，包括微管补体结合试验和微量修正补体结合试验。但在试验过程中也会出现假阳性的可能。

注意与猪肺丝虫病和传染性胸膜肺炎的鉴别诊断，都可引起咳嗽，但猪肺丝虫剖检时可发现虫体，而传染性胸膜肺炎剖检可见纤维素性渗出。

三、预防与控制

此病防治的方法很多，但多数只有临诊治愈效果，不易根除病原。而且各种治疗的疗效与病情轻重、猪的抵抗力、饲养管理条件、气候等因素有密切关系。所以，控制本病的发生和流行应坚持预防为主，采取综合防制措施。

1.预防

（1）加强饲养管理　要避免因猪舍内不同年龄猪只混群和过度拥挤、潮湿以及噪声等应激因素诱发猪气喘病。保持猪场环境卫生，定期开展消毒灭源工作。保持圈舍清洁、干燥、通风与冬暖夏凉；尤其是要处理好冬季通风和保暖的关系，最大限度地降低猪舍内有害气体的浓度。保证猪群各个阶段的合理营养，避免饲料霉变。

（2）自繁自养与全进全出　坚持自繁自养的原则，防止从外地购进慢性或隐性病猪是预防该病的关键措施。如不具备自繁自养能力，而又不得不从外地引进猪源时，必须要进行严格的隔离检疫检测。首先对种猪进行血清学检查，认定阴性合格时方可进场。进场后应再隔离观察3个月，并用X射线透视2～3次，确认无病时方可混群。有该病的猪场，可利用康复母猪或培育无特定病原猪建立健康猪群，逐步清除病猪，以最终彻底消灭该病。

（3）定期检疫　根据猪气喘病的流行病学特点，定期开展疫情监测和检疫工作，做到尽早发现，及早隔离治疗。对治疗康复而检测为阳性的猪要坚决淘汰，以确保猪群健康，最终彻底消灭该病。

（4）免疫预防　目前，在国内市场上出售的猪肺炎支原体疫苗有进口和国产两种。国产疫苗采用胸腔注射，免疫效果较好；但容易引起不良反应，在应用范围上受到限制。猪气喘病乳兔弱毒菌苗适用于疫点（区）内的断奶后仔猪、后备架子猪、种猪及怀孕2个月以内的母猪，免疫期8个月。猪气喘病安宁168株弱毒苗，对杂种猪较安全，免疫期为9个月。

2.防控

（1）发现可疑病猪立即隔离，及早治疗与淘汰患病的公猪、母猪。

（2）用抗生素治疗猪支原体肺炎时，最好在猪的应激期使用，包括断奶期或混养期。了解呼吸道存在的其他病原菌和确定最佳治疗时期是达到最好的治疗效果的关键。在病原出现之前或出现早期给药对于成功使用药物辅助控制猪支原体肺炎是非常重要的。总的来说，支原体肺炎发展过程中，预防是唯一有效的降低猪群中由猪支原体肺炎造成的经济损失的方法。

四、中西兽医结合治疗

1.西药治疗

（1）泰乐菌素　10毫克/千克体重，肌内注射；或者饮水0.2克/升，1次/天，连用3～5天。

（2）林可霉素　50毫克/千克体重，肌内注射，1次/天，连用5天；或者每吨饲料加200克，拌料，饲喂3周。

（3）土霉素碱油剂　土霉素碱粉70克，花生油100毫升，混合均匀，0.2毫升/千克体重。肩背或颈部深部肌肉分点轮流注射，每5天注射1次。连用2～3次。

（4）盐酸土霉素　每日30～40毫克/千克体重，用40%硼酸溶液稀释后一次性肌内注射，连用5～7天。

（5）硫酸卡那霉素　每天每千克体重5万～7万国际单位，肌内注射，2次/天，连用5～6天，必要时可用10～15天。

2.中药治疗

（1）定喘散　桔梗、陈皮、白前、杏仁各15克，紫菀、百部各10克，生姜3片，研末，每头猪每次饲喂15～25克，乳猪可煎水掺入奶中饲喂。

（2）虚喘方　连翘、山药、金银花各30克，炒白芍、葶苈子、党参各20克，桔梗15克，桂枝、天花粉、五味子、杏仁各12克，柴胡、炙麻黄、甘草各10克，煎汤灌服，每日1次，连用3～5天。适用于缓解期。

（3）实喘方　石膏100克，白果、杏仁各25克，苏叶、甘草、黄芪各20克，麻黄10克，煎汤灌服，每日1次，连用3～5天。适用于急症期。

（4）鱼腥草制剂　取新鲜鱼腥草制成4克/毫升的蒸馏液，皮下注射，1次/2天，每次10毫升，共用5次。

（5）醉鱼草根煎　醉鱼草根、臭牡丹各30克，皂角、苦参、石菖蒲、甘草各20克，水煎服用，每日1次，连用3～5天。

第三节　副猪嗜血杆菌病

一、概念

副猪嗜血杆菌病又称革拉泽病，是由副猪嗜血杆菌（Hps）引起的一种猪的多发性浆膜炎和关节炎。其以胸膜炎、肺炎、心包炎、腹膜炎、关节炎和脑膜炎为特征。

该病病原菌曾被称为猪嗜血杆菌和猪流感嗜血杆菌，后来证明其生长时不需要X因子（血红素和其他卟啉类物质），更名为副猪嗜血杆菌（*Haemophilus parasuis*）。副猪嗜血杆菌具有多种不同的形态，从单个的球杆菌到长的、细长的以至丝状的菌体，革兰染色阴性，通常可见荚膜，但体外培养时易受影响。该菌的血清型复杂多样，按Kieletein-Rapp-Gabriedson（KRG）琼脂扩散血清分型方法，至少可分为15种血清型，另有20%以上的分离株血清型不可定型。各血清型菌株之间的致病力差异极大，其中1型、5型、10型、12型、13型、14型毒力最强，其次是血清2型、4型、8型、15型，血清3型、6型、7型、9型、11型的毒力较弱。另外，副猪嗜血杆菌还具有明显的地方性特征，相同血清型的不同地方分离株毒力可能会不同。

本菌对外界抵抗力不强。干燥环境中易死亡，60℃经5～20分钟被杀死，4℃存活7～10天。常用消毒药可将其杀死。该细菌寄生在健康猪的鼻腔、扁桃体、气管等部位，是一种条件性致病菌。病猪和带菌猪是主要的传染源。主要通过猪的相互接触传播，经消化道也可感染。

副猪嗜血杆菌侵入全身的有关机制还不清楚，可引起严重的全身性疾病，以纤维素性多发性浆膜炎、关节炎和脑膜炎为特征。它只感染猪，有很强的宿主特异性。从2周龄到4月龄的猪均易感，多见于5～8周龄的保育猪，尤其是断奶后10天左右的猪。发病率一般在10%～15%，病死率可达50%。在新发病的猪场，可能导致更高的发病率和病死率，年龄范围也显著增宽。

本病的发生与环境应激有关，如气候变化、饲料或饮水供应不足、运输等。猪发生支原体肺炎、繁殖与呼吸障碍综合征、猪流感、伪狂犬病和猪呼吸道冠状病毒等时，副猪嗜血杆菌的存在就可加剧疾病的临诊表现，呈现继发或混合感染。

二、临诊特征与诊断

1.临诊症状

根据临诊表现，可以分为急性和慢性两种病症。急性病症多发生于膘情较好的断奶仔猪，常常容易在仔猪转群后的2～3周发病。

病。初期咳嗽、体温升高，可高达42℃，精神不振，食欲废绝。随着病情的发展，咳嗽加剧、呼吸短促，鼻孔有脓性分泌物，走路缓慢、站立困难，关节肿胀，运动失调，临死前侧卧或者四肢呈现划水样动作。或未见明显症状就死亡了。转入慢性，食欲废绝，咳嗽加重，呼吸困难，逐渐消瘦，被毛粗乱，四肢无力，生长不良，逐渐衰竭而死亡。部分耐过的猪发展成为僵猪。母猪发病，出现产期延长、流产、产后无奶、便秘等现象，有的会因为高烧、呼吸困难而死亡。

2. 病理变化

主要表现是单个或多个浆膜面产生浆液性或化脓性纤维蛋白渗出物，尤以心包炎和胸膜肺炎的发生率为最高。心包炎可见心包积液，心包内常有干酪样甚至豆腐渣样渗出物，心外膜与心脏粘连，形成“绒毛心”，成为本病的最典型病理变化，多见于病程较长的病例。间质性肺炎、胸膜炎可见胸腔内有大量淡红色液体及纤维素性渗出物凝块，肺脏表面覆盖大量纤维素性渗出物并与胸壁粘连，多数为间质性肺炎，部分有对称性肉样变化、肺水肿。腹腔炎常见化脓性或纤维素性腹膜炎，腹腔积液或内脏器官粘连。多发性关节炎，以跗、腕关节居多，可见关节肿大，关节腔内有大量黏液性纤维蛋白渗出物（图3-9、图3-10）。脑膜炎可见脑膜表面出血或充血等。病初可引起败血症变化，在未出现典型多发性浆膜炎前，就可见耳尖、四肢末端皮肤发绀、皮下水肿和肺水肿等变化。出血、淤血、肺间质灰白到血样胶冻样水肿也是本病的主要特征性病变之一。各脏器可见急性出血性病变，全身淋巴结肿大、呈暗红色，切面呈大理石花纹，通常易出现在肺的横膈膜叶；肾、十二指肠均有出血点，回盲口附近有轮层扣状溃疡；脾出血性梗死。慢性型病例最特殊的病理变化是纤维性化脓性支气管肺炎，兼有纤维性胸膜炎。病灶往往出现在肺脏背部，呈圆形，有明显的界限。肺部早期组织学病变包括坏死、出血，嗜中性白细胞浸润，巨噬细胞和血小板激活，血管内血栓形成；后期则主要以巨噬细胞浸润为特征。

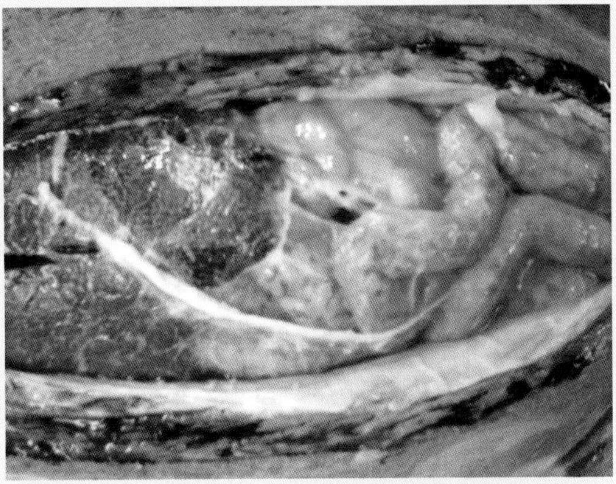

图3-9 纤维素性胸腹膜炎

图3-10 绒毛心

3.诊断

根据流行病学、临诊症状和病理变化，结合对病畜的治疗效果，可以作出初步诊断。要确诊需要进行细菌的分离培养和鉴定，但细菌培养往往不易成功。同时，在一个猪群中可能出现几个菌株或血清型，甚至在同一猪的不同组织中也可发现不同的菌株或血清型。因此，在进行细菌分离时，应在全身多部位采集病料，进行血清学试验。血清学试验主要有琼脂扩散试验、补体结合试验和间接血凝试验等。

三、预防与控制

1.预防

副猪嗜血杆菌病作为一种新的传染病，其流行与严重程度日益增加，尤其是大型养猪场，应加深对其潜在危害性的认识。要遵循“养重于防，防重于治”的原则，以预防为主，采取综合防控措施。

（1）严格执行兽医卫生防疫制度　杜绝外来病原菌，特别是要防止引种时引入病原。搞好猪舍内外环境卫生及经常化的隔离、消毒工作，每周带猪消毒1～2次。切实做好猪瘟、伪狂犬病、蓝耳病、支原体肺炎等防疫工作，以及圆环病毒病等病毒性疾病的防控，消除其他呼吸道病原的存在。

（2）加强饲养管理　深刻领会“饲养是疾病防治的最好方法”的理念，查找饲养管理方面存在的突出问题，给猪创造一个舒适、干净的环境，让猪吃好、喝好、休息好。猪只要实行全进全出、密度适中、早期断乳，适时添加各种营养要素及保健药物。猪舍要保持干燥、通风、温度适宜。尽量减小或消除断奶、转群、防疫注射等应激因素的影响，确保饲料生物安全。引进种猪时应先隔离观察，进行必要的免疫接种或细菌性病原体药物净化治疗之后，方可并入种群。

（3）搞好免疫接种　疫苗是预防副猪嗜血杆菌病的有效方法之一，但由于副猪嗜血杆菌具有明显的地方流行特征，且不同血清型菌株之间的交叉保护率很低，因此以当地分离的菌株制备灭活苗就成为最佳的选择。母猪接种可使4周龄以内的仔猪获得被动性保护，再用相同血清型的灭活菌苗激发仔猪产生主动性免疫，可对断奶仔猪产生较好的免疫保护；且母源抗体对灭活疫苗免疫接种的影响较小。平时可以采用副猪嗜血杆菌多价灭活菌苗对全场母猪普免1次，每头猪1头份，21天后再如法加强免疫1次；产前28～30天两倍量免疫1次。仔猪14日龄时进行首免，每头猪1头份；35日龄时二免，每头猪1头份。

2.防控

在应用疫苗免疫的基础上，应加强感染猪群中所有猪的抗菌药物治疗，并及时加强对并发或继发疾病的控制和治疗，加大养猪场生物安全管理，减少或消除其他呼吸道病原微生物。对处于易感时期的仔猪，可应用敏感抗菌药物进行预防性治疗，同时提高舍内的空气质量和卫生条件。

四、中西兽医结合治疗

1.西药治疗

副猪嗜血杆菌对阿莫西林、氟喹诺酮类、头孢菌素、四环素、庆大霉素和磺胺类药物敏感，但口服对严重的副猪嗜血杆菌病暴发治疗效果不佳。一旦出现临诊症状，应立即采用非口服方式，应用足够剂量进行治疗，并对整个猪群进行预防性治疗。

（1）头孢噻呋制剂　未出现症状的猪，肌内注射一次即可；患猪每天2次，连用3天，后改为每天1次，再用4天。每吨饲料添加氟苯尼考100克、磺胺二甲基嘧啶400克、甲氧苄啶50克，饮水按比例添加头孢噻呋，连用3～5天，可以收到很好的疗效。

（2）药物组合　支原净+金霉素+阿莫西林，母猪产前、产后各7天，断奶仔猪连用15天，可有效预防肺炎支原体、猪鼻炎支原体、巴氏杆菌、胸膜肺炎放线杆菌以及副猪嗜血杆菌的感染。

2.中药治疗

（1）已断奶仔猪和保育猪　扶正解毒散（主要成分是板蓝根、黄芪、淫羊藿等）500克+10%氟苯尼考500克，或扶正解毒散500克+50%酒石酸吉他霉素500克，或扶正解毒散500克+10%微囊包被恩诺沙星500克，拌料1000千克，连续使用5～7天。

（2）未断奶仔猪　在母猪饲料中添加玉屏风散（主要成分是防风、黄芪、白术等）2500克+10%微囊包被恩诺沙星500克，或玉屏风散2500克+10%氟苯尼考500克，或玉屏风散2500克+50%酒石酸吉他霉素500克，拌料1000千克，连续使用7～10天。

（3）出现水样腹泻症状的病猪　使用黄连解毒散（主要成分是黄连、黄柏、黄芩、板蓝根）500克+林可霉素500克，拌料1000千克，连续使用5～7天。

第四节　猪链球菌病

一、概念

猪链球菌病是由多个血清群的链球菌引起的一种人畜共患传染病。其特征是急性病例表现为出血性败血症和脑膜炎、化脓性淋巴结炎；慢性病例表现为关节炎、心内膜炎及组织化脓性炎。

猪链球菌呈圆形或椭圆形，常呈链状排列，长短不一，为革兰阳性菌。不形成芽孢，有的可形成荚膜，多数无鞭毛，只有D群某些链球菌有鞭毛。细胞壁内含多种氨基酸糖，构成了其群特异性抗原。根据在血液培养基上的溶血特性，链球菌可分为α、β、γ三型，引起猪发病的多为β链球菌（溶血性链球菌）。按抗原结构（C多糖），链球菌可分为A～V（无I、J）20个血清群，引起猪链球菌病的主要是C群、D群、E群和L群。依据细菌荚膜多糖（CPS）的不同，链球菌可分为35个血清型，1/2型和1～34型；其中2型链球菌致病性强，也是临诊分离频率最高的血清型；其次为1型、9型和7型。猪链球菌2型又有致病力不同的菌株，所含毒力因子不同，引起不同的病型，而有的菌株无致病力。链球菌可产生多种毒素和酶（溶血素O、溶血素S、红疹毒素、链激酶、链道酶、透明质酸酶）引起致病作用。本菌在粪便、灰尘和死尸中可长期存活，对外界环境抵抗力较强，对干燥、低温都有耐受性，青霉素等抗菌药和磺胺类药物对其有杀灭作用。对去污剂和一般消毒剂敏感。

本病流行无明显的季节性，但在潮湿的季节多发。一般呈地方流行性，流行迅速，来势凶猛，邻近猪场多呈快速扩散蔓延趋势。开始发病至结束，周期为2～3周，流行高峰多在发病1周后出现。老疫区多呈局部或散发性流行。大面积流行时，发病率高达90%，自然病死率可达80%以上，多数因突然发生心内膜炎致死。转为亚急性、慢性时，病死率明显下降。自愈、治愈病猪有一定免疫力，但1～2个月内的康复猪仍然带菌，且有感染性。猪的易感性较高，各种年龄的猪都可感染发病，以新生仔猪、哺乳仔猪的发病率和病死率高，多为败血症型和脑膜炎型；其次为保育猪、生长—肥育猪和怀孕母猪，以化脓性淋巴结炎型多见。现代集约化密集型养猪场更易流行猪链球菌病。猪群流行该病时，与猪经常接触的牛、犬和禽类未见发病。但人有很强的易感性，特别是儿童。SS_2型菌引起的暴发常发生于4～12周龄饲养密集的小猪群，发病高峰期一般在4～6周龄的断乳期和断乳后混群之时。

本病可经呼吸道和消化道传播，也可经皮肤、黏膜创伤感染。传染源主要是病猪与病死猪的尸体，以及病愈猪和健康带毒猪。病猪的鼻液、尿、粪、唾液、血液、肌肉、内脏、肿胀的关节内均可检出病原体，且链球菌也广泛存在于健康猪的扁桃体和鼻腔。如果一个未感染的猪群引进这些健康带毒猪，通常就会引起全群猪受感染，从而暴发链球菌病。病猪与健康猪接触或病猪排泄物（尿、粪、唾液等）污染饲料、饮水、用具等，可引起猪只大批发病而流行。新生仔猪可通过脐带感染，阉割、注射时消毒不严，常造成本病发生。最常见的SS_2型菌，通常是通过鼻腔和口腔传播，并定居于临诊发病猪及健康猪的扁桃体上。

二、临诊特征与诊断

1. 临诊症状

最常见的临诊表现有急性败血型、脑膜脑炎型、淋巴结脓肿型和关节炎型四种，但其很少单独发生，常常混合存在，或者先后发生。

（1）败血症型　流行初期常有最急性病例，病猪无任何症状即突然死亡。急性型病例多见精神沉郁、体温41℃左右、稽留热、减食或不食、眼结膜潮红、流泪、有浆液性鼻液、呼吸浅表而快。少数病猪的后期，耳、四肢下端与腹下有紫红色或出血性红斑，有的病猪跛行。病程2～4天。

（2）脑膜脑炎型　多见于仔猪，病初体温升高、不食、便秘、有浆液性或黏液性鼻液，继而出现神经症状，运动失调、转圈、空嚼、磨牙，或突然倒地、口吐白沫、四肢呈游泳状划动甚至昏迷不醒。部分病猪表现多发性关节炎或头颈部水肿。病程1～2天。

（3）化脓性淋巴结炎型　多见于下颌淋巴结，其次是咽部和颈部淋巴结。淋巴结肿胀、坚硬，有热痛，可影响采食、咀嚼、吞咽和呼吸。有的咳嗽，流鼻液。待脓肿成熟，肿胀中央变软，皮肤坏死，自行破溃流脓。脓汁绿色、黏稠、无臭味。该病型多呈良性经过。

（4）关节炎型　多由前两型转来，也有从发病起即呈关节炎症状，表现一肢或几肢关节肿胀、疼痛、跛行，甚至不能站立。病程2～3周。

此外，链球菌还可引起猪的脓肿、子宫炎、乳房炎、咽喉炎、心内膜炎及皮炎等。

2.病理变化

（1）急性败血型　以出血性败血症病变和浆膜炎为主。皮肤呈弥漫性潮红或紫斑，血液凝固不良，全身淋巴结不同程度地肿大、充血和出血。胸腹腔液体增多，含纤维素性渗出物。心包积液，淡黄色，有时可见纤维素性心包炎。心内膜有出血斑点，心肌呈煮肉样。脾明显肿大，呈暗红色或蓝紫色，少数病例可见脾边缘有黑红色出血性梗死区。肺充血肿胀，喉头、气管充血，内含大量泡沫（图3-11、图3-12）。肝肿大，胆囊水肿，囊壁增厚。肾稍肿大，充血，偶有出血。脑膜有不同程度的充血，偶有出血。

（2）脑膜脑炎型　脑膜充血、出血，脑脊髓液混浊，有多量的粒细胞。脑实质有化脓性脑炎变化。其他病变类似败血型。

（3）淋巴结脓肿型　可见有些淋巴结出现化脓灶，当出现脓毒败血症时，肺可见转移性脓肿。

（4）关节炎型　关节囊内有黄色胶冻样液体或纤维素性脓性物质（图3-13）。心内膜炎病例，心瓣膜增厚，表面粗糙，常在二尖瓣或三尖瓣有菜花样赘生物。

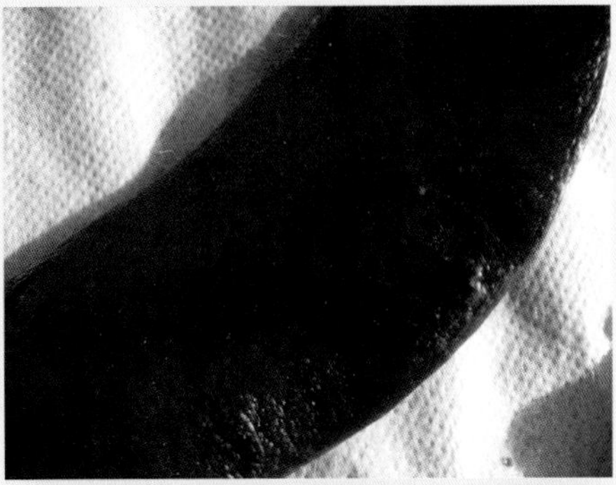

图3-11 脾脏肿大出血

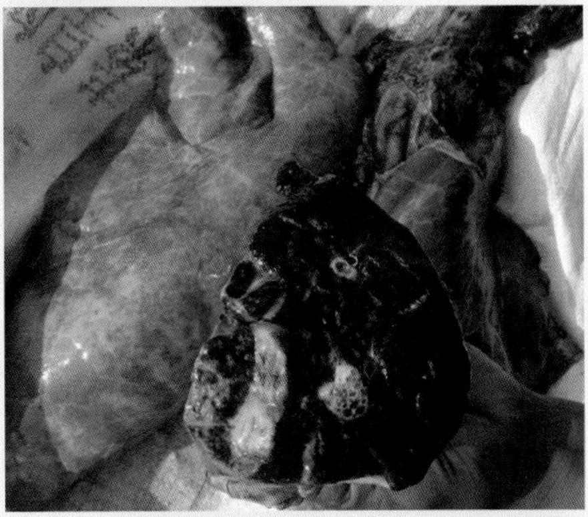

图3-12 肺脏充血肿大

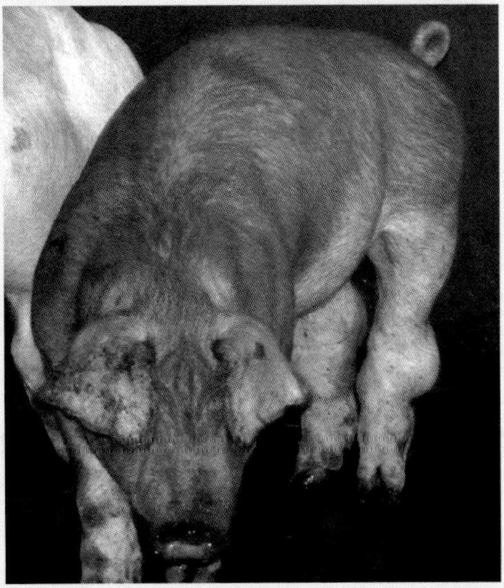

图3-13 关节肿大

3.诊断

淋巴结脓肿型，症状单一而较特殊，容易作出初步诊断；而其他各型症状和病变复杂，无明显特征，容易与其他疾病混淆，需进行实验室检查才能确诊。

（1）实验室检查　采取病料涂片、染色镜检；将病料接种于血液琼脂培养基分离培养细菌；生化试验及动物接种试验等。

（2）鉴别诊断　注意与猪丹毒、李氏杆菌病等鉴别。

三、预防与控制

1.预防

（1）加强日常饲养管理　链球菌是条件性致病菌，该病的流行与外界不良应激有很大关系，因此平时管理非常重要。例如改善不适宜的仔猪生长发育条件、合理搭配饲料以增强抵抗力、增加饲料中多维含量等；保持圈舍清洁、干燥及通风，经常清除粪便，定期更换褥草，保持地面清洁；建立健全消毒隔离制度，做好断脐、去牙等手术的消毒工作，同时加强环境卫生清理及粪便发酵，对猪体外、圈舍、场地定期彻底消毒。为了防止细菌产生耐药性，还要提倡联合用药。

（2）严格引种与检疫　不从疫区购入病猪和带菌猪；引进猪时须经检疫和隔离观察，确定健康时方能混群饲养；不要买卖病猪和未经无害化处理的病猪肉及内脏；病猪隔离，病死猪无害化处理、深埋。

（3）免疫预防　预防接种是防止该病的主要措施。使用本场分离菌株制备的链球菌灭活苗有一定的效果，非本场菌株制备的疫苗效果难以确定。

① 自家灭活菌苗预防。近年来，采用现场分离的猪链球菌制成的灭活苗免疫，已获得满意效果，对大群猪预防该病的发生和流行起到了重要作用。其免疫程序是用制成的现场灭活菌苗在母猪产仔前40天及产仔前20天各注射10毫升，以保护初生仔猪；仔猪于20

日龄及50日龄各免疫注射1次，剂量分别为3毫升和7毫升。

② 国产常规疫苗预防。主要有猪链球菌多价灭活苗、氢氧化铝甲醛苗、弱毒冻干苗，按瓶签说明使用，每猪均皮下注射3 ～ 5毫升，保护率均能达到75% ～ 100%，免疫期6个月，可达到预期效果。在流行季节前进行预防注射，是预防该病暴发流行的有力措施。选用疫苗以使用该地区生物制品厂生产的疫苗为宜。

2.防控

（1）报告　任何单位和个人发现患有本病或疑似本病的猪，都应当及时向当地动物防疫监督机构报告，并根据农业部《猪链球菌病应急防治技术规范》（农医发[2005]20号），制定紧急防制办法，划定疫点和疫区，隔离病畜，封锁疫区，清除传染源。

（2）防控措施　严格隔离与尽可能淘汰带菌母猪，并对污染的用具和环境进行彻底消毒。禁止畜群调动，关闭市场，严格禁止擅自宰杀和自行处理，而应在兽医监督下，一律送到指定屠宰场，按屠宰条例有关规定处理。急宰或宰后发现可疑病变者，应进行高温无害化处理。对全群动物进行检疫，发现体温升高和有临诊表现的动物，应进行隔离治疗或淘汰。对假定健康群动物可应用抗菌类药物进行预防性治疗或用疫苗作紧急接种。对被污染的圈舍、用具进行消毒后，再进行彻底清洗、干燥；粪便和褥草堆积发酵。防止发生创伤及创口感染。清除猪舍中的尖锐物，新生仔猪应无菌结扎脐带，并用碘酊消毒。

（3）药物防控　猪场发生本病后，可在饲料中添加抗菌药物进行预防，以控制本病的发生。仔猪断奶后，日粮中添加磺胺对甲氧嘧啶与二甲氧苄啶合剂，200毫克/千克，或强力霉素150毫克/千克，或阿莫西林200毫克/千克，连喂14天，可有效预防本病发生。仔猪分别于1日龄、7日龄和断奶前后注射长效抗菌药物，对防止仔猪发生链球菌病有很好的效果。

（4）公共卫生　猪链球菌能引起人的败血症，主要通过伤口或消化道感染，在处理病猪及尸体时应注意个人防护。

四、中西兽医结合治疗

1.西药治疗

猪链球菌对羧苄青霉素、头孢霉素高度敏感，对先锋霉素V、卡那霉素、青霉素G、土霉素、四环素、庆大霉素中度敏感；对痢特灵低度敏感；对红霉素不敏感。该菌的菌群或菌型较多，如果进行分型治疗则可提高疗效和减少副作用。

（1）败血症型　青霉素80万～160万国际单位，1次肌内注射；或土霉素或四环素，5～10毫克/千克体重，1次肌内注射；或磺胺甲基异噁唑0.15毫克/千克体重，肌内注射，为防止产生耐药性，可交替用药；或氨苄青霉素配合安乃近注射液，前者60毫克/千克体重，后者5毫升/头，3次/天，连续用药3～5天，症状消除后再坚持用药2天。

（2）关节炎型　除用氨苄青霉素配合安乃近外，肿胀的关节应涂擦樟脑酒精、松节油等，早治比晚治有利于康复。

（3）脑膜脑炎型　主要用磺胺嘧啶钠配合氯丙嗪和维生素B_1进行治疗。磺胺嘧啶钠注射液20～40毫升，肌内注射，2次/天，连用3～5天；氯丙嗪用量为1～3毫克/千克体重；维生素B_1用量每头每次肌内注射20～50毫克，治疗时也可视情况静脉注射或关节注射。青霉素G钾常规用量2～3倍（160万～240万国际单位），肌内注射，1次/（4～6）小时，症状消失体温下降后8～12小时再注射1次；降温用安乃近5毫升，肌内注射。

（4）淋巴结脓肿型　待脓肿成熟变软后，及时切开，排除脓汁，用3%双氧水或0.1%高锰酸钾溶液冲洗后，涂碘酊重症病猪配合应用皮质激素。

2.中药治疗

（1）清瘟败毒饮加减　野菊花、生石膏各60克，金银花、蒲公英、地丁、连翘、生地、玄参、赤芍各30克，淡竹叶、黄芩、黄连、丹皮、栀子、知母、甘草各15克，水煎取汁灌服，每日1剂，连用3剂。此为成年猪或5头25千克左右仔猪的用量。

（2）犀角地黄汤加减　水牛角100克，生地黄50克，芍药30克，牡丹皮20克，水煎汤服。

（3）清营汤加减　水牛角100克，生地黄50克，元参、麦冬、丹参、金银花、连翘各20克，竹叶心、黄连各10克，水煎汤服。

（4）解疫散　野菊花6克，蒲公英4克，紫花地丁3克，忍冬藤2克，夏枯草4克，芦竹根3克，大青叶3克，拌料喂服（每头剂量）。

第五节　猪传染性胸膜肺炎

一、概念

猪传染性胸膜肺炎是由胸膜肺炎放线杆菌引起的一种猪的高度传染性、致死性呼吸道疾病。该病急性病例以纤维素性出血性胸膜肺炎为特征、慢性病例以纤维素性坏死性胸膜肺炎为主要特征。

胸膜肺炎放线杆菌（APP）属于巴氏杆菌科放线杆菌属，曾分别被称作副流感嗜血杆菌、副溶血嗜血杆菌和胸膜肺炎嗜血杆菌。胸膜肺炎放线杆菌是革兰阴性、有荚膜和菌毛的多形性球状短杆菌，有鞭毛，无运动力，不形成芽孢，能产生毒素。根据培养时对烟酰胺腺嘌呤二核苷酸的依赖性，胸膜肺炎放线杆菌可分为生物Ⅰ型和生物Ⅱ型。其中生物Ⅰ型为烟酰胺腺嘌呤二核苷酸依赖菌株，对猪具有致病性。根据荚膜抗原与细菌脂多糖的不同，生物Ⅰ型可分为12个血清型，其中1、5、9、10、11五种血清型致病力最强。我国流行的血清型以1、3、7型为主。免疫学证明，各个血清型之间无很好的交叉反应。胸膜肺炎放线杆菌是一种多毒力因子病原，这些毒力因子包括荚膜多糖、脂多糖、外膜蛋白、转铁结合蛋白、蛋白酶、溶血外毒素、过氧化物歧化酶、脲酶、黏附因子等。本菌抵抗力不强，易被一般消毒药杀死。

猪传染性胸膜肺炎是由胸膜肺炎放线杆菌与不良饲养管理条件及易感猪群等综合因素相互作用而引起猪的一种呼吸道传染病。各种年龄、性别的猪都有易感性，其中6周龄至6月龄的猪较多发，但以3月龄仔猪最为易感，主要是仔猪断奶后母源抗体消失，增加了对该病的易感性。病猪和带菌猪是本病的传染源，急性感染耐过猪或隐性感染猪是带菌者，成为该病流行的潜在传染源，是本病防控和根除的隐患。感染猪的鼻汁、扁桃体、支气管和肺脏等部位是病原菌存在的主要场所，病原菌随呼吸、咳嗽、喷嚏等途径排出后形成飞沫，通过直接接触而经呼吸道传播，也可通过被病原菌污染的车辆、器具以及饲养人员的衣物等而间接接触传播，小啮齿类动物和鸟类也可能传播本病。

本病的发生具有明显的季节性，多发生于冬春季节。通风不良、湿度过高、气温骤变、饲养环境突然改变、猪群转移或混群、拥挤或长途运输等应激因素，亦可引起本病发生或加速疾病传播，使发病率和病死率增加。急性期本病病死率很高，主要与细菌的毒力、猪的易感性及环境因素有关。本病容易与猪伪狂犬病、蓝耳病、气喘病、猪肺疫、副嗜血杆菌病等混合感染；尤其是蓝耳病感染的猪场，胸膜肺炎发病明显增多而且严重。

二、临诊特征与诊断

1.临诊症状

该病的潜伏期长短不一，人工接触感染的潜伏期为1～7天。低剂量感染病菌可出现亚临诊症状。本病按病程可分为最急性型、急性型、亚急性型和慢性型。

（1）最急性型　猪群中一头或几头猪突然发病，体温41.5℃，精神沉郁，厌食，卧地不起，无明显呼吸道症状，心率加快。后期出现心衰和循环障碍，鼻、耳、眼及后躯皮肤发绀。晚期出现严重的呼吸困难和体温下降，临死前从口鼻流出带血的泡沫样分泌物，24～36小时内死亡。或见病猪没有任何症状而突然死亡，病死率高。最初可见妊娠母猪流产，个别猪发生关节炎、心内膜炎和不同部位的脓肿。

（2）急性型　同圈或不同圈的猪同时发病，体温40.5～41℃，精神沉郁、拒食、咳嗽、呼吸困难，有时张口呼吸，呈犬坐姿势。开始时鼻端、耳、尾及四肢皮肤，继而全身皮肤发绀，常出现心脏衰竭，通常发病后2～4天内死亡。耐过者可逐渐康复，或转为亚急性型或慢性型。

（3）亚急性型或慢性型　常由急性型转化而来，体温不升高或略有升高，食欲不振，阵咳或间断性咳嗽，增重率降低。在慢性感染群中，常有很多隐性感染猪，当受到肺炎支原体、多杀性巴氏杆菌或支气管败血波氏杆菌等病原微生物侵害时，临诊症状可能加剧。

2.病理变化

主要病变为肺炎和胸膜炎。80%的病例胸膜表面有广泛性纤维素沉积，胸腔液呈血色，肺广泛性充血、出血、水肿和肝变。气管和支气管内有大量的血色液体和纤维素凝块。有的病猪腹腔和关节腔有纤维素沉着。

（1）最急性型　气管、支气管内充满血染的泡沫状液体，气管黏膜水肿、出血、变厚；肺炎多为两侧性，肺脏充血、出血、水肿，后期肺炎病灶变硬、变暗，但无纤维素性胸膜炎出现，胸腔和心包腔充满浆液性或血色渗出物。肺炎区肺泡充满炎性水肿液或纤维蛋白和红细胞。

（2）急性型　表现纤维素性出血性或纤维素性坏死性支气管肺炎。病变区有纤维素渗出、坏死和不规则的出血。肺间质增宽。纤维素性胸膜肺炎蔓延整个肺脏，使肺和胸膜粘连。肺脏有界限明显的坏死和脓肿。常伴发心包炎，肝脾肿大，色变暗，有的腹腔出现大量纤维素性渗出物。肺泡和支气管内充满纤维蛋白和嗜中性粒细胞或纤维蛋白被成纤维细胞所机化（图3-14、图3-15）。

（3）亚急性型和慢性型　可见硬实的肺炎区，表面有结缔组织

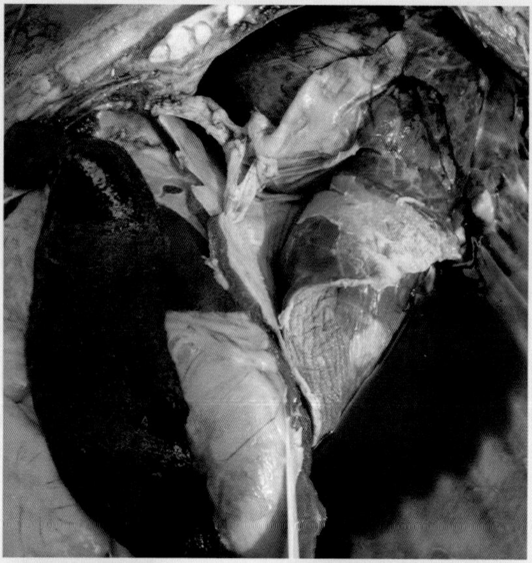

图3-14 肺脏被覆纤维素性渗出物

图3-15 胸腔积液，肺大理石样变

化的附着物，肺炎病灶硬化或坏死并与胸膜粘连。

3.诊断

本病发生突然与传播迅速，伴发高热和严重呼吸困难，早期发现个别猪死前从口鼻流出带血性的泡沫样分泌物，病死率高。死后剖检见肺脏和胸膜有特征性的纤维素性坏死和出血性肺炎、纤维素性胸膜炎，其中在急性暴发期，可见胸膜炎、肺部病变，慢性感染者可发现在其胸膜及心包有硬的、界线分明的囊肿，以此可作出初步诊断。确诊需要进行细菌学检查和血清学检查。

（1）病原学诊断　病料涂片镜检、细菌分离培养和鉴定、V因子需要试验、生化试验、动物试验等。

（2）血清学诊断　血清学试验主要用于筛选试验和流行病学的研究。我国已建立的血清学诊断方法有补体结合试验、酶联免疫吸附试验和间接血凝试验等。

（3）分子生物学技术　主要是应用PCR方法进行诊断。该方法具有快速诊断和敏感性高等优点。

三、预防与控制

1.预防

（1）加强管理与保健　从外地购买猪苗时先要了解当地疫情、生产管理等情况，主动做好产地检疫，防止疫情传播。引进后要经隔离观察后才能进场饲养。保持猪舍通风、干燥、清洁与定期消毒，避免猪群高密度饲养，平衡猪舍温度和湿度，保持饲养环境卫生，提高饲料营养标准。

（2）免疫接种　加强多种疫苗的防疫注射，增强抗病力，特别是要做好猪瘟疫苗、高致性蓝耳病疫苗、伪狂犬病疫苗等基础疫苗注射，以减少疫病的发生。预防本病疫苗主要有灭活疫苗和亚单位疫苗两种。灭活苗只能减轻患病动物的病变程度，而不能消除其带菌状态与抑制其感染和发病，效果不理想。各种亚单位疫苗成分不尽相同，保护效果不一。弱毒疫苗保护效果好，但目前尚无商品化疫苗应用。由于胸膜肺炎放线杆菌的血清型多，不同血清型菌株之间交叉免疫性又不强，因此应用包括国内主要流行菌株和本场分离株制成的多价灭活疫苗，效果更好。一般在仔猪5～8周龄时首免，再过2～3周进行二免。母猪在产前4周进行免疫接种。

2.防控

（1）加强消毒　在猪发病期间，首先要确保每天对猪舍环境和用具等进行1次全面消毒。顺序为先消毒未发病的猪舍，再消毒发病猪舍，然后再对消毒设备进行消毒并备用。消毒人员更换的工作服，要及时清洗、消毒。治疗用的注射针头要保证1头猪1个，用完进行消毒后方可扔弃。消毒药水尽量选择对病猪副作用小的消毒药剂。

（2）药物预防　在本病的防治过程中，用于预防的药物应有计划地定期轮换使用，最好通过药敏试验选择药物。在本病的易感阶段，饲料中添加敏感的抗菌药物对预防本病具有重要作用。发病轻者以拌料投服土霉素碱粉20毫克/千克体重，连续饲喂1周，对严重病例肌内注射青霉素等，一般给药2～3天。

（3）防制并发症　一定要做好对猪伪狂犬病、猪瘟、蓝耳病、支原体肺炎、副猪嗜血杆菌病等的预防免疫接种，以免这些疾病破坏猪的免疫系统或肺脏的防御功能，从而减少猪对胸膜肺炎放线杆菌的易感性。

四、中西兽医结合治疗

1.西药治疗

猪胸膜肺炎放线杆菌对头孢噻呋、替米考星、先锋霉素、恩诺沙星、强力霉素、氟苯尼考、庆大霉素、卡那霉素等尚敏感。对有明显临诊症状的发病猪，可通过注射给药；对未发病猪，可在饲料或饮水中添加药物。先以治疗剂量治疗数天，然后依据情况可改用预防量给药数周，可控制此病。

2.中药治疗

（1）紫花黄芩煎　紫花地丁、生石膏各360克，黄芩、苦参、知母、桔梗、红花、当归各180克，加水5000毫升，煎至3000毫升后，将药液倒出，再加清水煎熬。反复3次煎熬，最后得药水9000毫升，每头猪灌服200毫升，病猪早晚各1次，连用3天。

（2）清肺止咳散　瓜蒌50千克，大黄40千克，款冬花、知母各30千克，贝母25千克，桑白皮、陈皮、紫菀、天冬、百合、黄芩、桔梗、赤芍各30千克，当归、木通、马兜铃各20千克，苏子、生甘草各15千克，共为末，开水冲服。

第六节　猪传染性萎缩性鼻炎

一、概念

猪传染性萎缩性鼻炎又称慢性萎缩性鼻炎或萎缩性鼻炎，是由产毒素多杀性巴氏杆菌（$T^{+}Pm$）或（和）支气管败血波氏杆菌（Bb）引起猪的一种慢性接触性呼吸道传染病。它以鼻炎、鼻中隔扭曲、鼻甲骨萎缩和病猪生长迟缓为特征，临诊表现为打喷嚏、鼻塞、流鼻涕、鼻出血、颜面部变形或歪斜，常见于2～5月龄猪。本病使猪的生长性能、饲料利用率和机体抵抗力下降，易感染其他疾病。

支气管败血波氏杆菌为一种细小的球杆菌，极易发生变异，有三个菌相。其中有荚膜的Ⅰ相菌病原性强，具有K抗原和强坏死毒素（似内毒素）。该毒素与产毒素多杀性巴氏杆菌产生的DNT（皮肤坏死性毒素）有很强的同源性。Ⅱ相菌和Ⅲ相菌的毒力弱。Ⅰ相菌在抗体作用或在不适当的条件下，可向Ⅲ相菌变异。Ⅰ相菌感染新生猪后，在鼻腔里增殖，存留的时间可长达1年。引起的猪传染性萎缩性鼻炎的多杀性巴氏杆菌，绝大多数属于D型，能产生一种耐热的外毒素，毒力较强；少数属于A型，多为弱毒株。不同型毒株的毒素有抗原交叉性，其抗毒素也有交叉保护性。$T^{+}Pm$和Bb的抵抗力不强，一般消毒剂均可使其致死。

支气管败血波氏杆菌广泛存在于养猪发达的国家和地区，其发病率远远超过临诊所见的传染性萎缩性鼻炎（AR）及屠宰时所见到的鼻甲骨萎缩的比率。支气管败血波氏杆菌常从暴发AR的仔猪体内分离到，但也广泛存在于无AR的猪群中。不同品种猪的易感性有所差异，国内土种猪较少发病。不同年龄的猪都有易感性，但以幼猪的易感性最高，病变最明显。1周龄仔猪感染后可引起原发性肺炎，并可导致全窝仔猪死亡。发病率一般随年龄增长而下降。1月龄以内的仔猪感染，常在数周后发生鼻炎，并引起鼻甲骨萎缩。断奶后仔猪感染，一般只产生轻微的病理变化，或只有组织学变化，但也有发生严重病理变化的。

病猪和带菌猪是主要的传染源，其他带菌动物［如犬、猫、家畜（禽）、兔、鼠、狐］及人均可带菌，引起鼻炎、支气管肺炎等，因此也能成为传染源。主要是通过飞沫传播，病猪和带菌猪通过接触经呼吸道传染给仔猪。本病在猪群中传播比较缓慢，多为散发或地方流行性。营养成分缺乏、不同日龄的猪混合饲养、拥挤、过冷、过热、空气污浊、通风不良、长期饲喂粉料等饲养方式，以及遗传因素等均能促进AR的发生。

二、临诊特征与诊断

1.临诊症状

早期症状多见于6～8周龄仔猪，表现为鼻炎，打喷嚏、鼻流浆液、黏液脓性渗出物，吸气困难。个别猪可因强烈喷嚏而发生鼻衄。病猪常因鼻炎刺激黏膜而表现不安，摇头、拱地、搔抓或摩擦鼻部直至出血。圈栏、地面和墙壁上可见布满血迹。严重的患猪可见两鼻孔出血不止，形成两条血线。吸气时鼻孔开张，发出鼾声，严重者张口呼吸。由于鼻泪管阻塞，泪液增多，在眼内眦下皮肤上形成弯月形湿润区，被尘土玷污后黏结成黑色痕迹，称为“泪斑”（图3-16）。

继鼻炎后常出现鼻甲骨萎缩，鼻梁和面部变形，形成AR的特征性症状（图3-17）。如两侧鼻甲骨病理损伤相同时，可见鼻梁短缩，鼻盘正后部皮肤形成较深的皱褶；若一侧萎缩严重，则鼻弯向那一侧。鼻甲骨萎缩，额窦不能正常发育，使两眼宽度变小和头部轮廓变形。病猪体温、精神、食欲及粪便等一般正常，但生长停

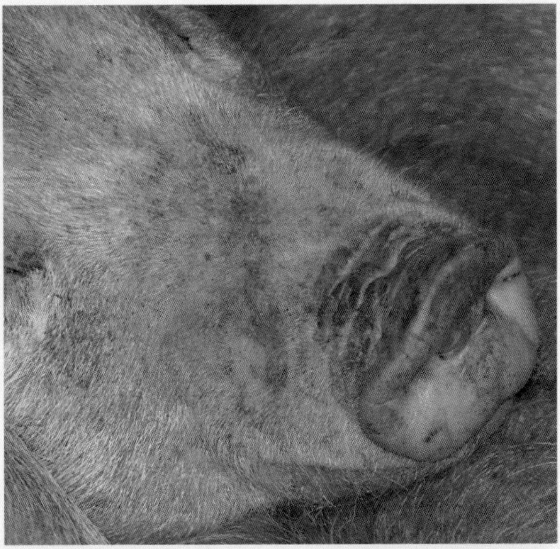

图3-16 鼻泪管阻塞形成“泪斑”

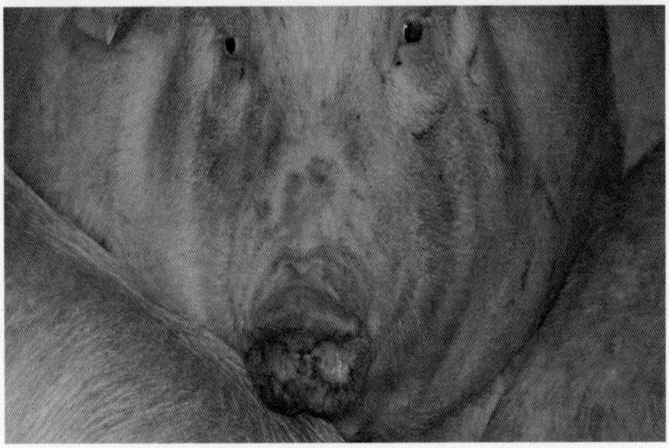

图3-17 鼻梁变形

滞，有的成为僵猪。

猪周龄越小，感染后出现鼻甲骨萎缩的可能性就越大，表现越严重。感染后若不发生重复或混合感染，萎缩的鼻甲骨尚可以再生。鼻炎延及筛骨板，则感染可经此扩散至大脑，发生脑炎。此外，病猪常有肺炎发生，可能是鼻甲骨的萎缩促进肺炎的发生，而肺炎又反过来加重鼻甲骨萎缩。

2.病理变化

特征性病变是鼻腔软骨和鼻甲骨的软化和萎缩，特别是下鼻甲骨的下卷曲最为常见，或萎缩限于筛骨和上鼻甲骨。萎缩严重者鼻甲骨消失，而只留下小块黏膜皱褶附在鼻腔的外侧壁上。随病程长短和继发性感染的不同，鼻腔常有大量的黏液脓性到干酪性渗出物。急性期，渗出物含有脱落的上皮碎屑；慢性期，鼻黏膜苍白，轻度水肿。鼻窦黏膜中度充血，有时窦内充满黏液性分泌物。病理变化转移到筛骨时，除去筛骨前面的骨性障碍可见积聚大量的黏液或脓性渗出物。

3. 诊断

（1）临诊诊断　临诊症状明显的可根据病猪的特殊性临诊表现作出初步诊断，若症状不明显或该病流行不严重的猪场，则难以进行准确判断。尸体剖检对确诊AR有很大帮助。4周龄以上死亡或屠宰的猪在第1臼齿和第2臼齿间横断，观察有无鼻甲骨萎缩。有条件的可用X射线作早期诊断，但操作较困难，而且不能检出轻度病变病例。鼻腔镜检查也用于辅助性的诊断。

（2）病原学诊断　主要是对T^{+}Pm及Bb两种主要致病菌的检查，而对T^{+}Pm的检测是诊断AR的关键。鼻腔拭子的细菌培养是常用的方法。

（3）血清学诊断　猪感染T^{+}Pm和Bb后2～4周，血清中即出现凝集抗体，至少维持4个月，但一般仔猪感染后须在12周龄后才可检出。试管血清凝集反应具有较高的特异性，乳胶凝集试验具有特异、简便、快速的特点。

（4）荧光抗体技术和聚合酶链式反应技术进行诊断　已有双重聚合酶链式反应同时检测T^{+}Pm和Bb，其灵敏度和特异性比其他方法更高。

三、预防与控制

1. 预防

（1）加强饲养管理　采用全进全出的饲养体制；降低猪群饲养密度，严格卫生防疫制度，改善通风条件；保持猪舍清洁、干燥、保暖，减少各种应激。新购入猪，必须隔离检疫。饲料营养尤其是维生素A缺乏，可致使本病症状进一步加重。怀孕母猪维生素A和维生素D缺乏是出生仔猪生长迟缓，在不良环境进一步导致鼻甲骨和鼻黏膜皮病变而诱发AR的一个重要原因。发生鼻炎的仔猪食欲降低，从而影响日粮中钙、磷的吸收致使病情加重。

（2）免疫接种　常用3种疫苗，即Bb（Ⅰ相菌）灭活油剂苗、Bb-T^+Pm灭活油剂二联苗、Bb-T^+Pm毒素灭活油剂苗。后两种疫苗效果较好。可于母猪产前2个月及1个月分别接种，以提高母源抗体水平，保护初生仔猪几周内不被感染，也可对1～2周龄仔猪进行免疫，间隔2周后进行二免。种公猪每年注射1次。

（3）药物预防　为了预防母猪传染仔猪，母猪妊娠最后1个月内应给予预防性药物。乳猪出生后3周内，最好选用敏感的抗菌药物注射或鼻内喷雾，每周1～2次，直到断乳为止。育成猪也可用药物进行防制，连用4～5周。

2.防控

（1）净化与根除　快速检出产毒素多杀性巴氏杆菌（T^+Pm），淘汰带菌猪，建立健康的猪群是根除进行性萎缩性鼻炎的关键。对有病猪场，实行严格检疫，淘汰有症状的猪。与病猪及可疑病猪有接触的猪应隔离饲养，观察3～6个月，完全没有可疑临诊症状者认为健康；如仍有病猪出现则视为不安全，禁止出售种猪和仔猪。良种母猪感染后，临产时要消毒产房，分娩后将仔猪送健康母猪代乳，培育健康猪群。在检疫、隔离和处理病猪过程中要严格消毒。

（2）药物防控　产毒素多杀性巴氏杆菌和支气管败血波氏杆菌对磺胺类药物等多种抗菌药敏感，但由于药物到达鼻黏膜的药量有限，以及黏液对细菌的保护，难以彻底清除呼吸道内的细菌，因此要求用药剂量要足，持续时间要长些。

四、中西兽医结合治疗

1.西药治疗

病猪可试用广谱抗生素和磺胺嘧啶治疗，内服并同时滴鼻。磺胺药被认为是治疗该病较有效的药物，与抗菌增效剂合用效果更好。事实上，无论选用哪种药物对本病进行控制和治疗，其作用都是暂时的抑制作用，不同的是疗效好的药物，能较快地抑制或消除本病的症状，药物停用后，其症状又会在猪群中出现。但在本病的流行蔓延期间使用药物进行控制，暂时性地预防其传染和扩散，还是可取的，也是必须的。

2. 中药治疗

治宜辛散风热、化痰利湿、通鼻开窍。

（1）辛夷黄柏散　药用辛夷、黄柏、知母、半夏各40克，栀子、黄芩、当归、苍耳子、牛蒡子、桔梗各15克，白鲜皮、射干、麦冬、甘草各10克，粉碎后分2份，早、晚各服1份，连用7天。上药为25千克猪1天用量。鼻液带血或鼻流血者，加棕炭、地榆炭、白芨及仙鹤草；鼻变形或扭歪者，加海藻、海带、石决明及龙骨；体温升高并伴有全身症状时，加蒲公英、黄连、金银花、大青叶、瓜蒌及杏仁；机体衰弱者，加生黄芪、党参、黄精、何首乌及山药。

（2）苍耳辛夷煎　苍耳子、辛夷各8克，当归、栀子、黄芩各15克，知母、白鲜皮、麦冬、牛蒡子、射干、甘草、川芎各12克，水煎服。此为30千克猪的用量。

（3）桔梗冬花散　桔梗、款冬花各22克，防风、半夏、百合、贝母、大黄、白芷、薄荷各16克，细辛9克，蜂蜜62克，前10味研细末或水煎，兑蜂蜜分2次内服。

第七节　猪大肠杆菌病

一、概念

猪的大肠杆菌病是由致病性大肠杆菌引起猪的一种常见传染病，主要危害1月龄以内的仔猪，常发生严重腹泻和败血症，影响仔猪的生长发育和造成死亡。本病流行面广，发病率和病死率均较高。按发病日龄、临诊表现和病原菌血清型的不同，其可分为仔猪黄痢、仔猪白痢和仔猪水肿病三种。成年猪感染后主要表现乳房炎、尿路感染和子宫内膜炎。本节主要阐述仔猪的大肠杆菌病。

大肠杆菌为需氧或兼性厌氧菌，最适生长温度为37℃，pH值为7.2～7.4，对营养要求不高，在普通培养基或人工合成培养基上均能良好生长。大肠杆菌的结构抗原比较复杂，主要包括菌体（O）抗原、表面（K）抗原、鞭毛（H）抗原、菌毛（F）抗原、外膜蛋白（OMP）抗原以及分泌抗原［如渗透因子（PF）］等。依据其主要的菌体抗原、荚膜抗原、鞭毛抗原的不同，可分为不同的血清型。已确定的O抗原有173种，K抗原有103种，H抗原有64种。近年来发现F抗原也可用于血清型鉴定。这些不同的抗原相互组合可形成不同的血清型，以致大肠杆菌的血清型可达数千种，但致病性的有限，最常见的有O_8、O_{45}、O_{147}、O_{149}、O_{157}、O_{138}、O_{139}、O_{141}等血清型。大肠杆菌的抵抗力中等，常用消毒药在数分钟内即可杀死。在潮湿，阴暗而温暖的外界环境中，其存活不超过1个月；在寒冷而干燥的环境中存活较久。各地分离的大肠杆菌菌株对抗菌药物的敏感性差异较大，且易产生耐药性。亚硒酸盐、亮绿等对本菌生长有抑制作用。

仔猪黄痢又称早发性大肠杆菌病，常发生于出生后1周内的哺乳仔猪，尤以1～3日龄最为常见，7日龄以上就很少发生。它以发病猪剧烈腹泻、排出黄色或黄白色水样粪便以及迅速脱水而死亡为特征。发病快、病程短、发病率和病死率均很高。同窝仔猪发病率90%以上，病死率可达100%。

仔猪白痢又称迟发性大肠杆菌病，是10～30日龄仔猪，尤以2～3周龄较多见，1月龄以上很少发生的一种急性肠道传染病。它以排泄腥臭的灰白色粥样粪便为特征。本病的发病率高，但病死率较低。

仔猪水肿病又称猪胃肠水肿，是仔猪断奶后1～2周多发，生长－肥育猪和10日龄以下猪很少见的一种急性肠毒血症。它以突然发病、头部水肿、运动共济失调、惊厥和麻痹为特征。本病或散发或呈地方流行性，发病率一般在10%～30%，但病死率很高，约90%；并因影响仔猪生长发育和降低饲料报酬而造成较大经济损失。

带菌猪是其主要传染源。带菌母猪由粪便排出病原菌，污染母猪皮肤和乳头，仔猪吮吸或舔舐母猪皮肤时，主要经消化道而感染。从有病猪场引进种猪或断奶仔猪，如不注意卫生防疫工作，使猪群受感染，易引起仔猪大批发病和死亡。

仔猪黄痢的发生无季节性，但与环境卫生关系密切。如应激因素、阴雨潮湿、冷热不定、母乳不足、圈场污秽等，都可促使仔猪黄痢发生；尤以猪舍保温条件差，新生仔猪受寒，是发生黄痢的主要诱因。初产母猪所产仔猪的黄痢发病，多较经产母猪的严重。

仔猪白痢的发生与菌群失调和母源抗体减少有关，并与各种应激因素有密切的关系。一年四季均可流行，但以春秋、多雨季节多发。体格健壮，营养良好，体重在10～40千克的仔猪多发。饲料和饲养方法突然改变、阴雨潮湿等使仔猪抵抗力下降，高蛋白饲养，以及去势与转群等应激因素，都可诱发水肿病。

二、临诊特征与诊断

1.临诊症状

（1）仔猪黄痢　仔猪出生12小时后，突然有1～2头全身衰弱、迅速消瘦与脱水，很快死亡。其他仔猪相继发生腹泻，粪便呈黄色糨糊状（图3-18），内含凝乳小片。病仔猪精神沉郁，不吃奶，消

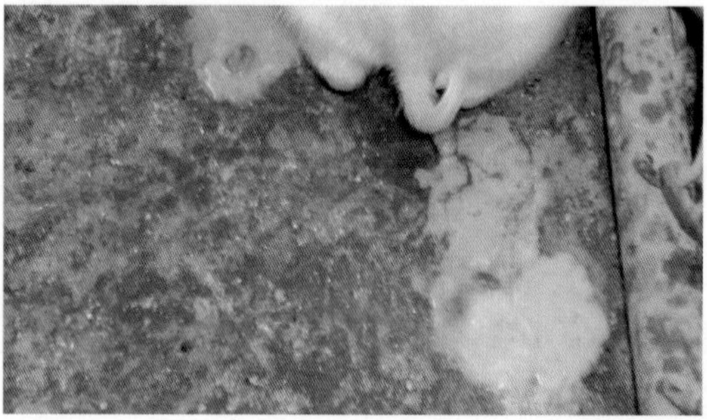

图3-18 黄色糨糊状粪便

瘦，脱水。捕捉时，挣扎鸣叫，常由肛门排出稀粪，昏迷死亡。

（2）仔猪白痢 病猪突然发生腹泻，排出白色、灰白色或黄白色糨糊样粪便（图3-19），气味腥臭，体温和食欲多无明显改变。病猪逐渐消瘦，拱背，皮毛粗糙不洁，发育迟缓，病程3～9天，多数能自行康复。病程较长而恢复的仔猪多成为僵猪。

（3）仔猪水肿病 病猪突然精神沉郁，食欲下降乃至废绝，心跳加快，呼吸浅表，多数体温不高。继则四肢无力，共济失调；静卧时，肌肉震颤，不时抽搐，四肢划动如游泳状。捕捉时，触摸敏感，发出呻吟或鸣叫，突然倒地，四肢呈游泳状，空嚼，口吐白沫。继而四肢麻痹，呼吸困难，呼吸麻痹而死亡。特征性症状是眼睑和脸部水肿（图3-20），或可波及颈部、腹部皮下；但也有无水肿变化的。病程1～2天，个别可达7天以上，病死率约90%。

2.病理变化

（1）仔猪黄痢 最急性剖检常无明显病变，仅表现为败血症。多数尸体脱水严重，肠道膨胀（图3-21），内有多量黄色液状内容物和气体。肠黏膜呈急性卡他性炎症变化，胃肠道黏膜上皮变性、坏死。胃膨胀，胃黏膜潮红、肿胀，或见出血（图3-22）。肠壁变薄、松弛。肠系膜淋巴结肿大、充血。心、肝、肾有不同程度的变

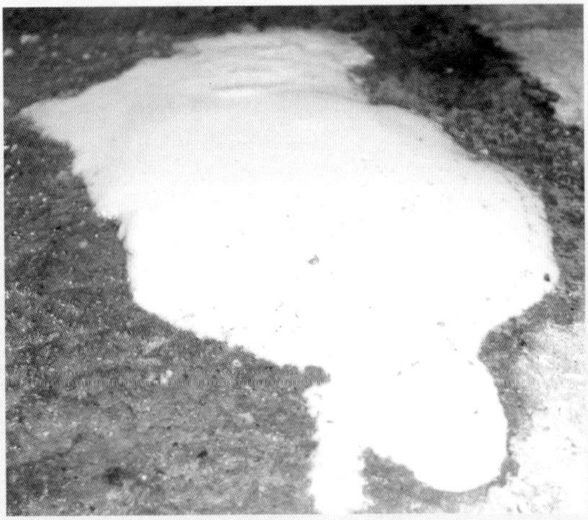

图3-19 白色糨糊状粪便

图3-20 眼睑及面部肿胀

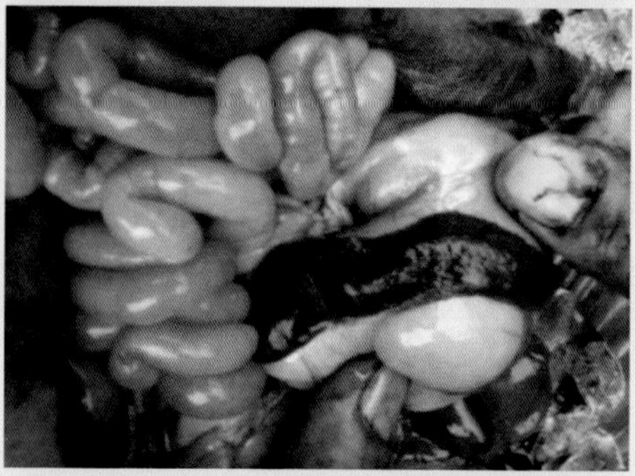

图3-21 肠道膨胀、肠壁变薄

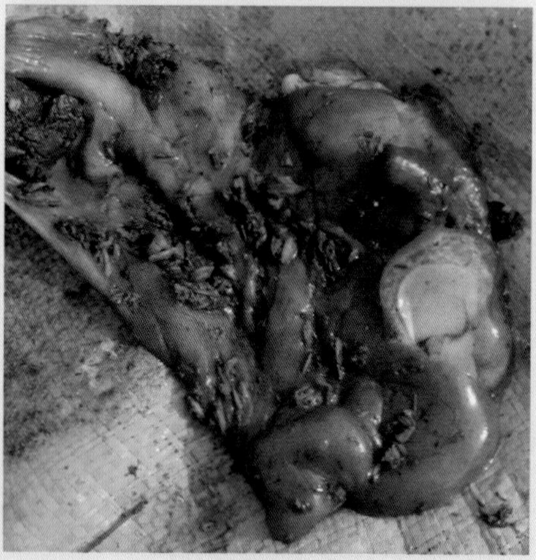

图3-22 胃壁水肿变厚

性和小的凝固性坏死灶。脾淤血等。

（2）仔猪白痢　尸体外表苍白、消瘦、脱水。肠黏膜潮红，有卡他性炎症变化，有多量黏液性分泌液，肠内容物为黄白色。肠壁变薄，或见充血、出血。肠系膜淋巴结肿大、出血。胃食滞，内有少量凝乳块。肝脏肿大，胆囊充盈。心脏冠状沟脂肪胶样浸润，心肌柔软。肾苍白色。

（3）仔猪水肿病　主要表现为各个脏器的严重水肿。最明显的是胃大弯部黏膜下组织高度水肿，切开呈胶冻样，水肿层可达2～3厘米厚。其他部位如眼睑、脸部、肠系膜及肠系膜淋巴结、胆、喉头、脑及其他组织也可见水肿。水肿范围大小不一，有时还可见全身性淤血。

3.诊断

根据临诊与流行病学特征等，仔猪黄痢、仔猪白痢、仔猪水肿病均可作出初步诊断，但确诊尚需进行细菌学检查。

（1）大肠杆菌分离鉴定　采取发病仔猪或新鲜病死猪的小肠前段内容物，无菌采取肠系膜淋巴结、肝、脾、肾等实质器官做病原分离的材料，放在灭菌的试管中，用冰瓶尽快送到实验室，划线接种于麦康凯琼脂平板、普通琼脂平板、血液琼脂平板上，于37℃培养24小时。若在普通营养琼脂上形成直径约2毫米的圆形、光滑、隆起、湿润、半透明与淡灰色的菌落；或在麦康凯琼脂上菌落为红色，部分致病性菌株在血液琼脂平板上呈β-溶血；或挑取可疑菌落进行涂片染色镜检，如为革兰阴性的中等大小杆菌，将其进行纯培养，再接种于生化管中进行生化鉴定，如果乳糖、葡萄糖产酸产气，β-半乳糖苷酶实验阳性，产生吲哚，MR阳性，VP阴性，不利用柠檬酸盐，不产生H_2S，不分解尿素，具有运动性，在含有KCN培养基上不生长，就可鉴定为埃希大肠杆菌。分离物有无致病性需做动物学试验或用因子血清做平板凝集试验。可将分离的菌株接种于普通肉汤，取18小时肉汤培养物0.5毫升口服感染仔猪，如发生腹泻，并排特征性粪便，即可确诊。

（2）与仔猪红痢鉴别诊断　仔猪红痢也多发生于1～3日龄仔猪，病程短，病死率高，与黄痢有些相似；但它以排出红色黏性稀粪为特征。剖检时，腹腔内有多量淡红色液体，小肠内容物大多为红色，并混杂有小气泡，肠系膜内也有小气泡，肠黏膜可见出血和坏死。取肠内容物加倍量灭菌盐水稀释、离心，取上清液0.1～0.3毫升，给体重20克小鼠静脉注射，可使小鼠迅速发生死亡，并可由尸体分离出C型魏氏梭菌。

三、预防与控制

1.加强母猪饲养管理

保持产房的清洁和消毒，哺乳前要对乳房进行清洗和消毒，有乳房炎的母猪应及早治疗。常发病猪场或怀疑有可能发病时，可于产前1周有针对性地在饲料中添加抗菌药物，并在仔猪出生后12小时内进行预防性投喂或注射敏感的长效抗菌药，以有效减少发病和死亡。较敏感的药物有氟喹诺酮类、氨基糖苷类、多黏菌素、氟苯尼考、痢菌净、呋喃唑酮和某些磺胺类药等。

2.加强新生仔猪护理

新生仔猪要采取保暖防寒措施，及早哺喂初乳，并做好补铁补硒工作。仔猪应提早喂料，选用优质全价的代乳料，适量补充饮水。必要时，可于断奶时注射长效抗菌药，或通过饲料和饮水添加药物进行预防。

3.免疫预防

目前有3种基因工程菌苗可供选择，即K_{88}-K_{99}、K_{88}-LTB、K_{88}-K_{99}-$_{987}$P。母猪产前40天和15天各注射1次，对仔猪黄痢和白痢有一定的预防作用，能降低发病率。仔猪断奶前15天注射水肿病类毒素苗，也有一定的预防作用。有条件的猪场可采用自家灭活苗进行免疫，可较好地预防仔猪黄白痢的发生，极大地提高仔猪成活率。

四、中西兽医结合治疗

1.仔猪白痢

（1）抗菌药物治疗　利高霉素注射液，15毫克/千克体重，每天2次，连用3天；或者口服硫酸庆大霉素注射液，每头仔猪8万国际单位，每日1次，连用3天。

（2）黄连解毒汤　黄连、穿心莲各50克，黄柏45克，黄芩、金银花、柴胡各30克，甘草10克，水煎，将药液煎到每毫升含原生药10克，每头仔猪灌服7毫升，每天1次，连用3天。

（3）参苓白术散合葛根芩连汤　葛根45克，扁豆40克，党参、白术、茯苓、黄芩、山药各30克，炙甘草、黄连、莲肉、桔梗、薏苡仁、砂仁各20克（以上为10头仔猪量），水煎服。

2.仔猪黄痢

（1）抗菌药物治疗　2%诺氟沙星注射液，5～10毫升/千克，肌内注射，每天2次，连用3天；或者口服硫酸庆大霉素注射液，每头仔猪4万国际单位，每天1次，连用3天。

（2）白头翁散　白头翁、穿心莲各60克，黄柏45克，黄连、秦皮、黄芩各30克，水煎至每毫升含原生药10克，每头仔猪灌服4毫升，每天1次，连用3天。同时，猪舍每天消毒1次，连续消毒3天。

3.仔猪水肿病

（1）抗菌药物治疗　2%恩诺沙星注射液，5毫克/千克体重；亚硒酸钠维生素E注射液，每头仔猪5毫升，肌内注射，每天1次，连用3天。

（2）枳实大黄煎　枳实、大黄各40克，厚朴、郁李仁、麻仁各30克，大青叶20克，银花10克，混合后水煎至每毫升含原生药10克，每头仔猪灌服8毫升，每天1次，连用3天。

第八节　猪增生性肠病

一、概念

猪增生性肠病（PPE）又称增生性肠炎、坏死性肠炎（NE）、增生性出血性肠病（PHE）与猪回肠炎（PI），是由胞内劳森菌引起的猪的一种接触性传染病。它主要发生在6～20周龄的生长肥育猪，以间歇性下痢、食欲下降和生长缓慢等为临诊特征，以回肠和结肠隐窝内未成熟的肠细胞发生腺瘤样增生为显微变化特征。该病目前已经在全世界流行，造成巨大的危害；而由于病原学认识上的混乱以及诊断上的困难等原因，在国内兽医界尚未引起充分重视。

胞内劳森菌是一种专性胞内寄生菌，革兰阴性。在5～15℃环境中至少能存活1～2周，对季铵盐消毒剂和含碘消毒剂敏感。该菌目前在细菌学分类上尚无定论。16SrRNA系统分析显示，该菌与脱硫弧菌科其他成员的相似性为91%，但该菌的脱硫能力尚未得到证明。

本病现已分布世界各主要养猪国家，呈散发或地方性流行。猪是本病的易感动物，其次仓鼠、豚鼠、大鼠、雪貂、狐狸、家兔、羔羊、幼驹、狗、鹿、猴、鸵鸟等也可发生本病。白色品种猪，特别是长白、大白品种猪及其白色品种猪杂交的商品猪，易感性均较强，断乳猪至成年猪均有发病报道，但以6～16周龄的生长育肥猪最易感，发病率为5%～30%，偶尔达40%；病死率一般为1%～10%，有时高达40%～50%。

病猪和带菌猪是本病的传染源，其次是污染的器具，场地也是疾病的传染源。病猪感染后7天可从粪便中检出病菌，感染猪排菌时间不定，但至少为10周。病原菌随粪便排出体外，污染外界环境，并随饲料、饮水等经消化道感染。此外，鸟类、鼠类在本病的传播过程中也起重要的作用。天气突变、长途运输、饲养密度过高、更换饲料、并栏或转栏等应激因素，以及抗菌药类添加剂使用不当等因素，均可成为本病的诱因。据国外报道，屠宰时5%～40%的猪有该病的病变，病死率一般为1%～10%，高时可达40%～50%。多数猪呈隐性感染，临诊以慢性病例最常见，病死率不高，但可引起病猪生长缓慢，增加饲养成本。

二、临诊特征与诊断

1.临诊症状

人工感染潜伏期为8～10天，攻毒后21天达到发病高峰；自然感染潜伏期为2～3周，临诊表现可以分为以下三型。

（1）急性型　较少见，可见于4～12月龄的成年猪。主要表现为急性出血性贫血、血色水样腹泻。病程稍长时，排黑色柏油样稀粪，继而转为黄色稀粪。突然死亡的猪仅见皮肤苍白，而粪便正常。在短时间内可造成许多猪发病，病死率为12%～50%，尤其是后备母猪。

（2）慢性型　本型最常见，多见于6～20周龄的生长猪。病猪表现为食欲减退、精神沉郁、被毛粗乱、消瘦、皮肤苍白、间歇性下痢、粪便变软变稀或呈糊状，有时混有血液或坏死组织碎片。如症状较轻且无继发感染，可在发病4～6周后康复，但有的则成为僵猪。

（3）亚临诊型　无明显症状或症状轻微，故多不引起人们的关注，但生长速度和饲料利用率下降。

2.病理变化

多见小肠末端50厘米处和结肠螺旋的上1/3处肠壁增厚、肠管直径变粗。浆膜下和肠系膜常见水肿。肠黏膜形成横向和纵向皱褶，表面湿润而无黏液，有时附有颗粒状炎性分泌物，变肥厚。若有坏死性肠炎变化，还可见凝固性坏死和炎性渗出物形成灰黄色干酪样物牢固地附着在肠壁上。局限性回肠炎的肠管肌肉显著肥大，形成类似于塑料水龙带样硬管，习惯上称“软管肠”；打开肠腔，可见溃疡面，常呈条形，毗邻的正常黏膜呈岛状。增生性出血性病变很少波及大肠。回肠壁增厚，小肠内有凝血块，结肠中可见黑色焦油状粪便。肠系膜淋巴结肿大，切面多汁。

黏膜由不成熟的上皮细胞排列形成肿大的分支状腺窝。常常由正常腺窝的一层细胞厚变为5～10层或更多层细胞厚。很明显，整个腺窝出现大量有丝分裂现象。其他感染细胞的核肿大，呈小泡结构或颜色较深的细长纺锤形。杯状细胞多缺乏，而如果杯状细胞重新出现在肠腺窝深处，则预示着炎症开始消退。若没有并发症，黏膜固有层都是正常的。银染、特异性免疫学染色或电镜观察，感染部位上皮细胞顶端胞浆中有大量的劳氏胞内菌。

3.诊断

根据临诊症状及剖检病变可作出初步诊断，尤其是对病变肠段进行病理组织学检查，见到肠黏膜不成熟的细胞明显增生有助于诊断。

（1）改良Ziehl-Neelsen染色法　尸体剖检时，对肠黏膜涂片，并用改良Ziehl-Neelsen染色法检查细胞内细菌，是一种简单的方法。

（2）病原菌分离　用适宜的细胞系，如IEC-18大鼠肠细胞或IPEC-12猪肠细胞进行病原菌分离，是一种可靠的诊断方法。

（3）血清抗体诊断法　采集猪粪便或血清，应用聚合酶链式反应、免疫荧光试验及酶联免疫吸附试验等技术进行抗体诊断。

三、预防与控制

1.加强饲养管理

实行全进全出制，有条件的猪场可考虑实行多地饲养、早期隔离断奶（SEW）等现代饲养技术。严格实施消毒措施，积极灭鼠，搞好粪便管理，尤其是哺乳期间应尽量减少仔猪接触母猪粪便的机会。尽量减少各种应激反应刺激，转栏、换料前给予适当的药物可较好地预防该病。

2.药物防治

在该病流行期间和调运前或新购入猪只时，应在饲料中添加药物进行预防。在疫区，饲料中添加泰妙菌素可有效地预防该病。用法，23～30日龄仔猪，每吨饲料中添加泰妙菌素100克；31～40日龄仔猪，添加50克/吨；41～130日龄猪，添加30克/吨；131日龄至出栏的猪，不添加任何药物。另外，每吨饲料添加氯四环素300克，连续使用4天，可有效预防感染。

3.免疫接种

国外已有胞内劳森菌的无毒菌苗生产，该菌苗可以限制有毒劳森菌在猪体内的繁殖。注意饮水免疫时，水中必须添加硫代硫酸钠以中和水中所含的氯。同时，免疫前后2～4周内禁止在饲料与饮水中添加抗生素类添加剂，以防免疫失败。

四、中西兽医结合治疗

1.西药治疗

胞内劳森菌对许多抗生素敏感，如大环内酯类抗生素、林可霉素、金霉素、硫黏菌素都很有效。

（1）抗生素治疗　病猪和同群其他猪，可用泰乐菌素100克/吨、泰妙菌素35克/吨、金霉素200～300克/吨、林可霉素和大观霉素10毫克/千克体重或硫黏菌素100～120克/吨等，连续投药2～3周，可取得良好的效果。或每吨饲料添加泰妙菌素96克、金霉素300克，连用1周；同时四环素肌内注射，2次/天，连用5天。

（2）对症治疗　腹泻严重的猪，在配合静脉注射补液3天与抗菌治疗的同时，可进行止泻等的治疗。对于急性血痢的猪，用磺胺氯吡嗪钠制剂15毫升/头、青霉素1280万单位/头，肌内注射，2次/天；泰乐菌素100克/吨拌料，连用5天。

2.中药治疗

（1）槐花散　炒地榆15克，槐花（炒）、侧柏叶（杵，焙）、荆芥、枳壳（麸炒）各10克，研为细末，用洗米水冲调，喂食前灌服。本方常用于大便下血属血热者，由于方中药性寒凉，便血日久，属气虚或阴虚者，则不宜使用。

（2）归脾汤　白术、黄芪（去芦）、龙眼肉、酸枣仁（炒，去壳）、党参各10克，茯神9克，木香6克，甘草（炙）、生姜、当归、远志各5克，大枣5个，加水1000毫升，煮取500毫升，去渣，候温灌服。便血偏寒者，可加艾叶炭、炮姜炭以温经止血；若偏热者，加生地黄炭、阿胶珠、棕榈炭以清热止血。

第九节　仔猪副伤寒

一、概念

猪副伤寒又称猪沙门菌病，是由沙门菌引起的1～4月龄仔猪的一种传染病。它以急性败血症或慢性坏死性肠炎为特征，常引起断奶仔猪大批发病，如并发或继发其他疾病或治疗不及时，病死率较高，可造成较大的损失。动物生前感染沙门菌或食品受到污染，可使人发生食物中毒。

沙门菌属于肠杆菌科的沙门菌属，革兰阴性。其血清型相当复杂，主要有猪霍乱沙门菌、鼠伤寒沙门菌、猪伤寒沙门菌与肠炎沙门氏菌等。沙门菌为需氧或兼性厌氧菌，最适宜生长温度为35～37℃，最适合pH值6.8～7.8。对干燥、腐败、日光等因素具有一定抵抗力，在外界环境可存活数周至数月。60℃经1小时、72℃经20分钟、75℃经5分钟，可致其死亡。对化学消毒药的抵抗力不强，常用的消毒药均能将其杀死。

人、各种畜禽及其他动物对沙门菌属的许多血清型都有易感性，不分年龄大小均可感染，但以幼龄动物易感性最高。猪多发生于1～4月龄，但在初乳中无抗体或处于逆境时，则不受年龄限制都可发病。半岁以上仔猪的免疫系统已逐步完成，感染后很少发病，但会在相当一段时间内带菌。病猪和带菌猪是主要的传染源，健康畜禽的带菌现象也很普遍。病菌潜伏于消化道、淋巴组织和胆囊内，通过粪便排泄出，污染饲料、饮水、猪圈、食槽及周围环境，经过消化道感染发病。也可经精液传播、子宫内感染或脐带感染。鼠类可以传播本病。本病无季节性一年四季均可发生，但以气候寒冷多变及多雨潮湿季节发病较多。一般呈散发或地方性流行。仔猪的饲养管理不善，圈舍潮湿、拥挤、缺乏运动、饲料单纯或品质不良、骤然更换饲料、气候突变、长途运输等应激因素，以及营养障碍、寄生虫和病毒感染等都可导致暴发。本病常与猪瘟混合感染或继发，发病率和病死率高，病程短。

二、临诊特征与诊断

1.临诊症状

潜伏期数天到数月，视猪体抵抗力及细菌的数量和毒力不同而异。临诊上可分为急性败血型与下痢型（亚急性型和慢性型）两种。

（1）急性败血型　病猪体温41～42℃，食欲废绝，呼吸困难，耳、四肢、腹下等部位皮肤有紫癍，或见后肢麻痹，黏液血性下痢或便秘，病死率很高，病程1～4天。

（2）下痢型（亚急性型和慢性型）　此类型常见，病猪体温40.5～41.5℃，精神沉郁，食欲不振，被毛失去光泽。一般出现水样黄色恶臭下痢，呕吐，有时也出现呼吸道症状。眼结膜潮红、肿胀，有黏性脓性分泌物，少数发生角膜混浊，严重者发生溃疡。病猪由于下痢、脱水而很快消瘦。中、后期皮肤出现弥漫性湿疹。病程2～3周甚至更长，最后极度消瘦，衰竭死亡。有时可见病猪症状逐渐减轻，状似恢复，但以后生长缓慢或又复发。病死率25%～50%。

2.病理变化

（1）急性败血型　病猪耳、胸腹下部皮肤有蓝紫色斑点。全身浆膜与黏膜以及各内脏有不同程度的点状出血。全身淋巴结肿大、出血，尤其是肠系膜淋巴结索状肿大。脾脏肿大，呈蓝紫色，硬度似橡皮，被膜上可见散在的出血点。肝肿大、充血、出血，有时肝实质可见针尖至小米粒大黄灰色坏死点。肾皮质可见出血斑点。心包和心内、外膜有点状出血。肺常见淤血和水肿，小叶间质增宽，气管内有白色泡沫。卡他性胃炎及肠黏膜充血和出血，并有纤维素性渗出物。

（2）下痢型　病猪尸体极度消瘦，胸腹下部、四肢内侧等皮肤可见绿豆大小的痂样湿疹。特征性病变是，回肠、盲肠、结肠呈局灶性或弥散性的纤维素性坏死性炎症；黏膜表面被覆糠麸样坏死物，剥开可见底部呈红色、边缘不规则的溃疡面。少数病例滤泡周围黏膜坏死，稍突出于表面，有纤维蛋白渗出物积聚，形成隐约可见的轮环状。肠系膜淋巴结肿胀，切面灰白色似脑髓样，并且常有散在的灰黄色坏死灶，有时形成大的干酪样坏死物。脾肿大，色暗带蓝，似橡皮。肝有时可见黄灰色坏死点。肺的尖叶、心叶和膈叶前下部常有卡他性肺炎病灶。

3.诊断

根据流行病学、临诊症状和病理变化可作出初步诊断，确诊需从病猪的血液、脾、肝、淋巴结和肠内容物等进行沙门菌的分离和鉴定。但分离到沙门菌后仍不能排除其他细菌及病毒特别是猪瘟病毒的感染，必须做病原学及血清学等诊断。急性病例可从实质器官分离出病原菌，而慢性病例则不易分离成功。如已分离到沙门菌，必须结合其他症状、病理及流行特点进行分析，排除混合感染，进行综合判断。

（1）细菌学分离　采取肝、脾、肾、肠系膜淋巴结等制成涂片，自然干燥，革兰染色法染色，镜检，可见两端钝圆或卵圆形、不运动、无芽孢和荚膜的革兰阴性小杆菌。将病料直接划线接种于硫酸铋琼脂上，经37℃、18～24小时培养，形成中心带黑色的菌落时，再将其接种于三糖铁培养基斜面上，经37℃、18～24小时，如底层葡萄糖产酸或产酸产气，产生硫化氢，变棕黑色，上层乳糖不分解，不变色，即可判定为阳性。

（2）鉴别诊断　注意与猪瘟、猪痢疾进行区别。本病仔猪多发，主要慢性经过；而猪瘟成年猪多发，为急性经过。猪痢疾传播慢，时间长，持续下痢，粪便带血和黏液，肠黏膜弥漫性坏死。

三、预防与控制

1.预防

（1）加强饲养管理　搞好圈舍的清洁卫生，同时对地面、用具、设备等用2%～4%火碱溶液或10%～20%石灰乳进行全面消毒。病愈母猪和种公猪不能留作种用，一律淘汰，以防再感染仔猪。减少各种应激刺激，如气候突然变冷，要做好防护保暖工作。不要突然更换饲料，断奶不要过早等，均可预防本病发生。

（2）免疫接种　1月龄以上的哺乳仔猪或断奶仔猪，将仔猪副伤寒弱毒冻干苗用冷开水稀释成5～10毫升拌料喂服；或用2%氢氧化铝胶生理盐水稀释，每头猪耳后肌内注射1毫升。疫区仔猪在断奶前后各注射1次，间隔3～4周。注苗前后禁用抗菌药物。在发病当地分离菌株制成多价副伤寒灭活疫苗，免疫效果会更好。

（3）药物预防　在每吨饲料中加入金霉素100克，可起一定的预防作用。

2.防控

猪场发病后，首先隔离病猪，及时治疗。被污染的圈舍要彻底清扫、消毒，特别是饲槽要经常刷洗干净，粪便清除堆积发酵后利用。病死猪应深埋，进行无害化处理。耐过而生长发育停滞的小僵猪，应及时淘汰。

四、中西兽医结合治疗

1.西药治疗

无论采用何种方法治疗，都必须坚持与改善饲养管理及卫生条件相结合，才能收到满意效果。首选药物为阿米卡星，其次是氟苯尼考、恩诺沙星、卡那霉素、庆大霉素等。大批发病时，最好分离菌株进行药敏实验，以选择最有效的药物。多次使用一种药物易出现耐药菌株，故要注意适当地更换药物，并兼顾用药的连续性。对于慢性病猪应及时给予淘汰。

（1）土霉素　0.1千克/千克体重，口服，每天2次，连服3～5天。或新霉素，10～15毫克/千克体重，分2～3次口服，连服3～5天。

（2）呋喃唑酮（痢特灵）　0.4～0.6千克/天，分2次内服，连服3～5天。如发病数量较多时，可在饲料中混入0.02%～0.03%呋喃唑酮，连喂1周。

（3）复方新诺明　70毫克/千克体重，首次加倍，每天分2次口服，连用3～7天。或磺胺甲基异噁唑（新诺明，SMZ），首次0.1克/千克体重，维持量0.07克/千克体重，每12小时服1次。或磺胺-5-甲氧嘧啶或磺胺-6-甲氧嘧啶与抗菌增效剂（TMP）按5∶1混合，每25～30毫克/千克体重，内服，每天2次，连用3～5天。

2. 中药治疗

（1）大蒜　将大蒜5～25克捣成蒜泥内服，每天3次，连服4～6天。

（2）荆芥防风散　防风、桔梗各25克，黄芩、荆芥、桂枝各20克，杏仁、麻黄各15克，白芍、大枣各12克，生姜10克，粉草5克。病情好转，猪开始采食后，可以适当加喂少量的神曲，连喂1周。

（3）黄香汤　黄连、黄柏、金银花各8千克，滑石、枳实、木香各6千克，白芍、槟榔、茯苓各5千克，甘草3千克，冷水浸泡15分钟，水煎3次，取汁66升，合并煎液，每头仔猪灌30毫升，每天1次，连服3天。

第十节　猪痢疾

一、概念

猪痢疾是由致病性猪痢疾蛇形螺旋体引起猪的一种特有的肠道传染病，俗称“血痢”或“黑痢”。它以消瘦、腹泻、黏液性出血性下痢为临诊特征，主要见于生长育成期猪。它不但可造成猪只死亡，还可使猪只痊愈后生长缓慢，生产力下降，造成较大的经济损失；且一旦侵入，常不易根除。

猪痢疾蛇形螺旋体又称为猪痢疾短螺旋体，曾被命名为猪痢疾密螺旋体，属于蛇形螺旋体属。病菌体长6～8.5微米，宽0.3～0.6微米，多为2～4个弯曲，有的5～6个弯曲，两端尖锐呈疏松卷曲的螺旋状。革兰染色阴性。有运动力和溶血性，在血液琼脂上呈强β-溶血，苯胺染液着色良好。它在5℃粪便中可存活61天，25℃存活7天，在4℃土壤中能存活18天。纯培养物在厌氧条件下4～10℃至少存活102天。对消毒液的抵抗力不强，对高温、氧气、干燥等敏感。

不同年龄、品种的猪均有易感性，尤以7～12周龄猪发病最多，其他动物无感染发病的报道。病猪和无症状的带菌猪是其主要的传染源。康复猪的带菌率较高、带菌时间较长，病原可以随着粪便被排出体外，进而污染饮水、饲料、用具、食槽和周围环境等。主要传播途径是消化道传播，仔猪因为吮吸母猪的乳头而造成感染，于断奶前后发病。有些病原体随着猪的买卖传播到其他地方。病猪场的野鼠、犬、燕八哥、苍蝇均可带菌，是不可忽视的传播者。多种应激因素，如饲养管理不良、维生素和矿物质缺乏、猪栏潮湿、猪群拥挤、变更饲料和阉割、气候多变和长途运输等，均可促使本病的发生。经短期治疗的猪，停药3～4周后，又可复发。

本病无明显的季节性，一年四季均可发生，但多集中于3～5月和9～10月。其流行较缓慢、时间较长，并常表现为周期性发病，难以根除。最先在一部分猪中发病，然后同群猪中的其他个体陆续发病。断奶的仔猪发病率最高，可达90%，病死率可达40%。

二、临诊特征与诊断

1.临诊症状

潜伏期2天至3个月，一般为7～14天。人工感染为3～21天。其主要表现是下痢脓血、腹泻、消瘦等，还伴有严重脱水、皮毛粗糙。大部分体温正常，少数体温可高达40℃左右。血生化指标检测异常，可见血浆蛋白总量升高，血钾升高，钠离子、氯离子含量显著降低，出现酸中毒等。

（1）最急性型　往往见不到腹泻症状而于数小时内死亡。该病例不常见。

（2）急性型　病初排黄色至灰色的软便，食减，体温40～40.5℃。数小时或数天后，粪便中含有大量半透明的黏液而使粪便呈胶冻状，多数粪便中含有血液和血凝块以及脱落的黏膜组织碎片。同时表现食欲减退，饮欲增加，腹痛并迅速消瘦。有的死亡，有的转为慢性。

（3）亚急性型　多见于流行前中期。主要症状是出血性下痢，同时伴有食欲减退、脱水、拱背（腹痛）、消瘦等症状。患猪最初的粪便为软便或稀便，随病情发展逐渐变成黏液便或胶冻样便，均可见血液或血凝块，粪便呈现黑红色或咖啡样颜色。经积极治疗可转为慢性型，治疗不理性会导致患猪死亡。

（4）慢性型　多见于流行中后期。病程较长，多在1个月以上。本型以黏液性腹泻为主要临诊表现，食欲正常或稍微减退，可伴有消瘦、生长迟缓或贫血。病情常常出现轻重反复交替，粪便中黏液和坏死样碎片较多，血液较少，部分患猪可自然康复，大多数经及时治疗后痊愈，少数患猪治愈后会经常复发，甚至死亡。

2.病理变化

主要病变局限于大肠（结肠、盲肠和直肠），回盲口为其明显分界。最急性和急性型病例表现为卡他性出血性肠炎。病变肠管肿胀，黏膜充血、出血，肠腔充满黏液和血液（图3-23）。病程稍长的病例，黏膜表面可见坏死点以及黄色或灰色假膜。坏死常限于黏膜表面。大肠系膜充血、水肿，淋巴结增大（图3-24）；但小肠和小肠系膜淋巴结常不受侵害。其他器官无明显变化。亚急性型和慢性型表现为纤维素性、坏死性大肠炎，肠黏膜表面形成假膜，剥去假膜露出浅表糜烂面。

图3-23 肠管肿胀、充血与出血

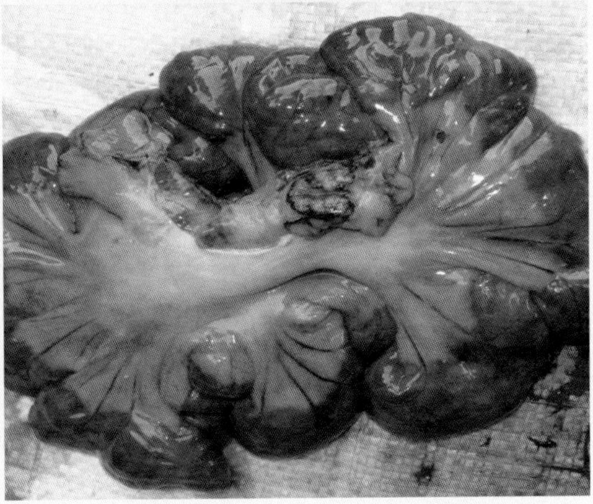
图3-24 大肠系膜充血水肿，淋巴结增大

3.诊断

根据本病的流行病学、临诊症状和剖检病变可作出初步诊断，确诊需要进行实验室检查。

（1）临诊综合诊断。本病的流行缓慢，持续时间长，常发生于断乳后的架子猪，哺乳仔猪和成年猪较少发生。排灰黄色至血冻样稀粪。病变局限于大肠，呈卡他性、出血性、坏死性炎症。

（2）病原学诊断

① 直接镜检法。用棉拭子取病猪大肠黏膜或血冻样粪便抹片染色镜检或暗视野或相差显微镜检查，但本法对急性后期、慢性、隐

性及用药后的病例，检出率低。

② 分离和鉴定。为目前诊断本病较为可靠的方法。常以直肠拭子取大肠黏液或粪样，加入适量pH值7.2的PBS溶液，直接划线于加有大观霉素或多黏菌素等的选择性培养基，厌氧条件下38～42℃培养4～6天。如果观察到无菌落的β溶血区，可在溶血区内钩取小块琼脂，划线继代分离培养，并同时作抹片镜检，观察菌体形态。进一步鉴定时，可做肠致病性试验（口服感染试验和结肠结扎试验）和血清学试验。

（3）血清学诊断　主要有凝集试验（试管法、玻片法、微量凝集、炭凝集）、免疫荧光试验、间接血凝试验、酶联免疫吸附试验等方法，其中凝集试验及酶联免疫吸附试验具有较好的实用性。

三、预防与控制

至今尚无预防本病的有效菌苗，在饲料中添加痢菌净等药物虽可控制发病，但停药后又复发，难以根除，因此必须采取综合性防治措施，才能有效地控制或消灭本病。

1.卫生防控

建立健全卫生防疫制度，加强猪舍卫生管理，做好清洁、防鼠、消毒工作，妥善处理猪的粪便，保持猪舍干燥、通风和适宜的温度、湿度等，合理控制饲养密度，对蚊蝇滋生的场所进行集中喷杀。

2.饮食防控

加强饲养管理，选择优质配合饲料，保证营养均衡，避免饲喂变质饲料与经常更换饲料品种，以保持饲料的优质、全价与相对稳定。

3.免疫防控

在饲料中添加一些益生菌类或中药免疫增强剂，调整并维持猪肠道内的菌群平衡，提高机体抗病能力，降低致病微生物的数量，促进肠道营养物质的消化和吸收。此外，还能刺激肠道淋巴组织，增强其非特异性免疫能力。

4.繁养防控

坚持自繁自养方针，尽量建立自己的猪群。严禁从疫区引进种猪，对从外引进的品种要加强检测，严格隔离观察1个月以上，检测为阴性的方可混群。如果发现某猪群中有该病出现，最好将全群淘汰，以防止病情扩展，并对猪场做好消毒处理工作。

四、中西兽医结合治疗

1.西兽药治疗

该病用药治疗后症状虽已消失，但易复发，需要坚持按疗程治疗，并与改善饲养管理相结合，才能收到良好的效果。

（1）痢菌净　本药对猪痢疾的疗效较好，安全性较高。内服，混饲，1克/千克饲料，连喂30天；猪仔可以灌服0.5%痢菌净溶液治疗，10.25毫升/千克体重，每天1次。肌内注射，0.5%痢菌净注射液，12.5～5.0毫克/千克体重，每天2次，连用3～4天。

（2）泰乐菌素　15～10毫克/千克体重，添加于饮水中，连用1周；或肌内注射，10毫克/千克体重，每天2次，连用3～4天。

（3）庆大霉素　肌内注射，12000国际单位/千克体重，每天2次，连用5天。

2.中药治疗

（1）白头三黄煎　白头翁15克，黄连、黄柏、黄芩各10克，水煎温灌服，或水煎汤拌入饲料中，为30千克体重的用量，连服3～4天。

（2）乌梅养脏汤加减　乌梅、党参、肉桂各220克，肉豆蔻、木香、白术、干姜、黄连、黄柏、白芍各200克，诃子、当归各150克，细辛100克，附子、蜀椒、甘草各80克，水煎3次，药液合并浓缩为8000毫升，每头仔猪20毫升，连用1～2次。

（3）二白石榴煎　白矾1克，白头翁15克，石榴皮10克。先把白头翁、石榴皮加水适量煎至完全出味，将药液滤于盆中，加入白矾使之溶解，分2次拌入少量饲料中喂服或直接灌服。每日1剂，连服3～5天。此为25～35千克体重病猪的日用量。

第十一节 仔猪渗出性皮炎

一、概念

仔猪渗出性皮炎（EE）也叫猪油皮病，是由葡萄球菌引起的一种以哺乳仔猪和刚断奶仔猪为主的急性或超急性接触性传染病。以患病仔猪渗出性、坏死性皮炎，发热、脱水和死亡为典型特征，具有传播快、病死率高等特点，2周龄以内仔猪发病率最高。该病严重影响仔猪的生长发育，给养殖场造成较大的经济损失。

仔猪渗出性皮炎的病原主要为葡萄球菌（*Staphylococcus hyicus*），包括猪葡萄球菌、松鼠葡萄球菌。它是一种革兰阳性球菌，无鞭毛，不形成芽孢和荚膜，常呈葡萄串状排列，在脓汁或液体培养基中呈双球或短链状排列。为需氧或兼性厌氧菌，在普通培养基上生长良好。葡萄球菌对外界环境的抵抗力较强，在尘埃、干燥的脓血中能存活几个月，加热至80℃ 30分钟才能杀死。对龙胆紫、青霉素、庆大霉素、红霉素敏感，但易产生耐药菌株。

本病最易感猪群为5 ～ 35日龄的哺乳仔猪和刚断奶仔猪，尤以5 ～ 15日龄仔猪多发，呈现突然发病，且多表现为急性型，病死率较高。随着日龄的增长而产生抵抗力，断奶猪发病可呈亚急性或慢性，主要影响生长，死亡较少；成年猪很少发病，且病症轻微。病猪和带菌猪是主要传染源，猪葡萄球菌可以直接穿透表皮造成感染。主要为接触感染或创伤性感染，传播迅速，同一窝仔猪可在短时间内相继感染发病。破损的皮肤、黏膜是主要入侵门户。由于争食打斗咬伤皮肤、吃奶时前肢被粗糙地面磨伤、不整齐的牙齿和卧床上的毛刺刮伤及患疥癣剧痒擦伤；接生时用未经消毒且反复使用、又脏又硬的抹布，或用很粗糙的猪饲料擦吸初生仔猪的羊水；仔猪吃奶时额头不停地摩擦母猪乳房、相互嬉闹啃咬；仔猪断脐、剪牙、断尾、打耳号、阉割、注射疫苗或药物时消毒不严等，均可导致皮肤擦伤、真皮暴露而造成感染。仔猪在通过产道时可发生感染，哺乳母猪常感染吃奶的仔猪。

本病的发生无明显季节性，但高温高湿时节多发。密度大、圈舍低矮潮湿、通风不良、卫生条件不好时多发。本病发病率为10%～90%，有全身性病变的病死率通常可达5%～80%，甚至更高。该病在一些猪群的各窝仔猪间呈低发病率的散发，而在另一些猪群中又可能呈流行性发生，可感染所有窝的仔猪。猪体免疫力在个体和群体发病过程中起着重要作用，但关于EE免疫力的重要性还没有完全搞清楚。无免疫力的猪群引进了带菌动物之后常常发病，并自无免疫力母猪所产仔猪开始，群体中的所有仔猪都能被感染，病死率可达70%。疾病暴发通常具有自限性，多持续2～3个月而自然平息；但当没有免疫力的母猪被引入污染猪舍或接触感染动物时，可能会再次发生或持续存在。由于不同窝的无免疫力仔猪和有免疫力带菌仔猪混养，暴发常从断奶仔猪开始，然后在分娩群中传开。

二、临诊特征与诊断

1.临诊症状

仔猪通常在5～6周龄感染，经4～6天发病。开始皮肤排出物增多，肤色呈红色或铜色。在腋下和肋部出现薄的、灰棕色片状渗出物，经3～5天扩展到全身各处，其颜色很快变暗并富含脂质。触摸患猪，皮肤温度增高，被毛粗乱，渗出物直连到眼睫毛上，并可出现口腔溃疡，蹄球部的角质脱落。食欲不振和脱水是本病的特征。发病严重的仔猪体重迅速减轻并会在24小时内死亡，更多的是3～10天内死亡。病猪不呈现瘙痒症状，发热也不常见。

一窝仔猪中患病的严重程度不同，有些仔猪仅较少皮肤被感染而呈慢性疾病。轻者仅见皮肤黄色、被毛较多，只在腋下或肋部，或靠近面部擦伤、腿部损伤处，以及靠近牙齿咬合不好的地方出现少数渗出物斑块。耐过猪生长明显减缓，整群的生产性能在暴发期

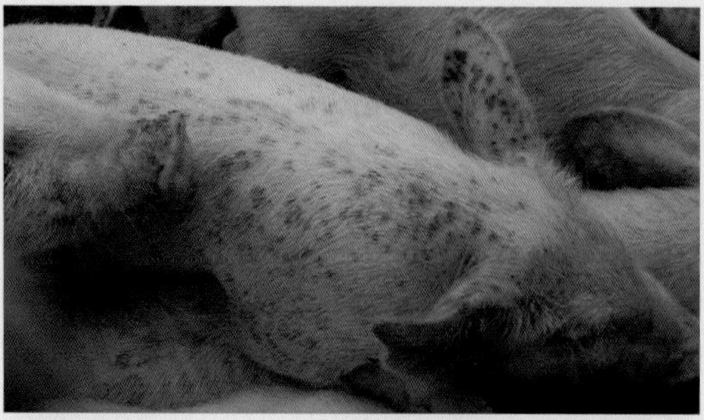
图3-25 皮肤丘疹红斑

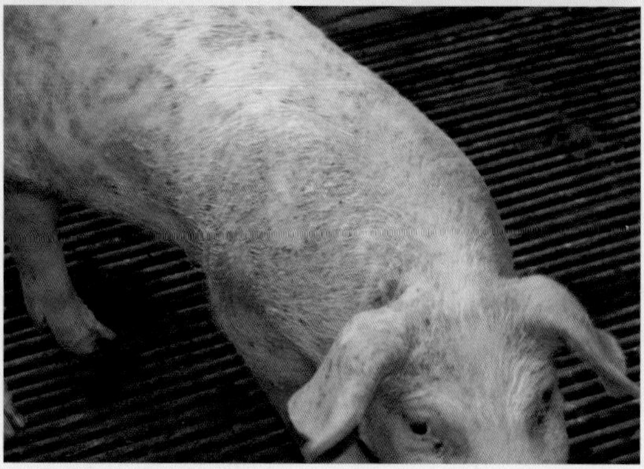
图3-26 皮肤破溃结痂

间可下降35%，在感染1年后下降9%。成年猪发病程度不一，但局部损伤可发生于背部及侧腹部。轻微病例可表现为棕色的渗出性皮炎区（图3-25），但有些病例也可见溃烂。

2.病理变化

（1）眼观病变　早期多见于口、眼、耳周围及腹部皮肤变红，出现清亮的渗出物，轻刮腹部的皮肤即可剥离。随后由于泥土和粪便黏在感染皮肤上，致患部覆盖一层厚的、棕色、油腻并有臭味的痂（图3-26）。在恢复期，皮肤变干并结痂，可持续数天到数周。病死猪尸体脱水并消瘦。外周淋巴结通常水肿和肿大，大多数动物空腹，在肾的髓质切片中可见尿酸盐结晶。在肾盂中常有黏液或结晶物质聚积，并可能出现肾炎。

（2）显微病变　早期表皮脱落，炎性细胞外渗，形成结痂，生成水泡和脓疱。后者可归入"表皮内水泡性和化脓性皮炎"。晚期可见棘皮症（表皮增生）。真皮层发生血管周围炎。皮肤组织切片可见表皮角质层中有细小的菌落。

3.诊断

通常依据临诊症状即可对幼仔猪作出诊断，通过组织学和细菌学方法可加以确诊；但有时需要使用常规的细菌学方法或葡萄球菌快速鉴定试剂条检测，来确定分离到的葡萄球菌是否是*S.hyicus*，这有助于区分*S.hyicus*以外的葡萄球菌。

（1）分离细菌　通常可从病变部位、体表淋巴结和未经治疗病畜的肝、脾中进行*S.hyicus*分离。采用选择性指示琼脂有助于从病料中分离*S.hyicus*。从患病仔猪的皮肤、淋巴结和脏器中可分离到有毒力和无毒力的*S.hyicus*菌株，而后者在该病发生、发展中的作用还不清楚，且由于实验室中缺少简便的方法来区分毒力型和非毒力型菌株，所以各型*S.hyicus*都应被看作是潜在的毒力型菌株。因此，要选用对所有各型都有效的抗菌药。同时，自家疫苗应采用存在于病猪体内的全部各种菌型来制备。

（2）鉴别诊断　易与该病混淆的其他皮肤病变如下。

① 猪痘，仅见局部损伤，很少致死。

② 疥螨，搔痒，可找到螨。

③ 癣，扩散性的表层病变，可分离到真菌。

④ 玫瑰糠疹，环状扩散，不致死，病变部不含脂质。

⑤ 缺锌，仅见于断奶猪，对称性干燥病变。

⑥ 增生性皮肤病，仅在长白猪中遗传的致死性肺炎。

⑦ 局部创伤，如仔猪的面部咬伤和膝部擦伤，大猪木箱碰伤等，注意鉴别。此外，这种细菌还能在仔猪关节炎和母猪膀胱炎等病理条件下，甚至健康猪的皮肤上分离到。

三、预防和控制

1.加强饲养管理

① 加强环境卫生与消毒，减少病原菌对猪群和栏舍的污染。空

栏用3%烧碱水溶液喷湿后，再冲洗干净；再经火焰消毒后，用1：500的溴化二甲基二癸基烃铵等消毒剂喷雾消毒，备用。分娩舍由原来每周消毒1次改为每周2次，并彻底喷雾至铁栏挂有水珠，之后加强仔猪保湿并通风除湿。

② 加强种猪群冬春季节体表驱虫，杜绝疥螨病通过母猪传染给仔猪。

③ 加强饲养管理，减少仔猪创伤感染的机会。仔猪断尾、断脐、打耳号、阉割的用具要用消毒液浸泡消毒，伤口用碘酒消毒，减少细菌感染的机会。仔猪出生后皮肤较嫩，部分仔猪常跪着吃奶，膝关节处皮肤损伤严重，特别是新建猪场，有条件的猪场在仔猪生后5天内可用麻袋铺在铁床上，可减少很多创伤，缺点是劳动量较大。对于个别窝经常发生打架的仔猪，尤其是15日龄以后更加明显，除要求剪牙钳紧贴牙龈处剪牙外，可采用胶管或编织袋悬挂在产床上，以转移仔猪注意力。用气味较浓的过氧乙酸喷雾全窝仔猪，特别是对个别凶猛仔猪涂在鼻盘上，可减少打架发生。对打架造成皮肤严重损伤的仔猪，及时涂擦碘酒并注射阿莫西林。

2.免疫防控

用自家菌苗免疫产前母猪，有助于保护新引进母猪所产的仔猪，其抗体能有效地中和表皮脱落毒素对皮肤的侵害。自家疫苗应该用菌体细胞和含有表皮脱落毒素的培养上清液来制造。

四、中西兽医结合治疗

一旦发现病猪，马上进行隔离治疗效果最好。严重感染可能不见效果，但全身性治疗可减轻皮肤病变的程度，使之仅发生浅层的病变，并促进愈合过程。*S.hyicus*经常对抗生素具有耐药性，而三甲氧苄二氨嘧啶和磺胺或林可霉素和大观霉素联合使用，体外试验证明对*S.hyicus*有良好的抑制作用。同时，抗菌治疗时给予体液替代品或至少保障患畜清洁饮水供给，并结合皮肤抗菌消毒药的局部治疗，可以加速康复和防止感染扩散。治疗必须持续5天以上。有临诊症状的仔猪可能恢复较慢并表现为发育障碍。

1.西药治疗

（1）局部处理　0.1%高锰酸钾水清洗病灶，并在患处涂上龙胆紫；0.015%～0.05%癸甲溴铵溶液，或苯西卤铵乳膏（每支含苯扎氯铵0.0055克和西曲溴铵0.11克），局部清洁后涂抹。

（2）抗菌治疗　青霉素，5万单位/千克体重，肌内注射，2次/天，连用3～5天；或恩诺沙星，2.5～5.0毫克/千克体重，2次/天，连用3～5天；或氟苯尼考30毫克/千克体重，2次/天，肌内注射，连用3～5天；或用阿莫西林20毫克/千克体重，2次/天，肌内注射，连用3～5天。

（3）加强营养　饲料中补充维生素A、B族维生素和氧化锌等多种维生素矿物质。

2.中药治疗

（1）板蓝黄蒲散　板蓝根、黄芩、蒲公英各150克，金银花100克，甘草50克，共为细末，配合10%盐酸林可霉素100克，拌料50千克。集中饲喂。连用5～7天。

（2）防风汤　防风、荆芥、花椒、薄荷、苦参、黄柏各等份，水煎二沸，去渣，候温洗患部。

第十二节　猪衣原体病

一、概念

猪衣原体病是由鹦鹉热亲衣原体（旧称鹦鹉热衣原体）的某些菌株引起的一种人畜共患慢性接触性传染病。临诊上以妊娠母猪发生流产、死胎、木乃伊胎、产弱仔，各年龄猪发生肺炎、肠炎、多发性关节炎、心包炎、结膜炎、脑炎、脑脊髓炎，公猪发生睾丸炎和尿道炎为特征。由于大批怀孕母猪流产、产死胎和新生仔猪死亡，以及适繁母猪群空怀不育，已给集约化养猪业造成严重的经济损失。

鹦鹉热亲衣原体，是专性细胞内寄生物，属于衣原体科、衣原体属。在高倍显微镜下观察，衣原体有大小两种颗粒，大颗粒为网状体（RB），直径600～1500纳米，呈球形或不规则形，是衣原体繁殖期的形态特征；小颗粒为原体（EB），呈球形，直径200～400纳米，具有感染性。衣原体含有两种抗原：一种是耐热的，具有属特异性；另一种是不耐热的，具有种特异性。鹦鹉热亲衣原体对理化因素抵抗力不强。在70%酒精、2%来苏水、2%氢氧化钠、1%盐酸、3%过氧化氢及硝酸溶液中数分钟内可失去感染力。0.5%石炭酸、0.1%福尔马林于24小时内可将其杀死。56℃ 5分钟，37℃ 48小时灭活。在外界干燥的条件下可存活5周。在室温和日光下最多能存活6天，紫外线对衣原体有很强的杀灭作用。在水中可存活17天。常用消毒药可在短期内将衣原体灭活。衣原体对四环素类、氯霉素类、大环内酯类药物敏感，对氨基糖苷类及磺胺类药物不敏感。

本病的发生呈地方性流行或散发。其发生和流行受应激因素影响大，可造成大批发病，管理科学的猪群感染多呈亚急性经过。在大中型猪场，本病在秋冬季流行较严重，一般呈慢性经过。不同年龄、品种的猪均可感染，尤其是怀孕母猪和新生仔猪更易感，生长一肥育猪平均感染率在10%～50%。除过猪以外，至少还有包括人等16种哺乳动物、190种鸟类和家禽能自然感染本病。衣原体主要随鼻分泌物、粪便排出体外，流产胎儿、胎膜、羊水更具传染性。猪主要经呼吸道，也可由消化道感染。体表寄生虫可起传播媒介作用。各种健康带菌、隐性感染和发病动物都是本病的传染源。禽类与哺乳动物之间、哺乳动物与哺乳动物之间都可以相互传播，互为传染源。带菌的种公猪、种母猪成为幼龄猪群的主要传染源，种公猪可通过精液传染本病，所以隐性感染的种公猪危害性更大。持续地潜伏性传染是猪衣原体病的重要流行病学特征。

二、临诊特征与诊断

1.临诊症状

呼吸道和全身感染的潜伏期为3～11天。病猪食欲不振，体温

39～41℃，呼吸困难，听诊肺部有罗音。一个或多个关节发炎而疼痛跛行。或见神经症状。断奶前后的仔猪发生腹泻，公猪出现睾丸炎、附睾炎和尿道炎，而母猪则导致怀孕后期流产、弱胎或死胎。如果病原的毒力较弱，受感染的动物也可能不表现症状而呈隐性感染状态；但随着时间推移，毒株在猪体自然传代，毒力增强，尤其是在外界气候突变、饲养密度高、通风不良、卫生条件差等不利应激因素的刺激下，猪群可能突然暴发衣原体病，造成较严重的经济损失。

2.病理变化

剖检可见流产母猪的子宫内膜水肿、充血或出血（图3-27），分布有大小不一的坏死灶；流产胎儿皮下水肿，头颈和四肢出血，肝充血、出血和肿大；种公猪睾丸变硬，有的腹股沟淋巴结肿大，输精管出血，阴茎水肿、出血或坏死。衣原体性肺炎猪肺肿大，肺表面有许多出血点和出血斑，或见肺充血或淤血，质地变硬，气管、支气管内有多量分泌物。衣原体性肠炎仔猪肠系膜淋巴结充血、水肿，肠黏膜充血、出血，肠内容物稀薄，有的红染，肝、脾肿大。多发性关节炎病猪可见关节周围组织水肿、充血或出血，关节腔内渗出物增多。

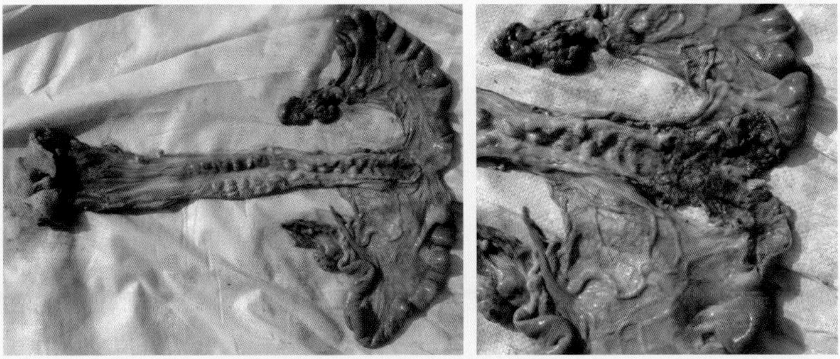

图3-27　子宫、阴道水肿、出血

3.诊断

猪衣原体病是一种多症状性传染病，对其诊断除了要参考流行病学、临诊症状和病变特征外，主要依据特异性血清抗体检测和病原分离鉴定等。

（1）直接染色观察　用各种病料做触片（涂片），自然干燥后，用甲醇固定5分钟，用姬姆萨染色30～60分钟，用pH值7.2的磷酸缓冲盐溶液或蒸馏水冲洗，晾干镜检。在油镜下可见衣原体小体被染成紫红色，网状体被染成蓝紫色。

（2）病原分离　将镜检发现有疑似衣原体颗粒的无污染的病料，用灭菌生理盐水按1∶4稀释，1000～2000转/分钟离心30分钟，在4℃冰箱过夜。取上清液接种7日龄以上发育良好的鸡胚，每胚0.4毫升卵黄囊内接种，蜡封蛋壳针孔，至37～38.5℃温箱孵育。收集接种后3～10天死亡的鸡胚继续传代，直至接种鸡胚规律性死亡（即接种后4～7天死亡）。初次接种分离时，有的菌株不致死鸡胚，应再盲传3～4代，接种鸡胚仍不死亡，且镜检未发现疑似的衣原体颗粒者，可判为阴性。对已污染的病料研磨粉碎后，用含链霉素（1毫克/毫升）和卡那霉素（1毫克/毫升）的PBS液1∶5倍稀释，2000转/分钟离心30分钟，取其上清液同样速度离心，连续3次，取上清液4℃冰箱过夜后，同上接种鸡胚。鸡胚要来自无抗体的母鸡。

（3）血清学检查　主要有补体结合试验、间接血凝试验、免疫荧光试验、琼脂免疫扩散试验、酶连免疫吸附试验（ELISA）等。其中间接血凝试验常被用于猪群血清检测。

三、预防与控制

1.建立封闭的种猪群饲养系统

由于衣原体拥有广泛宿主，采用封闭饲养系统可有效防止其他动物（如猫、野鼠、狗、野鸟、家禽、牛、羊等）携带的疫源性衣原体侵入和感染猪群。要做好灭鼠、灭蝇和灭蜱工作，严禁在猪场饲养鸽子、鹦鹉、家禽、牛、羊、猫等。坚持自繁自养，做好从外引种检疫工作，防止将病猪购入。

2.建立健全防疫卫生消毒制度

严格把好生产区大门通道、产房、圈舍与场区环境等的消毒质量关，以有效控制发生衣原体接触传染的机会。对流产胎儿、死胎、胎衣要集中深埋进行无害化处理，同时用2%～5%来苏儿或3%苛性钠等有效消毒剂进行严格消毒，加强产房卫生工作，以防新生仔猪感染本病。

3.建立完善的免疫接种计划

对血清学检查阴性的适繁母猪，在配种前注射猪衣原体流产灭活苗，每年免疫1次，以确保提供无衣原体感染的健康种猪。而确诊为感染衣原体的种公猪和母猪应淘汰，其所产仔猪也不能作为种猪。商品猪场，种公猪皮下注射2毫升，每年免疫1次；繁殖母猪于配种前后1个月皮下注射2毫升，每年1次，连续2～3年。

4.病原监测

对新引进的猪要隔离检疫，阳性者不得混群饲养。种猪群发现疑似衣原体病病例，要及时采集病料冷冻，送有条件的兽医诊断实验室做病原诊断，对确诊的阳性种公猪和母猪要及时淘汰处理，其后代要跟踪监测，不宜作为种用。通过两个以上产仔期观察，母猪群无衣原体引起的流产、死胎、产弱仔及新生仔猪围产期死亡发生，断奶仔猪群和育成猪群无衣原体引起的肺炎、肠炎、多发性关节炎、角膜结膜炎等病发生，可以初步认为实施以上的防制措施是有效的。

四、中西兽药结合治疗

1.西药治疗

出现临诊症状的母猪和仔猪应及时用四环素类药物治疗，也可以用金霉素、土霉素、红霉素、夹竹桃霉素、螺旋霉素等。

染病母猪，四环素，每天2克/50千克体重，口服，连用21天；发病猪群，四环素，200～600毫克/千克饲料，连续添加21天，能清除潜在性感染。

发病公猪，用维生素K_3，4毫克/50千克体重，肌内注射，1天2次，连用3天；氟苯尼考，40～100毫克/千克体重，肌内注射，1天1次，连用14天。

2. 中药治疗

车前草250克，旱莲草250克，鲜品饲喂或煎汤饮用，连用14天。此为50千克体重猪的用量。全场猪只不论患病与否，最好都应用。

第十三节　猪附红细胞体病

一、概念

猪附红细胞体病是由猪附红细胞体（猪嗜血支原体）引起的一种以贫血、黄疸、发热为主要临诊特征的人畜共患传染病。常与其他猪病混合感染，表现多种临诊症状，是严重影响养猪业的传染病之一。

根据病原的结构特征和16SrRNA序列，猪附红细胞体近年来被重新分类为柔膜细菌家族的成员，称作猪嗜血支原体。其椭圆形，平均直径0.2～2微米，能够黏附到红细胞膜的表面。被寄生的红细胞发生变形，细胞膜皱缩，呈现芒星状、锯齿状或者不规则状，也可围绕在整个红细胞上。其在红细胞上以直接分裂及出芽方式进行裂殖，不能用无细胞培养基培养，也不能在血液外组织中繁殖。对苯胺染料易于着染，革兰染色阴性，姬姆萨染色呈紫红色，瑞氏染色为淡蓝色。在油镜下，调节微调螺旋时折光性较强，嗜血支原体中央发亮，形似空泡。其对干燥、热和化学消毒剂抵抗力较弱，对低温有一定的抵抗力，可用10%甘油、10%马血清于-70℃保存。对青霉素类不敏感，而对强力霉素敏感。

附红细胞体寄生的宿主有猪、马、牛、兔、羊、狐、水貂、美洲驼、犬、鸡、猫和人等。附红细胞体寄生于红细胞表面、血浆及骨髓中，吸血昆虫（如蚊子、厩蝇、虱子等）叮咬被认为是其主要传播方式之一。摄食血液或含血的物质，如舔食断尾的伤口，被血污染的尿或互相斗殴，以及使用被污染的医疗器械等，均可以引起血源性传播。通过胎盘垂直传播可导致乳猪病死率升高。交配时，公猪可通过被血污染的精液传染给母猪。野猪对附红细胞体不易感，但家猪在各种年龄均易感，尤其是仔猪的发病率和病死率较高。多数动物对附红细胞体都具有易感性，且不同动物种属之间具有交叉感染性。截至目前，该病已在我国近30个省、市、自治区相继发生了感染人的情况，造成严重的经济损失。

病猪和带菌猪是其主要传染源。有报道指出，附红细胞体可长期寄生于动物体内，病愈可终身带毒。免疫防御功能健全时，附红细胞体和猪之间保持一种平衡，其在血液中的数量保持相当低的水平；而当猪受到强烈应激时，才表现出明显的临诊症状。血清学阴性猪也可能携带猪嗜血支原体并传给其他猪。该病潜伏期短、繁殖快，动物一旦受侵袭就会导致急性感染；尤其是受到长途运输、饥饿、疲劳、惊恐、切脾等应激刺激时，宿主抵抗力下降，更易发病而出现明显症状。本病的隐性感染率极高，常达90%以上。本病可与猪传染性胸膜肺炎、链球菌病、大肠杆菌病、弓形虫病、副伤寒、圆环病毒病以及猪瘟等并发感染。

二、临诊特征与诊断

1.临诊症状

人工感染切除脾脏的猪，潜伏期平均为7天。

（1）母猪　怀孕母猪在临产前后发生急性感染，表现厌食，体温40～41.7℃，乳房以及外阴部水肿。分娩后母猪极度虚弱，产乳量低，母性缺乏，所产仔猪发育不良，呈贫血状态，以致仔猪成活率极低。母猪分娩后逐渐痊愈。慢性感染母猪可表现繁殖障碍，如不发情或发情延迟、受胎率低、产弱仔等。

（2）哺乳仔猪　表现为皮肤和黏膜苍白、黄疸、发热、体质虚弱。哺乳前期，注射铁剂以补充铁元素，也难以改变仔猪呈贫血状态。发病后1至数日死亡，或抵抗力降低而易患其他疾病；一旦继发或混合感染，损失更加严重。

（3）断奶仔猪　断奶应激、互相殴斗、饲料更换均可诱发急性临诊型病症。病猪皮肤和黏膜苍白、黄疸、发热、精神沉郁、食欲不振，常因继发其他疾病而死亡。

（4）生长—肥育猪　初期皮肤潮红，尤以耳部最明显；耳朵表皮易脱落。发热，体温高达40℃以上，精神萎靡，食欲不振。粪干，尿黄或渐呈茶色。慢性病猪皮肤苍白、消瘦，有时出现麻疹样皮肤变态反应。发病率高而病死率低。

2.病理变化

急性期剖检可见淋巴结肿大、潮红，肺淤血水肿，肝、脾肿大，胆汁黏稠；肾肿大，质地脆弱；膀胱内尿液呈茶色。

病程较长的可见皮肤毛孔处有黄色或红褐色渗出物。皮肤、黏膜、浆膜苍白或黄染，皮下组织弥漫性黄染（图3-28、图3-29）。血液稀薄。心肌苍白松软。肾肿大、黄染，质地脆弱。肝、脾肿大，肝脏呈土黄色或棕黄色（图3-30）。胆囊内有浓稠的胆汁。肺脏呈暗红色，切面有大量渗出液，表面有灰白色坏死灶。全身淋巴结肿大、棕黄色或黄褐色。胃黏膜出血、水肿。膀胱黏膜有点状出血。肠道有针尖大小的出血点，肠壁菲薄，黏膜脱落。胸腔、腹腔及心包积液。

3.诊断

根据临诊症状，病猪发热、贫血、黄疸、尿黄或茶色尿，对外界反应迟钝，耳廓边缘变色和皮肤变态反应等，可作出初步诊断。确诊需依靠实验室检查。

图3-28　全身皮肤黄染

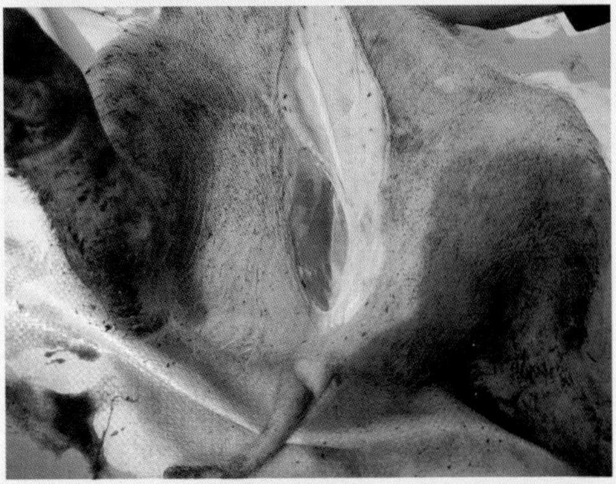

图3-29　皮下组织弥漫性黄染

图3-30　肝棕黄色、脾肿大坏死

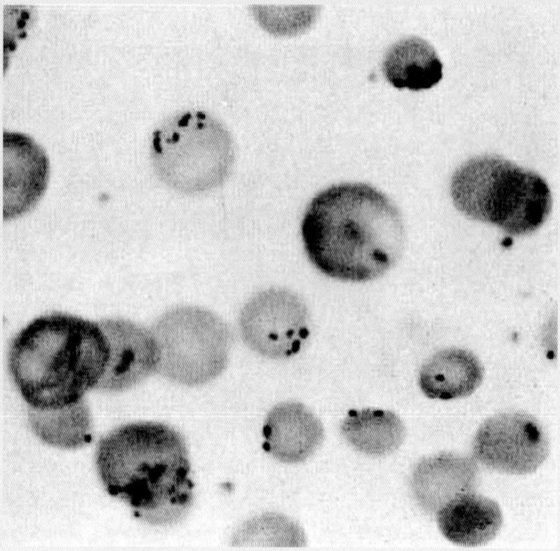

图3-31 血液涂片检查

（1）直接镜检　鲜血压片或涂片染色，附红细胞体呈椭圆形，其寄生的红细胞呈菠萝状、锯齿状或不规则状（图3-31）。这是当前主要的实验室诊断方法之一，可以检查附红细胞体的存在与感染程度。

（2）动物试验　这也是确认猪嗜血支原体病的方法之一。常用的实验动物是小白鼠，用仔猪做实验动物时需摘除脾脏。怀疑为附红细胞体病的猪切除脾脏后观察3～20天，若是带菌猪会表现出急性附红细胞体病的症状，通过查找血液中的病原体进行诊断。

（3）新技术　补体结合试验、间接血凝试验、荧光抗体试验、酶联免疫吸附试验以及聚合酶链式反应等，也可用于本病的诊断。

三、预防与控制

1.预防

预防本病要采取综合性措施，尤其要驱除媒介昆虫，做好针头、注射器以及伤口等的消毒，消除各种应激因素；将四环素类药或砷制剂等混于饲料中，可预防本病。对猪只进行定期血液检查，可以了解猪场内该病的感染情况，以便及时采取有效措施进行控制，减少损失。具体应采取以下措施。

① 加强饲养管理，防止饲料霉变。保持猪舍、饲养用具卫生，用2%苛性钠溶液消毒环境及用具。加强通风，搞好卫生，防止猪群拥挤，舍内温度突变，减少应激等是防止该病发生的关键。

② 该病流行季节，饲料添加阿散酸，100克/吨饲料，可预防本病的发生。或对氨基苯砷酸钠，50～100克/吨饲料，混匀投喂。群体投药。林可-大观霉素，14克/吨饲料混入饲料均匀饲喂；阿散酸，90克/吨饲料；或洛克沙生，25～37克/吨饲料，添加于饲料中混合投喂。

2.防控

对于已发病的猪实行隔离，加强全场消毒，定期用敌杀死药液加水，按0.1%浓度稀释后用喷雾器对猪群体表驱虫，杀灭猪虱和蚊虫。

四、中西兽医结合治疗

1.西药治疗

针对病原体的治疗，常用的治疗药物一般有抗菌药物（四环素类、氟苯尼考等）、抗血液原虫类药物（贝尼尔、咪唑苯脲、磷酸伯氨喹啉等）、砷制剂（对氨基苯砷酸等）。发热猪给以退热药，并配合葡萄糖、多维素饮水，临诊治疗效果较好。若病猪伴发其他疾病的混合感染，应给予相应的治疗，从而降低病死率，减少经济损失。

（1）长效土霉素　治疗量，连用3天；或血虫净（三氮脒、贝尼尔），5毫克/千克，用生理盐水稀释成5%溶液，深部肌内注射，每天1次，连用3天，病仔猪应加注补铁、补血针。体温在40.5℃以上注射安乃近退热，体温在40～40.5℃注射大青叶注射液。

（2）抗原虫药　早期应用疗效显著。三氮脒（贝尼尔），5～7毫克/千克体重，肌内注射，1次/天，连用2天，间隔2天后重复用药1次。配伍铁、硒制剂，效果更佳。

（3）尼可苏　2千克/吨饲料，混合投喂，连用10天，停药5天为1个疗程，连续使用3个疗程。治疗期间需确保猪只清洁饮水充足，同时肌内注射盐酸强力霉素10毫克/千克，可达到彻底治疗效果。

（4）长效抗菌剂（磺胺类）0.1毫克/千克体重，肌内注射，1次/2天，2次可基本治愈。

2. 中药治疗

（1）方剂一　地骨皮90克，茵陈60克，连翘、柴胡、贯众、使君子、栀子、花粉、黄芩、黄芪各30克，黄柏、木通、云苓、牛蒡子、桔梗各15克，黄连12克，粉碎均匀，拌料100千克，连用3～7天。

（2）方剂二　生石膏240克，水牛角（切碎）120克，黑栀子、玄参各90克，连翘壳60克，桔梗、黄芩、赤芍、生地、鲜竹叶、丹皮、紫草各30克，加水5000毫升，煎开20分钟取汁，按10～20毫升/千克体重计算，分早、晚饮用，药渣加入饲料中饲喂。

（3）附红散　贯众200克，使君子、大黄、槟榔、桑叶各120克，一枝黄花、茵陈、党参、白术各80克，按1∶500拌料，让猪自由采食，连用7天。

第四章 chapter four

猪寄生虫病

第一节　猪疥螨病

一、概念

猪疥螨病，俗称猪疥癣、癞，是由猪疥螨虫在猪皮肤内寄生而引起的，以持续性剧痒为特征的一种猪最常见的寄生虫病。中国养猪场几乎100%都有猪疥螨感染。由于猪处于持续性的剧痒应激状态，往往导致种猪消瘦、商品猪生长缓慢，饲料转化率严重降低，甚至死亡。但由于猪多呈现一种慢性、消耗性过程而没有明显的大量死亡，往往不易引起人们的重视，反而给养猪场造成了巨大的经济损失。

猪疥螨病是一种具有高度接触传染性的外寄生虫病。患病公猪可通过交配将其传染给母猪，母猪又可通过哺乳将其传给仔猪，而断奶仔猪之间也可互相接触传染。如此反复，形成恶性循环。此外，病猪搔痒脱落在外界环境中的疥螨虫体和虫卵，可污染栏舍、用具等而成为重要的传染源。

二、临诊特征与诊断

1.临诊特征

猪疥螨病的最主要症状是剧烈瘙痒，病猪到处摩擦或以肢蹄搔擦患部，甚至将患部擦破出血，以致患部脱毛、结痂，皮肤肥厚，形成皱褶和龟裂。病猪精神、食欲、生长发育都受到很大影响而消瘦。依据临诊表现可分为过敏反应型与过度角质化型两种类型。

（1）过敏反应型　主要见于断奶后的生长猪，最为常见，也最容易被忽视。一年四季都可发生，但以春夏、秋冬换季较为多发。由于瘙痒，病猪常在墙壁、猪栏、圈槽等处摩擦病变部位，造成局部脱毛、皮肤变红、组织液渗出，干涸后形成痂皮。在螨虫感染3周后，猪头部皮肤，尤其是耳、眼、鼻周围开始出现小痂皮，随后蔓延至整个体表、尾部和四肢。病变部位出现红斑、丘疹，并引发迟发型和速发型超敏反应，造成强烈痒感。寒冷季节因脱毛裸露皮肤，体温大量散发，体内蓄积脂肪被大量消耗而消瘦；有时继发感染严重时，可致猪死亡。

（2）过度角质化型　过去教科书和报刊所描述的疥螨多指此型。多见于经产母猪、种公猪和成年猪。它是随着病程的发展和过敏反应的消退，一般在数月后，猪皮肤出现过度角质化和结缔组织增生，皮肤变厚，形成大的皱褶、龟裂、脱毛与被毛粗糙多屑等变化，故也称为慢性疥螨病。常见成年猪耳廓内侧、颈部周围、肢下部，尤其是踝关节处形成灰色、松动的厚痂。总之，剧痒、脱毛、结痂、皮肤皱褶或龟裂和金色葡萄球菌混合感染后形成湿疹性渗出性皮炎、患部逐渐向周围扩展和具有高度传染性为该病特征。

2.诊断

对疥螨感染的诊断，瘙痒比发现螨虫更可靠。虫体检查可在患部与健康部位交界处，将刀刃与皮肤表面垂直，刮取皮屑、痂皮，直至皮肤稍微出血。将刮取的病料加入到含有10%苛性钠（或苛性钾）溶液的试管内，加热煮沸，待毛、痂皮等固体物大部分被溶解，再静置20分钟，吸取管底沉渣于载玻片上，用低倍显微镜检查，有时能发现疥螨的幼虫、若虫和虫卵。疥螨幼虫为3对肢，若虫为4对肢。疥螨卵呈椭圆形、黄色、较大（155微米×84微米），卵壳很薄。初产卵未完全发育，后期卵透过卵壳可见到已发育的幼虫。症状不明显者，可检查耳内侧皮肤刮取物中有无虫体。由于患猪常啃咬患部，有时用水洗沉淀法做粪便检查时，可发现疥螨虫卵。

三、预防与控制

很多杀螨药只能将猪体的成虫杀灭而不能杀死虫卵或幼虫，后者经过7～10天的成长又可成为具有致病作用的成虫，并排出体外。同时，环境中的疥螨虫和虫卵也是一个十分重要的传染源。因此，简单地用药治疗患病个体不能从根本上解决问题，而必须是病猪隔离治疗与全场预防相结合，预防驱虫配合环境杀虫，并在7～10天后再次对环境进行1次净化，才能达到较好的驱虫效果。

（1）皮下注射1%伊维菌素注射液　妊娠母猪分娩前10～15天注射1次，种公猪每年至少注射2次，或全场一年春秋全面注射各1次。后备母猪转入种猪舍或配种前10～15天，仔猪断奶后进入育肥舍前。生长育肥猪转栏前，外购商品猪或种猪当日，各注射1次。注射用药见效快、效果好，但操作有一定难度，有注射应激。

（2）0.6%伊维菌素预混剂饲料中添加　每吨饲料添加300克，连用7天。适用于各阶段猪，且使用方便，无应激。

（3）环境杀螨　可用1∶300的杀灭菊酯溶液或2%敌百虫溶液，彻底消毒猪舍和用具，以消灭散落的虫体。同时，对粪便和排泄物等采用堆积高温发酵法进行虫体与虫卵杀灭。

四、中西兽医结合治疗

1.西药治疗

（1）药浴或喷洒疗法　20%杀灭菊酯乳油，300倍稀释，或2%敌百虫稀释液或双甲脒稀释液，全身药浴或喷雾治疗，7～10天后再重复1次。务必全身都喷到，并用该药液喷洒圈舍地面、猪栏及附近地面、墙壁，以消灭散落的虫体。

（2）饲料添加疗法　每吨饲料添加0.2%伊维菌素预混剂，肥育猪1～1.5千克，种公猪和怀孕母猪4～5千克，怀孕后期90天至哺乳结束的母猪3千克，连用7天。或0.2%伊维菌素预混剂与5%芬苯达唑预混剂合剂，肥育猪1千克，连续使用7天，或0.5千克，连续使用14天；种公猪和怀孕母猪4～5千克，怀孕后期90天至哺乳结束的母猪3千克，连用7天。

（3）皮下注射杀螨剂　1%伊维菌素注射液或1%多拉菌素注射液，0.3毫升/10千克体重，皮下注射。

（4）综合感染治疗　对疥螨和金色葡萄球菌综合感染猪，在上述治疗的同时，还要配合用利巴韦林、青霉素类的药物粉剂，与2%敌百虫水剂混合均匀后，进行全身外表患处涂抹治疗，每天1～2次，连续使用5～7天。

（5）辅助治疗　在药浴或喷雾治疗后，于猪耳廓内侧涂擦杀灭菊酯与凡士林软膏（1∶100比例配制），进行辅助治疗。

2.中药治疗

（1）狼毒硫黄散　狼毒60克，百部、当归各20克，蛇床子、巴豆、木鳖子、荆芥各15克，共为细末。硫黄30克，冰片10克，研末另包。植物油1千克烧热，将前7味药放入，慢火熬5分钟，候温加入硫黄、冰片末，混匀。先将患部皮肤用温肥皂水刮洗干净，待干后擦药于患处。1次/天，连用1～2天。若病猪患区皮肤面积过大者，可隔日分区涂擦，以免中毒。

（2）硫黄石灰散　硫黄粉6份，生石灰4份，水90份。将少量的水加入生石灰中，搅拌后再倒入硫黄粉，边搅拌边加入，然后煮沸30分钟，待液体呈棕红色为止，晾凉后取上清液进行喷洒，仔猪应再增加1倍的稀释量，治疗后间隔7天再治疗1次，共治疗2～3次。

（3）灭疥散　枯矾45克，硫黄30克，花椒、蛇床子各25克，雄黄15克，为细末，油调涂擦患处。功能杀虫灭疥，主治猪疥癣。使用时注意防止猪互相舔食，以免中毒。

第二节 仔猪球虫病

一、概念

仔猪球虫病是指由艾美耳属和等孢属球虫引起的一种以仔猪腹泻、消瘦及发育受阻乃至死亡为特征的仔猪消化道疾病。成年猪多为带虫者，主要危害集约化猪场8～15日龄仔猪群，故又称“十日龄腹泻”。在临诊上易与仔猪黄痢、白痢和轮状病毒等引起的仔猪腹泻相混淆，常造成误诊，抗生素治疗无效，给养猪生产造成严重的经济损失。一年四季均可发生，猪场饲养管理不良，猪舍阴暗、潮湿、通风不良、卫生条件差，发病率较高；尤其是塑料大棚条件下饲养，棚内可保持温度在18～30℃，湿度大，都有利于球虫卵囊的孢子化，发育为感染性卵囊，更是增加了球虫病的发生机会。如果混合感染细菌性和病毒性疾病，则损失更为严重。

球虫靶器官是猪小肠，在肠黏膜组织内进行内生发育，产生虫卵，称作卵囊，通过显微镜可以见到。卵囊随粪便排出体外，在土壤中可存活4～9个月。在适当的温度、湿度和氧气条件下，卵囊在1～3天内形成孢子化卵囊，才能感染其他猪。后者被猪吞食后，孢子在消化道释出，侵入肠上皮细胞，经裂殖生殖和配子生殖后，形成新的卵囊，再随猪粪排出体外，从而导致产房内仔猪的反复感染。

二、临诊特征与诊断

1.临诊特征

患病仔猪初期精神沉郁、怕冷、食欲下降，初期排出黏稠而伴有强烈酸奶味的奶油状粪便，色白到色黄，1～2天后逐渐发展为水样腹泻，但不出现血便。腹泻多发生在8～10日龄，发病率为50%～70%，可持续4～6天。部分仔猪能自行康复，但生长迟缓，造成同窝仔猪生长发育不均。严重者精神沉郁、吸乳减少，因脱水而消瘦，皮肤及黏膜苍白，病死率可达20%。如果同时感染大肠杆菌、轮状病毒或冠状病毒等，临诊症状则更为严重，可出现相关症状。

剖检可见空肠、回肠有急性炎症。肠道黏膜肿胀变性甚至糜烂坏死，常有糠样的异物覆盖，上皮细胞坏死脱落，肠壁变厚，浆膜表面不透明。肠系膜淋巴结或见充血、肿大，其他脏器病变不明显。

2.诊断

根据流行病学、临诊症状、病理变化和抗生素治疗无效等特点可作出初步诊断。虽然对腹泻粪便可用漂浮法检出卵囊，但也有卵囊不排出的情况，因此最好是在小肠内查出内生发育阶段的虫体。取病猪病变肠黏膜直接涂片镜检，若发现大量近乎圆形的淡黄褐色等孢球虫卵囊以及裂殖体和裂殖子等，即可确诊。注意与轮状病毒感染、地方性传染性胃肠炎、大肠杆菌病、梭菌性肠炎和类圆线虫病等进行鉴别诊断，尤其是它们可与球虫病同时发生，必须引起足够的重视。

三、预防与控制

本病很难根治，而且用于防治的药物并不多；尤其是球虫病发展迅速，常因治疗太晚而不能获得稳定的良好治疗效果。因此，加强预防才是最好的控制办法。

1.搞好环境卫生

产仔前必须清除掉产房中的母猪粪便，尽量减少仔猪接触母猪粪便的机会；并在空圈的情况下应用50%以上的漂白粉或氨水消毒数小时以上，或采用熏蒸消毒。在每次分娩后，应对猪圈再次消毒，以防新生仔猪感染。以戊二醛为基础的复合型消毒剂（如腾骇复合醛、安灭杀等），可有效杀死球虫卵囊，明显降低猪球虫病的发病率。猪粪应集中堆积、发酵处理，以杀灭猪球虫等寄生虫虫卵；做好杀虫灭蝇工作，以减少球虫病的传播。

2.加强饲养管理

应采用“全进全出”的方法，减少仔猪的寄养，避免交叉感染；保持饲料新鲜与饮水洁净，减少寄生虫繁殖的机会，从而减少球虫病的发生。应限制饲养人员，并严防宠物进入产房与大力灭鼠，以防止将卵囊带入产房与散布。

3.药物预防

主要是针对母猪进行综合预防驱虫。或由于仔猪球虫病常常发生在7日龄左右，故在发病前2～3天先对全窝仔猪投药是可能的。由于小猪仍要吃奶，每头仔猪应口服治疗5天。

（1）地克珠利、盐酸氨丙啉和一些磺胺类药物　对球虫效果较好。

（2）伊维菌素、阿维菌素　对疥螨等寄生虫驱除效果较好，但对球虫无效，对猪体内移行期的蛔虫幼虫等效果也较差。

（3）阿苯达唑、芬苯达唑　对蛔虫、鞭虫、结节虫等线虫及移行期的幼虫、虫卵都有较强的驱杀或抑制作用，但对猪球虫无效。

（4）仔猪预防治疗　在仔猪球虫病发病严重的猪场，可在仔猪3～6日龄（5日龄最佳）时使用磺胺二甲氧嘧啶和泰乐菌素复方制剂溶液或5%的三嗪酮悬液，对小猪进行灌服，有一定预防效果。

四、中西兽医结合治疗

1.西药治疗

药物混饲预防哺乳仔猪球虫病效果不甚理想，而加入饮水中或将药物混于铁剂中效果可能比较好；但个别给药是治疗本病的最佳方法。

（1）磺胺类　磺胺二甲基嘧啶、磺胺间甲氧嘧啶、磺胺间二甲氧嘧啶等，连用7～10天。

（2）抗硫胺素类　氨丙啉、复方氨丙啉、强效氨丙啉、特强氨丙啉、磺胺喹噁啉（SQ），20毫克/千克体重，口服。莫能霉素，饲料添加，60～100克/吨。拉沙霉素，饲料添加，150毫克/吨，喂4周。

（3）百球清口服液（甲苯三嗪酮） 按0.4毫克/千克体重，经口1次灌服。

（4）辅助治疗 患病仔猪应同时灌服口服补液盐，或采取其他辅助方法，以防止仔猪腹泻而脱水死亡。

2. 中药治疗

（1）球虫止痢散 墨旱莲、白头翁各20克，苍术、乌梅、常山、甘草各10克，苦参、黄柏、地榆、白茅根、柴胡各15克，共为细末，3～5克/头，用水调成糊状涂于母猪乳头上，仔猪吃乳时吸服。或混饲。

（2）薏苡仁附子败酱散加味 败酱草、苦参各60克，金银花、土茯苓各30克，丹参18克，紫花地丁、薏苡仁各15克，丹皮10克，木香6克，附子3克。将上药置于锅内加热水2500～3000毫升，浸泡30分钟，武火煮沸10分钟左右后调为文火煎20分钟，冷却取药液1000毫升左右，10只仔猪混饮或拌料饲喂，每天1剂，连用1～3天。

（3）五草散 旱莲草、地锦草、鸭跖草、败酱草、翻白草各等份，每头猪用50～100千克，水煎灌服，每天1剂，连用3～5天。

第三节 猪弓形虫病

一、概念

猪弓形虫病又称弓形体病或弓浆虫病，是由弓形体感染猪而引起的一种以高热、呼吸及神经系统症状、动物死亡和怀孕动物流产、死胎、胎儿畸形为主要特征的人畜共患病。弓形体可感染人和多种动物。猫是它的唯一终末宿主，中间宿主包括人、猪、牛、羊、兔、犬、鹿等45种哺乳动物，鸡、鸽等70种鸟类和5种冷血动物。

弓形虫在整个发育过程中分五种类型：滋养体（又称速殖子）、

包囊、裂殖体、配子体和卵囊。其中滋养体和包囊在中间宿主体内形成的，裂殖体、配子体和卵囊在终末宿主（猫）体内形成。孢子化卵囊被猪吞食侵入机体后，卵囊和孢子囊即被消化，子孢子随淋巴、血液循环散布于脑、心、肺、肝、淋巴结和肌肉等全身多种器官和组织，并在细胞中寄生和繁殖，形成包囊（内有滋养体），致使脏器和组织细胞遭到破坏，同时毒素引起发热及各脏器和神经、肌肉等组织的水肿出血、坏死等变化。包囊被猫食入后，便在肠壁开始进行裂殖生殖，形成裂殖体；其中一部分在小肠内进行大量有性繁殖，变为大小配子体。大配子体产生雌配子，小配子体产生雄配子，雌雄配子结合为合子，约经24天发育成抵抗力强的孢子化卵囊，随猫粪排出并长期存在于自然界，成为人和动物的重要传染源。

二、临诊特征与诊断

1.临诊特征

我国猪弓形虫病多发生在25千克以上的架子猪，尤以乳猪多见，3～5月龄猪发病严重。成年猪虽也可感染，但多数无症状。在5～11月份温暖季节发病较多，可呈散发性或暴发性的急性发病，但绝大多数呈隐性感染。暴发时，可在短时间内使整个猪场的大部分猪或几幢猪舍的大部分猪发病。

（1）急性感染　潜伏期3～7天，病初体温升高至40.5～42.9℃，高热稽留热型，持续3～10天或更长时间，食欲逐渐减退而至废绝，精神沉郁甚或昏睡，结膜发绀；尿液呈橘黄色，粪便多数干燥。

多见于初产怀孕母猪，可发生流产、早产或产出发育不全的仔猪、死胎、木乃伊胎或空怀等繁殖障碍，有的于短期内死亡或失明或后躯运动失调等，也有的病猪常在分娩或流产后自愈。所产弱仔猪多在出生3～5天后死亡。

断奶仔猪或见肠炎及神经症状，粪便水样，不恶臭；呼吸困难，常呈腹式呼吸而有犬坐姿势，频率可达60～80次；或见咳嗽，鼻常流出水样或黏性鼻液，鼻盘干而有污染。腹部、股内侧、颈部、鼻端和耳部出现紫红色血斑块，腹股沟淋巴结明显肿大、发黑。病猪耳形成痂皮，甚或干性坏死。此外，还可见到癫痫样发作、呕吐、全身不适、震颤、麻痹、不能站立等神经症状。病重者一般经1周左右死亡，耐过后体温下降，食欲逐渐恢复，转为慢性，长期带虫，故往往生长不良，形成僵猪。

（2）亚急性感染　或见咳嗽、呼吸困难、癫痫样的痉挛发作、运动障碍、后躯麻痹不能站立和斜项等脑神经症状，或出现视网膜脉络膜炎甚至失明。一般在10～14天后，弓形体发育增殖受阻或被杀灭，病情慢慢恢复，体温逐渐下降，食欲逐渐恢复。

2.剖检病变

急性病死猪，全身淋巴结肿大、出血，有坏死小斑点。肺部高度水肿，小叶间质增宽，并充满半透明胶冻样渗出物，或见并发肺炎变化。脾肿大，色棕红。肝脏呈灰红色，有散在性坏死小斑点。肾有不同程度的出血点，肠系膜淋巴结肿大。

3.诊断

根据流行特点、临诊症状及剖检病变可初步诊断，但确诊需进行实验室检查。检查可取急性病例肝、脾、肺和淋巴结等组织做抹片，用姬姆萨或瑞氏染色，油镜观察可见有月牙形或梭形虫体，核红色，细胞质为蓝色者，即为弓形虫感染。

（1）与猪丹毒鉴别　急性败血型猪丹毒病猪皮肤外观发红，不发绀，粪便不呈暗红色或煤焦油样，无呼吸困难症状。亚急性猪丹毒病例，皮肤出现方形、菱形疹块，突起于皮肤表面。剖检可见脾脏呈樱桃红色或暗红色。慢性病例可见心瓣膜有菜花样血栓赘生物。

（2）与猪瘟鉴别　猪瘟虽然可见全身性皮肤发绀，但不见咳嗽、呼吸困难等症状。剖检可见肾脏、膀胱点状出血，脾脏有出血性梗死。慢性病例可见回盲瓣处纽扣状溃疡，肝脏无灰白色坏死灶，肺脏无间质增宽与胶冻样物质充盈。

（3）与猪肺疫鉴别　猪肺疫胸部听诊可以听到罗音和摩擦音，

叩诊肋部疼痛，咳嗽加剧。剖检可见肺被膜粗糙，有纤维素性薄膜，肺切面呈暗红色和淡黄色相交的大理石样花纹。

（4）与猪链球菌病（败血型） 猪链球菌病，关节型表现出跛行，神经型表现共济失调、磨牙、昏睡症状。剖检可见脾脏肿大1～2倍，暗红色或蓝紫色。肾肿大，出血、充血，少数肿大1～2倍。

（5）与猪附红细胞体病鉴别 猪附红细胞体病表现为咳嗽、气喘，叫声嘶哑。可视黏膜先充血后苍白，轻度黄染，血液稀薄。剖检时血液凝固不良，肝脏表面有黄色条纹坏死区。

（6）与猪焦虫病鉴别 猪焦虫病有呕吐，眼结膜初期充血，后变苍白或黄白。剖检可见全身肌肉出血，特别是肩、腰、背部较为严重，呈红色糜烂状。血液涂片用甲醛固定，姬姆萨-瑞氏混合染色镜检，红细胞内有圆形、环形、椭圆形、单梨形或双梨形虫体存在。

三、预防与控制

加强饲养管理，保持猪舍卫生、定期消毒。对病死猪要一律焚烧深埋，病猪舍用苛性钠液消毒，并用百毒杀（溴化二甲基二癸基烃铵）喷洒消毒1～2次，以防止疫情扩散。猪场禁止养猫，并严禁外来犬、猫进入养殖场或猪舍；要随时灭鼠，禁止给猪喂食生碎肉，或啃食死老鼠等。饲养人员不得与猫接触，以防误食猫排出的卵囊。

四、中西兽医结合治疗

1.西药治疗

早期治疗均能收到较好效果，而如果用药较晚，虽可使临诊症状消失，但却不能抑制虫体进入组织形成包囊，从而使病猪成为带虫猪。

（1）全场病猪 肌内注射磺胺-6-甲氧嘧啶，50毫克/千克体重，每天1次，连用3～5天。

（2）未发病猪　20%磺胺间甲氧嘧啶或TMP混饲，首次2000克/吨料，1天后改为1000克/吨料，维持治疗6天；或磺胺甲基异噁唑（SMZ）内服，100毫克/千克体重，每天1次，连用5～7天。

（3）辅助治疗　由于磺胺嘧啶溶解度较低，较易在尿中析出结晶，内服时应配合等量碳酸氢钠，并增加饮水。

2. 中药治疗

（1）石膏大青散　病猪不爱吃食、精神沉郁、体温41℃以上、粪干、黏膜潮红。可用石膏大青散，即石膏60克，大青叶、金银花、连翘、黄芩、生地、川军、生甘草各30克，煎汤服，每日每头1剂，连用3剂。

（2）青蒿苦参散　青蒿、苦参各30克，地丁15克，石菖蒲12克，黄连、常山、使君子、柴胡各10克，贯众5克。上述药中加水1500毫升，煎取药液至500毫升，等分成2份，于早、晚2次拌料饲喂。

（3）辅助中药方　在用磺胺药的同时，辅助以清热解毒止咳的中药，可以提高西药疗效。绿豆、大米各500克，用水浸泡；鲜鱼腥草500克，鲜韭菜1千克，切碎与绿豆、大米共捣烂，再加食盐、葡萄糖各200克，加开水约3000毫升冲服，10头仔猪，1天2次，连用3天。

第四节　猪蛔虫病

一、概念

猪蛔虫病是由猪蛔虫寄生于猪小肠引起的一种营养消耗性疾病。病仔猪生长发育不良，增重率可下降30%；严重者生长发育停滞，形成“僵猪”，甚至造成死亡。该病呈世界性流行，集约化养猪场和散养猪均有广泛发生。我国猪群感染率为17%～80%，平均感染强度为20～30条，是造成养猪业损失最大的寄生虫病之一。

猪蛔虫是寄生于猪小肠中最大的一种线虫。新鲜虫体为淡红色或淡黄色，中间稍粗，两端较细的圆柱形。雄虫长15～25厘米，尾端向腹面弯曲，形似鱼钩。雌虫长20～40厘米，虫体较直，尾端稍钝。头端有3个唇片，一片背唇较大，两片腹唇较小，排列成品字形。虫卵有受精和未受精之别。前者短椭圆形，大小为（50～75）微米×（40～80）微米，黄褐色，卵壳厚，由4层组成，最外一层为凹凸不平的蛋白膜，向内依次为卵黄膜、几丁质膜和脂膜，内含一个圆形卵细胞，卵细胞与卵壳间两端形成新月形空隙；后者较狭长，平均大小为90微米×40微米，卵壳薄，多数无蛋白质膜，内容物为很多油滴状的卵黄颗粒和空泡。

雌虫寄生在猪小肠中，每天平均可产卵10万～20万个，多则可排100万～200万个，一生可产卵3000万个。虫卵随粪便排出，在适宜的外界环境下经11～12天发育成含有感染性幼虫的卵，其感染性在牧场或猪舍可长达7年甚至更久。其被猪吞食后在小肠中孵出幼虫，并进入肠壁的血管到肝脏，经腔静脉、右心室和肺动脉而移行至肺脏，由肺毛细血管进入肺泡，经过一定时间的发育，再沿支气管、气管上行，随黏液经会厌、食管至小肠而发育为成虫，再以黏膜表层物质及肠内容物为食而寄生。从幼虫感染猪到再次回到小肠发育为成虫，共需2～2.5个月。虫体在猪体内寄生7～10个月后死亡，随粪便排出。

二、临诊特征与诊断

1.临诊特征

猪蛔虫病流行很广，饲养管理较差的猪场均有本病发生；尤以3～5月龄的仔猪最易大量感染猪蛔虫，常严重影响仔猪的生长发育，甚至发生死亡。其临诊特征主要表现为两个方面。

（1）幼虫移行

至肝脏时，引起肝组织瘀血、出血、变性或坏死，形成大小不等的乳白色蛔虫斑（或称乳斑）（图4-1）；移行至肺时，引起蛔虫性肺炎，表现为咳嗽、呼吸增快、体温升高、食欲减退、精神沉郁、伏卧在地、不愿走动。幼虫移行时还可引起嗜酸性粒细胞增多，出现荨麻疹和某些神经症状类的反应。

（2）成虫寄生　主要通过夺取营养，使仔猪发育不良，常是造成“僵猪”的一个重要原因，严重者可导致死亡。在小肠寄生时，可机械性地刺激肠黏膜，引起腹痛；或数量多时常凝集成团，形成肠梗阻甚或导致肠破裂（图4-2）。或可进入胆管，造成胆管堵塞，引起黄疸等症状。成虫还可分泌毒素而作用于中枢神经和血管，引

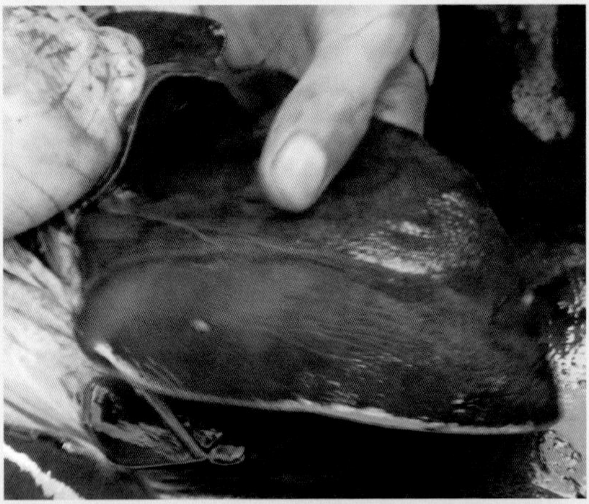

图4-1 肝脏淤血、乳白色斑块

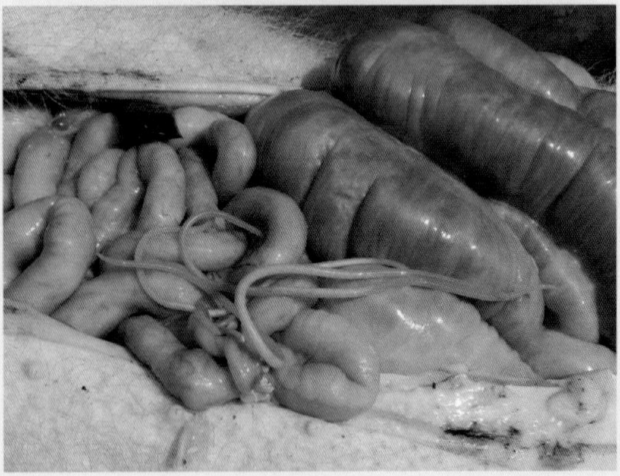

图4-2 蛔虫阻塞肠道

起一系列神经症状。

2.诊断

对2个月以上的仔猪，可用饱和盐水漂浮法或直接涂片检查虫卵。死后剖检在小肠和胃内查到成虫，或采用贝尔曼幼虫分离法从捣碎的肝、肺组织内查到幼虫，即可确诊。有条件可采用免疫学诊断法：用蛔虫抗原注射于仔猪耳背皮内，若1～2分钟后局部皮肤出现红色—紫色—红色晕环、肿胀者，可判为阳性。

三、预防与控制

首先要加强饲养管理，保持猪舍、饲料和饮水的清洁卫生；产房和猪舍在进猪前应彻底清洗和消毒；对猪粪和垫草应在固定地点采用堆集发酵的方法杀灭虫卵。其次，对全群猪驱虫要定期驱虫，公猪每年驱虫2次，母猪产前1～2周驱虫1次，转入产房前要用肥皂清洗全身；仔猪转入新圈舍时驱虫1次，引进猪需驱虫后才能并群。再次，在散养育肥猪场，对断奶仔猪进行第1次驱虫，4～6周后再驱1次虫。农村散养群，建议在3月龄和5月龄各驱虫1次。驱虫首选阿维菌素类药物。

四、中西兽医结合治疗

1.西药治疗

（1）阿维菌素类药物　阿维菌素或伊维菌素，0.3毫克/千克体重，皮下注射或口服；或多拉菌素，0.3毫克/千克体重，皮下注射或肌内注射。

（2）混饲药物　甲苯咪唑，10～20毫克/千克体重；或氟苯咪唑，30毫克/千克体重；或左旋咪唑，10毫克/千克体重；或噻嘧啶，20～30毫克/千克体重；或丙硫咪唑，10～20毫克/千克体重，混饲喂服。

2.中药治疗

（1）乌梅散　乌梅10克，干姜、黄连各7克，当归、附子

（炮，去皮）、桂枝、党参各6克，蜀花椒（炒香）、黄柏各5克，细辛3克。共研为细末，开水冲调，候温灌服，每日1剂。主治猪胆道蛔虫，也可用于久痢之证。服药4小时后，可投服大黄30克、芒硝50克，以驱除中毒麻痹之虫体，提高驱虫之效率。

（2）使君川楝汤　使君子6克，川楝子3克，鹤虱6克，水煎1次灌服或拌料服。在服药前停食一顿，服后5～8小时虫体可自行排出体外，注意随时清理。

（3）南瓜子散　生南瓜子15千克捣碎，混合15千克芒硝，拌入日粮内服，2次/天。

（4）槟榔使君散　槟榔20克，石榴皮、使君子、苦楝树皮各25克，乌梅3个，水煎取浓液，25千克重的猪1次空腹内服或混饲服；也可10天后再喂1次。或花椒50克，文火炒黄、捣碎，加乌梅50克，研碎，混合加温水调稀，45千克重的猪1次服。或鲜苦楝树根皮25克，去掉外层老皮，水煎去渣，可加糖适量，10～15千克的猪空腹1次灌服或拌料服，体弱者可分2次服。同前，通常在用药几小时后在饲料中添加泻药，以加快蛔虫排出体外，并及时冲洗处理粪便，以免再次感染。

第五章 chapter five

母猪疾病

第一节　产后泌乳障碍综合征

一、概念

产后泌乳障碍综合征（PPDS）是指在第一头仔猪出生后72小时内，母猪泌乳量下降或无乳的一类疾病。其发生原因非常复杂，涉及的因素多达30余种，而其中以传染性因素、应激刺激、激素失调和营养管理不当四大因素为主。以往多称为乳腺炎-子宫炎-无乳综合征（MMA），或围产期少乳、围产期母猪泌乳不足、母猪无乳综合征、泌乳衰竭综合征、毒血症性无乳症、产褥热等，是一个遍及全球的产后母猪常发疾病，尤其是近年来在规模化猪场更加多发，有流行蔓延之势。

二、临诊特征与诊断

母猪分娩后第2～3天泌乳减少或完全停乳。仔猪哺乳正常，但常因吃不饱而总是围着母猪乱跑，追赶吮乳，抢乳头，焦躁不安，不停尖叫，饮吮地面脏水或尿而全窝突然发生腹泻，消瘦露脊背，生长缓慢和病死率升高。本病多散发，无传染性，以盛夏多见；既可单发，亦可群发，多发于第2胎或第3胎分娩母猪。过肥母猪和带有杜洛克血缘的老龄体弱母猪有多发倾向，后部乳房较前部多发。不同原因所致，其临诊特征也有所不同。结合流行病学特点及环境饲养因素等，尤其是仔猪的临诊表现，即可作出诊断。

1.传染性因素所致PPDS

由蓝耳病、传染性胃肠炎、猪伪狂犬病、猪流感等病毒感染所致，大都有原发病特征性症状，可通过其病原学特异性检查进行诊断。由乳腺炎、泌尿道感染、子宫内膜炎等所致，可见发热，24小时后直肠温度高于40℃，精神差，厌食或不食，约半数以上的母猪24小时内出现泌乳减少，常伴有相应的特征性症状，但也有临诊表现不明显的亚临诊感染。

（1）急性乳腺炎　多表现为一个或多个乳腺发热、肿胀，严重者整个乳腺复合组织变硬，指压留痕。患病乳腺乳汁量少甚至无乳，色黄浓稠，含有脓样絮状物或血，或稀薄如水样。母猪对仔猪淡漠，对哺乳要求没有反应，甚或拒绝仔猪吮乳。

（2）膀胱炎-肾盂肾炎综合征　多见亚临诊感染，体温、食欲、精神、尿液均无明显异常，但排尿次数增多、尿量减少，尿后动作持续，有未尽的感觉。少数可表现厌食、排尿频繁或困难、血尿、脓尿。尿液血色或红棕色，浑浊，氨气味浓。

（3）子宫内膜炎　阴门红肿，阴道排出黏性或脓性污红色腥臭液体，频频努责做排尿姿势，不愿哺乳仔猪。

2.非传染性因素所致PPDS

母猪除泌乳少或无乳外，其他临诊症状都不明显。乳房坚实而充满乳汁，外观与乳汁均无明显变化，但就是没有泌乳。或可见母猪体质瘦弱，乳房不膨大而松弛，乳头不下垂，用手按摩后挤压不出乳汁或量很少。结合饲养管理及环境因素与仔猪的变化，即可发现应激刺激、激素失调或营养管理不当等方面的因素存在。如分娩时产房及环境卫生条件差、温度与湿度剧烈变化，突然更换饲料；

噪声过大、注射疫苗或药物，遭受惊吓；难产或产程过长、创伤出血、胎儿滞留、仔猪相互争斗、疥螨严重感染、蚊蝇叮咬；妊娠后75～100天，没有实行限饲，导致过量摄入能量，体况过肥；而100～112天营养供给（采食量）不足，或赖氨酸、缬氨酸、异亮氨酸及维生素、微量元素和矿物质缺乏，导致母猪瘦弱，乳腺膨胀程度很差而干瘪；以及饲料霉变，或年老体弱，胎次过高，乳腺退化等。

三、预防与控制

1.传染性因素所致PPDS

主要是针对原发病进行综合预防与控制。如根据本地区与本场疫情，切实做好蓝耳病、传染性胃肠炎、猪伪狂犬病、猪流感等病的疫苗免疫接种工作，一旦发现有其发生时，严格按照有关疾病的防疫规范进行处理，以尽快扑灭疫情，最大限度地减少经济损失。其次，针对急性乳腺炎、膀胱炎-肾盂肾炎综合征、子宫内膜炎所致的PPDS，除过平时应加强环境卫生与饲养管理等措施外，可参考其本病进行药物防治。分娩前1天至分娩后2～3天，每天早晚2次测母猪直肠温度，以及早观察发现病猪。对分娩24小时后体温高于40℃的母猪，应进行及时治疗。

2.非传染性因素所致PPDS

（1）改善产房与环境卫生条件，减少应激不良刺激　母猪产前5～7天进产房，以适应新环境。产房要保持安静、通风、定期清洗、消毒，以减少各种传染性因素。温度以18～25℃为宜，不可过高，尤其是夏天，要用湿帘、滴水法或风扇防暑降温，防止热应激；不可过低，取暖灯不要直接对着母猪和乳房。产前要用0.1%高锰酸钾、百毒杀或聚维酮碘溶液等对外阴和乳房消毒，挤掉乳头的“乳头塞”及头1～2滴奶，以顺利排乳。分娩过程中尽量少干扰母猪，助产时要严格消毒。仔猪吃足初乳后，将其上下左右8枚犬齿剪平，以防咬伤母猪奶头和相互啃咬。产房地面不能太粗糙，也不能太滑，以免造成乳头损伤或不利于采食与活动。

（2）加强饲养管理，保持饲料营养需求　一般在配种后7天限饲，母猪饲喂全价料1.8千克/（头·天）；怀孕后75天前，1.8～2.5千克/（头·天），目测分保持5分制中2.5～3分的中等体况；75～100天，饲喂2.5～2.8千克/（头·天），100～112天，饲喂2.8～3.5千克/（头·天），尽量使其体况达到5分制中的3～3.5分，为产后泌乳提供足够的营养储备，防止过肥和过瘦。产前3天开始适当减料，但不能换料。分娩前1天降到1千克/（头·天），当天停喂料，但绝对不能缺水，最好饮麸皮盐水。要保证母猪产前产后充足饮水，水流量每分钟至少1.5升。产后第2天恢复喂1千克，以后每天可增加1千克，1周后敞开喂，能吃多少喂多少。切忌分娩后第1～2天过急喂过量料，以免易造成产后不食，导致泌乳减少。

（3）严把饲料原料关，不喂霉变饲料　妥善保存饲料，切忌饲喂霉变饲料，必要时可于饲料中适当添加霉菌毒素吸附剂。

（4）辅助保健与疾病预防　产前15～30天，给母猪肌内注射亚硒酸钠维生素E注射液10～15毫升，对内毒素有一定保护作用。患疥螨的，可皮下注射1%伊维菌素3毫升/100千克体重。对有附红细胞体威胁的，产前可注射1次长效土霉素，10毫升/头，以减少病原数量。

（5）产后注射前列腺素类激素　分娩后12小时内，用40毫米针头，于大腿内侧深部肌内注射前列腺素$F_{2\alpha}$注射液10毫克或氯前列醇钠0.2～0.3毫克；或减半用12毫米针头于阴户注射，但禁止静脉注射。它们可彻底溶解残留的妊娠黄体，终止内源性孕酮分泌，使催乳素浓度升高而有效保证泌乳，从而降低PPDS的发生率。但不能与非类固醇类抗炎药物同时应用。

四、中西兽医结合治疗

产后泌乳障碍综合征发病原因非常复杂，无论是西兽医还是中兽医治疗，都需要在其发病原因有一个比较明确的认识与确定的基础上进行，以便做到有的放矢。

1.西药治疗

（1）抗感染治疗　对由大肠杆菌等革兰阴性菌和葡萄球菌、链球菌等革兰阳性菌引起的乳腺炎、膀胱炎、肾盂肾炎、子宫内膜炎、产后败血症等患病母猪，可进行抗感染治疗。有条件的应在药敏试验的基础上使用抗生素。

① 阿莫西林2克/头、磺胺2克/头、TMP0.4克/头，分别于颈部两侧注射，连用3天；或长效土霉素10～15毫升/头，1次肌内注射。母猪分娩前后1周，饲料添加泰妙菌素100毫克/千克、金霉素400毫克/千克，或阿莫西林100毫克/千克、泰妙菌素100毫克/千克；或分娩前3～5天添加磺胺二甲嘧啶、甲氧苄氨嘧啶和磺胺噻唑等药物，可以降低产后乳房炎的发生。

② 青霉素400万～600万单位/头、链霉素200万～300万单位/头或4%庆大霉素10～20毫升/头，或2.5%头孢喹诺10～15毫升/头，或氧氟沙星或恩诺沙星20毫升/头。对亚临诊感染者，多由细菌内毒素所致，首选庆大霉素。以上药物3～5天为1疗程。

③ 对严重感染性疾病，在有效抗菌的前提下，也可配合使用地塞米松作辅助治疗，以迅速缓解病情。肌内注射，15～20毫克/(头·天)。使用时尽量应用较小剂量，病情控制后应减量或停药，时间不宜过长。

（2）提高抗应激能力　饲料添加有机硒和有机铬等有机微量元素，能有效地提高分娩母猪的抗应激能力。饲料中增加多种维生素，尤其是当环境温度超过32℃时，在每千克饲料中添加维生素C 500毫克与维生素E 200国际单位，可提高产仔母猪机体免疫力、抗热应激能力和采食量。添加小苏打0.6%～0.8%，可缓解哺乳母猪呼吸性酸中毒，提高抗热应激能力；但切勿与维生素C同时添加。添加电解多维和金银花、板蓝根、黄芩、刺五加等植物提取物，也有较好效果。

（3）催产素疗法　催产素能促进乳腺细胞和乳腺导管周围的肌上皮细胞收缩，松弛大的乳导管的平滑肌，使乳腺胞腔的乳汁迅速进入乳导管而诱导排乳，是目前最常用的刺激母猪乳汁生成的方法。但正常分娩的母猪中不提倡使用催产素，以免注射后乳汁失禁射出而造成大量的初乳浪费，甚至导致以后排乳障碍。

① 对功能紊乱引起的无乳，可皮下注射或肌内注射催产素20单位/次；静脉注射或阴唇内侧或外侧注射10单位/次效果更好。2小时1次，至少连用6次；或每天3～4次，连用2天。最好用药前1小时隔离仔猪，用药后15分钟再解除隔离，以减少仔猪的吮乳刺激。

② 对于因应激和攻击行为造成的泌乳障碍，可使用氯丙嗪一类镇静剂，一是能消除不安和攻击行为，二是能增加催乳素的分泌，对分娩后有攻击行为的初产母猪特别适用。盐酸氯丙嗪2毫克/千克体重或马来酸乙酰丙嗪1毫克/千克体重，1次肌内注射。之后再注射催产素，可提高治愈率。

③ 对病因不明或亚临诊感染性泌乳障碍，可采用抗生素+催产素+地塞米松方法试治。1次肌内注射亚硒酸钠维生素E 10～15毫升，有一定的治疗作用。

（4）仔猪护养及支持疗法　为防止更多的仔猪因饥饿而死亡，可利用牛奶、羊奶或奶粉配制代乳品进行人工哺乳，每1～2小时喂1次。病情严重的无乳病例所生初生重小的仔猪，需尽早寻找“奶妈”寄养。严重者可内服补液盐水或腹腔注射补充液体。

① 口服补液。NaCl 3.5克、KCl 1.5克、$NaHCO_3$ 2.5克、葡萄糖20克，加水溶解至1000毫升，使用时加0.1克多维与0.04克柠檬酸，自由饮水或灌服20～50毫升/次。

② 静脉或腹腔补液。5%糖盐水18毫升、乳酸环丙沙星2毫升。腹腔补液注射方法是倒提仔猪双后肢，于仔猪倒数第1、第2对乳头之间的腹中线右侧1厘米处，用7号头皮针缓慢补液。

2. 中药疗法

对非传染性因素所致的母猪产后气血亏虚、乳少、无乳或乳汁不通，可选用催乳药进行治疗。

① 王不留行、穿山甲各35克，水煎冲虾米250克（捣碎）或鲜虾500克，加入红糖200克，1次调料喂服，每天1剂，连用2～3天。或王不留行40克，川芎、通草、当归、党参各30克，桃仁20克，研末，加鸡蛋5个作引喂服。或大米、鲜蚯蚓各500克，捣碎，加食盐适量煮成稀粥，冲生姜30克（捣碎），米酒120克喂服，每天1次，连用3天。或甘草、王不留行各25克，通草15克，路路通、漏芦、丝瓜络、陈皮、大枣、白芍、黄芪、当归、川芎、熟地、党参各20克，共研末或煎汤调在饲料中喂给。

② 兽用中成药“下乳涌泉散”，每次喂3包，1次/天，连喂3天；或人用药“通乳颗粒”，每次10包；或复方王不留行片，每次20片，2次/天，连服2～3天。

③ 新鲜胎衣洗净后煮汤喂母猪。或鲫鱼或小鱼虾，煮汤拌入饲料中，或藕节100克捣烂拌食，2次/天，连服2～3天。

第二节　母猪繁殖障碍性疾病

一、概念

母猪繁殖障碍性疾病又称母猪繁殖障碍综合征，是指由各种原因所致的以母猪发生不发情、不孕、流产、早产，或产出无活力的弱仔、少仔、死胎、木乃伊胎、畸形胎等为主要特征的一类繁殖障碍性疾病。其发病原因很多，可分感染因素与非感染因素。前者主要包括病毒感染、细菌感染、真菌感染与原虫感染等；后者既有母猪遗传性疾病或母猪生殖器官发育不全等先天原因，也有后天疾病或营养失调、管理不善等造成的子宫内膜炎、难产、肢蹄病、应激类疾病、断奶后不发情、配种后不受胎等，以及霉菌毒素中毒、某些维生素和微量元素缺乏、饲喂冰冻饲料、机械性损伤、妊娠期间药物使用不当或中毒。此类疾病已成为大中型猪场最重要的疾病之一，造成的经济损失非常巨大，应引起足够的重视。

二、临诊特征与诊断

母猪出现下列一种或一种以上临诊表现者，就可认为是患有繁殖障碍性疾病；但感染性因素确诊需要病原学特异性诊断，非感染性因素可以根据临诊特征、流行病学及饲养管理等方面的考察作出诊断。

1.流产

流产是指母猪在怀孕期未满时就发生妊娠过程中断，胎儿在未完成发育前产出、死亡或产后不久死亡等情况。母猪流产前多有异常表现，或见短时间的体温升高、食欲消失等临诊症状，但很快恢复。根据其发生在妊娠不同时期，流产可以分为早期流产与晚期流产。前者多发生在妊娠前30天，多由猪细小病毒、猪瘟病毒等早期感染所致。母猪多因胚胎被吸收而出现重新发情。而后者多发生在妊娠后期（107～112天），多由经典型蓝耳病、伪狂犬病、布氏杆菌病等所致。还有一种延期流产，是指超出预产期若干天，母猪产出已死胎儿。

2.早产

早产是指提前15天以上产出不足月活仔猪者，而与流产不同。早产胎儿一般体重较小、营养状况欠佳、活力较差。

3.弱仔

弱仔是指母猪分娩正常，但部分或全部新生仔猪活力甚弱，不吃奶或拱奶无力，不能站立或呆立、哀鸣、发抖，甚或发生腹泻、体温正常或稍低，常于出生1～3天后死亡的情况。

4.死胎

胎儿在子宫内已完成发育，怀孕已近足期，或已期满或推迟若干天，产出已死的胎儿。其胎儿大小与同窝的活仔猪相同，但眼睛下陷。因未呼吸过，肺组织尚未扩张，在水中易下沉。有的产前10多天已无胎动，但一般分娩顺利。可出现活仔与死仔交替产出，或全部是死亡仔猪的情况。多由猪伪狂犬病等所致。

5.木乃伊胎

母猪妊娠期正常，分娩也顺利，但在所产的活仔或死胎中，有一具或数具干尸化胎儿，或全部是干尸化胎儿，故也称胎儿干尸化。可见胎儿肢体干缩，但形体可辨，呈棕黄色、棕褐色或灰黑色，胎膜污灰色，常有腐臭味。或见母猪妊娠期大大超过，却仍无分娩迹象。其原因多是因为在妊娠35天以后，胎儿已经开始形成钙质结构，死亡后水分被母体吸收而形成木乃伊。多见于猪伪狂犬病等。

6.死胚

在怀孕前35天之内，胚胎骨骼未形成钙质前死亡，可见完全流产。胚胎在受孕后10天之内死亡，因为还未定植于子宫，则母猪在正常发情期稍后几天可重新发情。多见于蓝耳病、伪狂犬病等。

7.产仔不足

母猪妊娠分娩都正常，但产仔数不足5头。这种情况多为妊娠35天以前，部分胚胎于早期感染死亡，后被母体吸收所致。

8.畸形胎儿

母猪产出仔猪形体异常，多已死亡。也有胎儿个体较正常大1～2倍者，多由乙脑、猪瘟等病所致。

9.发情异常或屡次配种不孕

母猪在繁殖期内数月不发情，或发情周期紊乱，或见发情周期正常，但却屡次配种不孕。多为病毒性病因所致，胎儿骨骼钙化后而全部致死，既不产出，也不能完全吸收，造成母猪持久不孕；或因细菌感染引起母猪流产，或因胎衣不下而致子宫炎造成不孕。另外，母猪过肥、缺乏运动、营养失调、雌激素分泌不足、霉菌毒素中毒等，也可导致不发情或不排卵。

10.滞后产

母猪怀孕期满而不产仔，多见延长数天或10多天才分娩，胎儿多已死亡。常见乙脑等病。

11.假妊娠

配种后不再发情，乳房膨胀，也有乳汁泌出，过预产期若干天也不见分娩。常见玉米赤霉烯酮中毒或注射雌激素等。

三、预防与控制

母猪繁殖障碍性疾病的发生与流行是由多因素所致，传染性和非传染性因素交织在一起，病毒与病毒、病毒与细菌、细菌与细菌、细菌或病毒与寄生虫等多病原混合感染和继发感染普遍存在，很难找到单一病原。因此，平时要切实做好疫苗接种等预防性工作；而在发病的情况下，应根据流行病学特点、临诊症状、剖检变化等综合分析，作出初步诊断，再结合实验室检测结果最后确诊，并采取综合防治的办法。对于没有治疗价值的病残猪，应及时淘汰。

1.切实做好免疫接种预防

根据本地区及猪场的疫情、发病季节、疫苗产生抗体时间和免疫期的长短，合理规划，切实做好伪狂犬病、猪瘟、蓝耳病、日本脑炎、细小病毒病和布鲁菌病等免疫接种工作，做到有计划、有步骤地程序化免疫。尤其是对后备母猪，一定要在配种前就做好猪瘟、伪狂犬病、细小病毒、乙脑疫苗的接种工作，而不要在妊娠期接种猪瘟疫苗。乙脑要选弱毒苗，两胎以上可不接种。细小病毒尽可能使用灭活苗。这两种苗首免要在150日龄以上，间隔2～3周，加强免疫一次效果更佳。商品猪场伪狂犬病可使用全病毒灭活苗，种猪场可选用基因缺失弱毒苗。

2.做好疫病监测与种群净化

最好每半年对种公猪、种母猪病毒性繁殖障碍性疫病的免疫抗体水平进行1次检测。猪瘟和伪狂犬病可采取活体猪扁桃体荧光抗体试验，检查出阳性（带毒）猪一律立即淘汰。经过3～4次净化，猪瘟、伪狂犬病可得到完全控制。伪狂犬病接种基因缺失弱毒苗后，配合使用ELISA试剂盒进行鉴别诊断，定期对野毒感染阳性猪做淘汰处理。要从知名度高的种猪场引种，引种后应严格隔离饲养和检疫。45天后，检疫结果阴性者，并在接种有关疫苗产生免疫力后，方可与本场猪混养。

3.加强饲养管理，防止饲料霉变

根据种猪的各阶段营养需要合理配制饲料，特别是要保证矿物质元素钙、磷、铁、铜、锌、锰、碘、铬、硒和维生素E，以及限制性氨基酸及赖氨酸的足量供应与营养平衡。避免给猪造成各种应激刺激，不饲喂霉变饲料。如发现小母猪外阴部红肿，公猪睾丸萎缩，出现“雌性化”时，应注意饲料霉变，必要时可采用脱霉剂进行饲料脱毒处理。

4.搞好环境卫生，加强生物安全措施

定期对猪舍地面、墙壁、设施及用具进行消毒处理，消灭鼠、蝇、蚊，严防狗、猫、飞鸟等其他动物进入猪舍。对病猪粪尿、乳、流产胎儿、胎衣、羊水及病死猪尸体进行焚烧等无害化处理，对健康猪的粪、尿进行发酵处理。加强冬季保温与夏季防暑降温，并保持舍内空气流通。适当增加光照，可促进母猪发情。严禁近亲繁殖，以杜绝畸形和幼稚病的出现。

四、中西兽医结合治疗

对于感染性因素所致的繁殖障碍性疾病，应主要针对病原进行防控；尤其是对蓝耳病、猪瘟与伪狂犬病等一类传染病，要以不散布病原与控制疫情发展为核心。在严格隔离与不散布病原的前提下，对温和性猪瘟、经典型蓝耳病及其他没有暴发流行的感染性疾病进行抗感染与对症治疗，以减轻疾病所造成的经济损失。

1.西药治疗

（1）母猪阴道炎或子宫炎　生理盐水500毫升、160万单位青霉素×5支，充分溶解后，用消毒后的导管灌入阴道或子宫内，连续用药3次，再配合中药治疗效果更好。氯前列烯醇1.5～2支（0.3～0.4毫克），肌内注射，24～48小时可排出子宫积液与积脓，疗效显著。

（2）不发情　8个月龄以上后备母猪不发情，可肌内注射氯前列烯醇0.2毫克，3～4天发情即可配种。经产母猪断奶后不发情，多见于初产母猪，可肌内注射氯前列烯醇0.4～0.5毫克，4～6天发情暂不配种，等18～21天后到下一个自然发情期时再配种，效果更好。或可在孕期112天注射1次氯前列烯醇，产后第2天再注射1次，不但能诱导产仔，预防子宫炎、阴道炎，还能促进泌乳。

（3）延迟生产　有些母猪孕期超过115天，甚至120天不见产仔，可用氯前列烯醇2支（0.4毫克），可促进死胎、木乃伊胎与干尸化胎儿等在2～3天后排出。

2. 中药治疗

（1）母猪不发情　初产或经产母猪，仔猪断奶后不能按期发情，或停止发情者，可用阳起石、淫羊藿各40克，当归、黄芪、肉桂、山药、熟地各30克，碾成粉末，拌入饲料1次喂服，每日1剂，连服3剂。或淫羊藿、阳起石（酒淬）、益母草各6克，香附、菟丝子各5克，当归4克，粉碎过筛，按比例混匀，每头猪每次30～60克，拌料喂给。

（2）不孕　母猪发情正常，但配种不怀孕者，可用益母草、鸡血藤各50克，当归、焦山楂、淫羊藿各25克，甘草15克，红糖50克，黄酒50毫升，共研为末（红糖、黄酒除外），开水冲泡，加入红糖、黄酒，1次喂服，每天1次。用于保健，在产后3天开始服药，连服3剂；用于促孕，在发情前3天服药，连服3剂；屡配不孕猪治疗，在发情前6天开始服药，连服6剂。

（3）产后康复　产后瘀血腹痛、恶露不行、小腹冷痛者，可用全当归24克，川芎9克，桃仁（去皮尖，14枚）6克，干姜（炮黑）、甘草（炙）各2克，加黄酒、童便各300毫升，煎取400毫升，去渣，候温分3次喂前灌服；加穿山甲、山楂、党参、香附，治产后子宫收缩不全，能加速子宫复原，减少宫缩腹痛，促进乳汁分泌；产后胎衣不下者，前方加党参、黄芪、益母草、牡丹皮；产后腹痛寒凝重者，加吴茱萸、肉桂、荆芥；产后腹痛气血亏者，加党参、熟地黄、山药、阿胶；产后发热者，减炮姜，加益母草、赤芍、丹参、牡丹皮、知母、黄柏；产后恶露，加益母草、蒲黄。若产后血热而有瘀滞者，则非本方所宜。

（4）湿浊带下　脾虚肝郁，带下色白，清稀如涕，肢体倦怠，舌淡苔白，脉缓或濡弱者，可用山药（炒）20克，党参、白芍（酒炒）、白术（土炒）、车前子（酒炒）、苍术（制）、荆芥、柴胡各10克，甘草7克，陈皮5克，加水1000毫升，煮取500毫升，去渣，候温灌服。对慢性子宫内膜炎、慢性阴道炎，并见功能不足者有治疗作用。

第三节　母猪产后泌尿生殖系统疾病

一、概念

母猪产后泌尿生殖系统疾病是指母猪产后最容易罹患的急性乳腺炎、子宫内膜炎、膀胱炎-肾盂肾炎综合征和产褥热等泌尿生殖系统疾病。它们与前两节介绍的“产后泌乳障碍综合征”与“母猪繁殖障碍性疾病”有很大的重叠性，但又重点不同，有其专属性。为了更加深入地对其做一了解，现做一专门的介绍。

1.急性乳腺炎

中兽医也称乳痈、奶癀，是指由大肠杆菌、葡萄球菌、链球菌等感染所引起的一个或多个乳腺的炎性病症。

2.子宫内膜炎

中兽医或称恶露不尽，是指由于母猪难产、产道损伤、助产时消毒不严、分娩时间过长、死胎及胎衣碎片滞留、胎衣不下等所引起的子宫内膜炎症感染。其常见致病菌包括大肠杆菌、链球菌、葡萄球菌、变形杆菌、克雷伯杆菌等。

3. 膀胱炎-肾盂肾炎综合征

是指由大肠杆菌、化脓性隐秘杆菌、链球菌、葡萄球菌、猪放线杆菌等感染所引起的膀胱与肾盂炎症。

4. 产褥热

也叫产后败血症，是指由于母猪患前几种疾病治疗不及时，致病菌及其毒素进入血液，发展为严重的全身性疾病。

二、临诊特征与诊断

感染母猪最主要的表现就是发热，产后24小时直肠温度就可超过40℃。而高于40.5℃者，多提示随后将出现严重的败血症或脓毒血症。但须注意，健康母猪在第1头仔猪出生后、分娩后12小时与分娩后24小时的直肠温度正常值分别为（39.4±0.3）℃、（39.71±0.3）℃、（40.0±0.3）℃，别当成是病理性发热。半数以上的母猪产后24小时内出现泌乳障碍综合征（PPDS）的表现，并有精神差、厌食或不食、便秘等发生。此外，还有如下各自的特征性症状。

1. 急性乳腺炎

乳腺发热、肿胀；急性和严重者乳腺出现坏死和化脓表现，或整个乳腺复合组织变硬，指压留痕。患病乳腺乳汁量少甚至无乳，乳汁异常，色黄浓稠，含有脓样絮状物或血，或稀薄如水样。母猪对仔猪感情淡漠，对仔猪的尖叫和哺乳要求置之不理，或常趴卧在地上不让仔猪吮乳。毒血型或坏疽性乳腺炎可见乳区全部肿胀，皮肤紫红斑、坏死，多预后不良。严重者常可造成死亡。

2. 膀胱炎-肾盂肾炎综合征

多数病例呈亚临诊感染，体温、食欲、精神、尿液均无明显异常，但排尿次数增多，1天不少于4次，每次排尿量减少，每次不足1升。尿液排完后，动作却仍持续，有没尿尽的感觉。少数典型病例可见厌食、排尿频繁或排尿困难，用尽力气才能排出一点点尿液，或见血尿、脓尿。尿液红棕色、浑浊，含有黏液、血液及脓汁，氨气味浓。或在后期可见带血或不带血的脓性阴道排出物。

3.子宫内膜炎

患病母猪阴门红肿，阴道中不断排出黏性或脓性红褐色的腥臭污浊液体，先稀薄后稠厚。母猪频做努责排尿姿势，不愿哺乳仔猪。若治愈不及时，可拖延转为慢性，导致发情失常、屡配不孕。注意，母猪产后1～3天常见阴道分泌水样清亮至发白的液体，称为恶露，属于正常情况，别错当子宫内膜炎分泌物。

4.产褥热

其特点是母猪高热稽留，直肠温度41～41.5℃，病猪精神萎靡、战栗、食欲废绝、泌乳量骤减或无乳、磨牙、耳尖及肢端厥冷、呼吸急促。多数从阴门排出恶臭、红褐色污物，或见关节热痛，难以行走，极度衰竭或昏迷状。

三、预防与控制

主要是加强饲养管理，减少围产期各种应激因素的刺激。分娩前1天至分娩后2～3天，每天早晚2次监测母猪直肠温度，及早观察发现病猪。如果分娩24小时后，体温仍高于40℃，应进行预防性治疗。

1.加强生物安全

对产房进行定期清洗、消毒，减少各种传染性因素。产前用0.1%高锰酸钾或聚维酮碘溶液等对母猪外阴和乳房进行消毒处理，并用手挤掉“乳头塞”及第1～2滴奶，以促使母猪顺利排乳。助产时要严格对器具消毒，助产过程要尽量做到无菌操作。产房地面与产床不能太粗糙、有毛刺，以免损伤母猪乳头。

2.预防治疗

对于母猪产后泌尿生殖系统疾病高发的猪场，或前次分娩时有发病经历的母猪，可于产前3天或产后3天按推荐剂量肌内注射

1次长效阿莫西林注射液，或长效土霉素。同时分别于产前和产后7天，用复方替米先锋（每袋40克拌料60千克）、水溶性阿莫西林300毫克/千克、公英散/益母草联合拌料，以防止产后因机体虚弱而感染病原菌致病。或产后立即或最迟不超过8小时，对母猪肌内注射青霉素G 400万单位、链霉素200万单位，2次/天，连用2天；或1次肌内注射头孢噻呋10毫升或长效土霉素15毫升。乳房水肿者禁止穿刺，可采取加强运动、进行热敷等措施。

四、中西兽医结合治疗

1.西药治疗

对有临诊症状，由大肠杆菌等革兰阴性菌和葡萄球菌、链球菌等革兰阳性菌引起的乳腺炎、膀胱炎、肾盂肾炎、子宫内膜炎、产褥热等患病母猪，首先应采用抗生素疗法。有条件的应进行药敏试验，没有条件的可根据经验选取广谱抗菌药物或采用联合用药的方式治疗。同时，可配合使用5%氟尼新葡甲胺注射液等动物专用解热、镇痛、抗炎、抗应激和抗内毒素药物，以辅助抗生素作用。肌内注射每50千克体重2毫升，必要时在第2天可再次使用。对严重感染者，在足量应用有效抗菌药物的前提下，也可配合使用地塞米松做辅助治疗。肌内注射每天15～20毫克，以迅速缓解病情，度过危险期。此外，地塞米松对治疗乳房水肿也有效，但孕猪禁用。

（1）乳腺炎　应先冷敷后温敷，每天用温肥皂水毛巾按摩乳房3～5次，每次10～20分钟，并用手或吸奶器每隔几小时挤奶10～15分钟，排净残乳，以促进肿胀和炎症消除与疼痛的缓解；但坏疽性或化脓性乳腺炎严禁按摩与热敷。其次，肌内注射青霉素400万国际单位、链霉素150万～200万国际单位、地塞米松10毫克、催产素20国际单位，2次/天，连用3～5天。再则，用青霉素320万国际单位、0.5%盐酸普鲁卡因40毫升，进行乳房基底部封闭治疗。即在乳房实质与腹壁之间的空隙，用封闭针头平行刺入4～8厘米后注入药物；或分6～8个点注入乳房基底部周围。每天1次，连用3～5天。

病情严重有全身症状者，除用抗生素配合地塞米松治疗外，还要进行强心补液、解除酸中毒、退烧等对症治疗。如可采用2.5%氧氟沙星20毫升、地塞米松25毫克与5%葡萄糖氯化钠注射液500毫升，混合静脉滴注。同时，每6小时外阴内侧注射催产素10国际单位，连用4次，可促使乳中病菌及毒素排出，提高疗效。并经常引导仔猪去拱母猪乳房并吸吮乳头。

（2）膀胱炎-肾盂肾炎综合征　有条件的，对首发病例的尿液进行药敏试验，可选用庆大霉素、青霉素、头孢菌素类、大环内酯类、四环素类抗生素或氟苯尼考。对某些混合感染病例，青霉素类或头孢菌素类与氨基糖苷类抗生素联用，仍是首选。

（3）子宫内膜炎　可选用5%碘酊5～10毫升溶于500毫升生理盐水，进行子宫冲洗。之后及时注射催产素20～30国际单位，以促进子宫炎性分泌物排出。最后，用20～40毫升注射用水稀释青霉素、链霉素各200万国际单位，或用强效阿莫西林2克，灌入子宫。

（4）产褥热　大剂量抗菌药物加补液疗法。后者可加入5%碳酸氢钠注射液或维生素C注射液，以防止酸中毒；加安钠咖、樟脑磺酸钠等强心剂及子宫收缩剂、钙剂等，以改善全身状况，增强心脏活动。

2.中药治疗

（1）乳痈

① 急性乳腺炎、乳腺红肿热痛者，可用公英散。蒲公英、丝瓜络各15克，银花12克，连翘、通草、芙蓉花各9克，穿山甲6克，共研细末，开水冲调，候温灌服。

② 乳腺小叶增生、触捏疼痛、肿块可移动者，可用化癖二联汤。肉桂、半夏、没药各60克，白芥子、柴胡、浙贝母各70克，当归、十大功劳、青皮、土鳖虫、淫羊藿各90克，海藻120克，甘草、两头尖各40克，水煎服，日服2次，2天1剂。

③ 乳痈硬肿热疼、乳汁不通者，可用萱草根25克、三颗针皮20克，煎汁一次内服；或鲜萱草根适量，捣烂敷于乳房肿痛处，干即更换。

④ 化脓性乳腺炎，可用金蒲汤。金银花、蒲公英各100克，当归50克，皂角刺40克，穿山甲、乳香、没药、益母草、木通、黄柏、紫花地丁各20克，甘草10克，水煎，每天1剂，分早晚2次服，重者可日服2剂。

⑤ 乳痈溃烂、日久不愈者，用桑木炭（研末）500克，五倍子（炒黑存性）、露蜂房（炒存性）各250克，混合研细；香油适量熬浓，调上药末敷于患部，每日换药1次。或黄花地丁60克，紫花地丁、芙蓉花各50克，大蓟40克，煎汁内服，每天1剂，其渣敷于患处；或用鲜品绞汁内服，渣捣烂外敷。

（2）膀胱炎　膀胱炎、尿淋漓者，可用加味猪苓汤。猪苓、茯苓、滑石各45克，桔梗30克，阿胶（烊化）18克，每天1剂，煎汤，分早晚2次灌服；尿短淋漓者，加马鞭草、玉米须、车前子；尿血者加白茅根、茜草炭。或用五淋散。栀子30克，茯苓24克，当归、芍药各18克，甘草10克，煎汤灌服；热重者，加金银花、黄芩、连翘等；尿淋者，加瞿麦、萹蓄、石韦，木通、夏枯草等；尿血者，加小蓟炭、血余炭、墨旱莲、茜草炭；便秘者，加大黄、郁李仁、火麻仁。或白石汤。鲜白花蛇舌草、石韦根各250克，煎水1碗，候温灌服，每天2次。

（3）子宫内膜炎　产后母猪体温升高，常卧地不起，四肢末梢及耳尖发冷，泌乳减少，呼吸加快，或见阴道中流出带血分泌物，可出现不食者，可用益母草、地丁草各100克，车前草、夏枯草各80克，黄芩60克，黄连、香附子各50克，金银花、枳壳、陈皮、厚朴各40克，猪苦胆1个，加醋200毫升，煮沸后加入稀饭中一次喂给，每天1次，连喂3天；完全不吃的，煎好药液用胃管灌服。或五花汤。千里光40克，金银花、野菊花、败酱草、桑白皮各30克，芙蓉花、代代花、绿梅花、土茯苓、地骨皮各20克。气血亏损者加黄芪、党参、白术，脾胃虚弱者加炒白术、山楂、麦芽，命门火衰者加附片、肉桂、山萸肉、五味子、枸杞子、女贞子，流脓血者加黄连、黄芩、炒大黄；血瘀气滞者加丹参、当归、熟地、川芎。每天1剂，水煎服或粉碎后拌入饲料中喂服，1天1次，连服3天。

（4）产褥热　在抗菌补液疗法的基础上，可配合益母草30克，柴胡、黄羊角、乌梅各15克，水煎，加黄酒125毫升、红糖125克为引，1次内服。或艾叶30克，益母草16克，黄柏、香附子、当归各10克，黄芩7克，川芎、黄连各3克，煎汤，候温灌服。或小柴胡汤加味。柴胡、黄芩、党参、大枣、天门冬、麦门冬、大黄、白术、山楂各30克，生地20克，半夏15克，神曲60克，煎汤，候温灌服。

第六章 chapter SIX

其他疾病

第一节　猪霉菌毒素中毒综合征

一、概念

霉菌毒素是指由某些霉菌生长时所产生的有毒次级代谢产物，而猪采食带有霉菌毒素的饲料后，会引起急性死亡、种猪繁殖障碍、免疫功能降低、饲料利用率降低、抗病力下降和生产性能下降等一系列病症，给养猪生产带来严重的经济损失。霉菌普遍存在于饲料原料中，尤其是在其适宜的条件下，可在谷物田间生长、收获、饲料加工、仓储及运输过程中快速生长与产生毒素，引起采食猪中毒。如黄曲霉耐高温，在12～41℃即可产生黄曲霉毒素，最适宜在25～32℃与86%～87%的相对湿度条件下生长。镰刀菌在7～10℃低温时，可以产生T-2毒素，15～25℃时可产生HT-2毒素，温度再高时则产生二醋酸藨草镰刀菌烯醇。总的来说，霉菌多适宜于在潮湿、温暖与有氧的条件下生长，并产生毒素。据有关方面报告，世界上约有25%的谷物不同程度地受到霉菌毒素的污染；我国的玉米、麸皮和全价饲料均有霉菌毒素污染的现象，饲料和原料霉菌毒素检出率均为100%，超标率在90%以上。国内配合饲料霉菌毒素污染率高达80%以上，其中以玉米赤霉烯酮（F-2毒素）、单端孢霉烯（T-2毒素）、黄曲霉毒素（AF）、呕吐毒素、赭曲霉毒素（OT）、烟曲霉毒素的污染最为常见，黄曲霉毒素超标最严重。

猪霉菌毒素中毒给我国养猪业造成了巨大的危害，应引起特别的关注。然而，由于广大养殖户多有认识不足，加上霉菌毒素中毒常与维生素、微量元素缺乏症以及一些病毒性疾病的表现相类似，在临诊上容易造成误诊而导致更加严重的损失。

二、临诊特征与诊断

1.临诊特征

常见的有食欲下降或不食，全身皮肤出现红点，阴囊部皮肤呈水浸病变，病猪犬坐、咳嗽、气喘，包皮红肿，顽固性下痢或便秘，或有呕吐、直肠脱甚或阴道脱发生。母猪不发情，配不上种；妊娠母猪出现流产、产死胎和弱仔，或产后无乳，甚见瘫痪。剖检可见肺炎、胃炎、胃溃疡、肠炎和肾炎等病变，以及淋巴结肿大充血、胸腔与心包积液、心脏冠状沟脂肪呈黄色胶冻样、胃穿孔、黏膜脱落、肠壁增厚、肠内壁腐败变黑、膀胱穿孔、肝硬变、皮下脂肪黄染、血液稀薄、凝固不良、胆囊发炎、下颌淋巴结附近的结缔组织腐烂等病变。有些猪可直接发生肺水肿而急性死亡。

当前猪霉菌毒素中毒有四大特点：一是多见多种霉菌毒素联合致病的综合征，而非单个的霉菌毒素中毒症状；二是多以慢性中毒形式出现，常有新的临诊症状出现，如眼结膜红肿、外翻、尿液似石灰水样（尿石症）等；三是有多系统、多器官的病变；四是常造成机体免疫抑制，在众多传染病流行中充当了“底色病”或“基础病”的角色，使已接种的疫苗失去保护率。不同的霉菌毒素中毒，临诊表现有所不同。

（1）黄曲霉毒素、单端孢霉烯族毒素中毒　两者可对猪的免疫应答产生抑制作用，减少猪胸腺分泌和外周T细胞的数量，影响抗体的产生，从而降低猪对疾病的抵抗力，并使已接种的疫苗部分或全部丧失保护率，出现感染性疾病易发而不易控制的现象。

（2）玉米赤霉烯酮中毒　可使猪发生雌激素中毒综合征。生长期小母猪出现假发情或提前发情，外阴部红肿，外阴阴道炎，分泌物及阴道直肠脱垂增多，乳腺肿大；后备与断奶母猪黄体滞留，不发情，屡配不孕，返情严重或假妊娠，空情天数增多；种公猪包皮增大，睾丸鞘膜角质化、变小，性欲减退，或见阴茎脱出不收；怀孕母猪早期胚胎死亡及流产，哺乳母猪泌乳量下降或无乳；初生仔猪阴门红肿、后腿外翻呈八字腿（图6-1、图6-2）。

（3）单端孢霉烯族毒素中毒　其还可致猪食欲减退或丧失，蛋白质合成受到抑制而使猪的生长受阻与各种疾病的应激发生，对猪的胃肠道功能造成毒害，使之发生呕吐、腹泻、肠道炎症、排泄抑制等。T-2毒素中毒，可抑制肝细胞的合成，使肝脏失去了解毒功能（图6-3、图6-4）。

（4）黄曲霉毒素、烟曲霉毒素和萎蔫酸中毒　对中枢神经存在着协同毒害作用，可见猪共济失调、精神极度沉郁、嗜睡，严重者还会出现脑软化。

（5）烟曲霉毒素中毒　玉米筛出物中烟曲霉毒素含量最高，各种猪群均易感，可引起中毒猪肺水肿、肝损伤、胸腹腔积水、呼

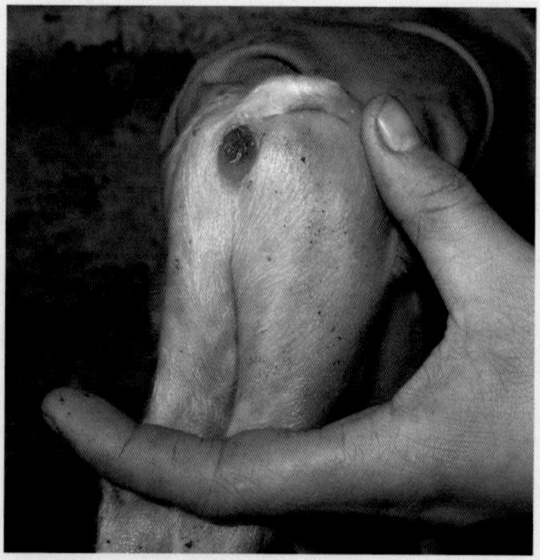

图6-1　初生母猪外阴红肿

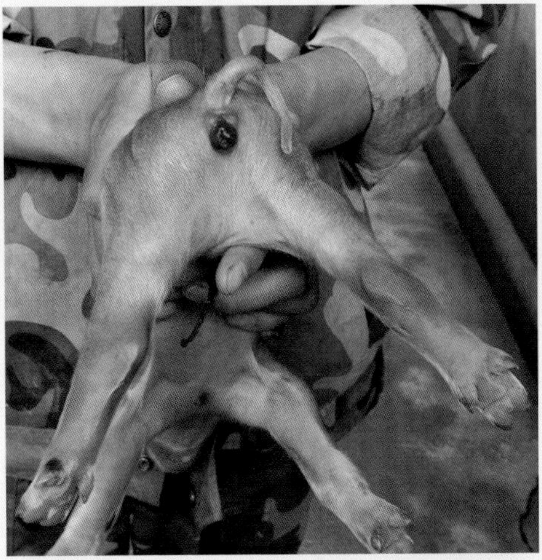

图6-2 初生母猪外阴红肿与八字腿

图6-3 厌食呕吐

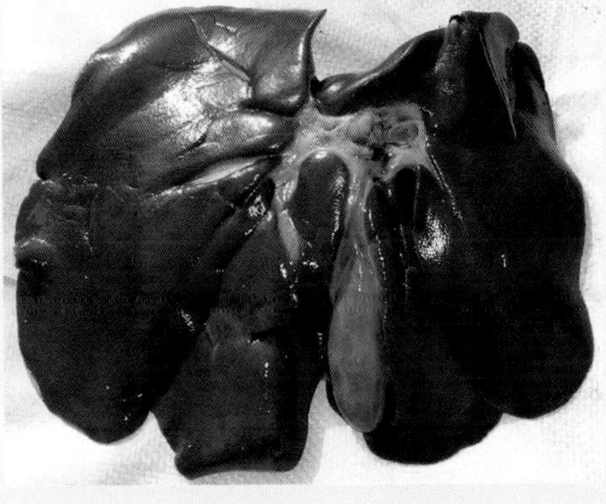

图6-4 肝脂肪变性

吸困难、发绀，2～4小时后死亡。其发病率高达50%，病死率达50%～90%，母猪还可引起流产。

（6）呕吐毒素（DON）中毒　生长育肥猪易感。中毒症状可见厌食、呕吐、脱毛和组织出血。呕吐毒素一般与玉米赤霉烯酮（F-2毒素）同时存在，是一类强有力的免疫抑制剂，造成动物免疫力低下，易发生其他疾病。

（7）赭曲霉毒素（OT）中毒　赭曲霉毒素是一种肾毒素，各种猪群均易感。中毒常见病猪烦渴、尿频，还有腹泻、厌食和脱水、生长迟缓、饲料利用率低、免疫抑制等。具有生殖毒性与发育毒性，可见死胎、畸形，影响早期发育的精子；甚或出现胃溃疡或血尿、肾脏早期变性肿大、苍白、花斑肾、质硬（橡皮肾）。

（8）麦角毒素中毒　母猪、保育猪易感，可见母猪子宫收缩、早产、泌乳减少或无乳，仔猪初生重下降甚至死亡，成活率低，但很少发生流产。或见精神沉郁、采食减少、增重下降、后腿跛行，甚或尾巴、耳朵和蹄坏死。

2.诊断

猪霉菌毒素中毒诊断，最可靠、最科学的方法就是通过对饲料被霉菌污染实物的检查；但其费时、费力，生产单位不易做到，在生产实际中可采用综合分析判断法。

（1）霉菌污染物检查　一是采集可疑饲料原料，经去杂菌处理后，将滤液直接镜检；二是采用沙保氏培养基，将分离到的菌体置恒温箱中培养，观察菌落生长情况、孢子色泽形态，确定霉菌的种属；三是利用试验动物做毒性试验；四是进行毒素的化学定量定性分析，确定毒素化合物的名称和含毒量。

（2）综合分析判断法　第一，通过直接观察，寻找饲料原料被霉菌侵染霉变的痕迹，并定期地对仓储原料含水量进行检测。若仓储料含水在14.5%以上，空气相对湿度在78%以上，或是连续阴雨天在5天以上，就可以认定饲料有被霉菌侵染的可能性。第二，观察猪群变化。在规范管理饲养条件下，猪群采食量若无故减少40%

左右，应怀疑霉菌毒素中毒。第三，依据特异临诊反应作出判断。如确已进行了某种传染病的疫苗免疫接种，而又见其散发；或见母猪繁殖功能异常性病变，未成年的后备小母猪阴户红肿外翻等典型表现。对以上情况进行综合分析，即可作出饲料霉菌毒素中毒的判断。

三、预防与控制

猪霉菌毒素中毒一方面诊断比较困难；另一方面治疗效果又不理想，故提前采取有效措施加以预防最有效。饲料霉菌毒素污染的前提是霉菌滋生，而霉菌生长除了基质原粮与饲料外，还需要适宜的温度、湿度和氧气等环境条件。如能对其进行有效的控制，就能达到防霉的目的。目前常使用的方法有如下几种。

1.加强原料控制

不仅要杜绝购入发霉变质的原料入库，还要保证原料含水量在防霉要求之下，如稻谷13%、大豆12%、玉米12.5%、花生8%、颗粒饲料12.5%，最高不超过14%。如果不达标，杜绝入库；或先采取晾晒等方法，使其干燥达标后再行入库。碎粒或有虫蚀的玉米中毒素含量最多，可对其先行过筛，将碎粒、有虫蚀粒的玉米去掉后，再行入库。

2.加强仓储管理

仓库必须保持通风、阴凉与干燥，相对湿度小于70%，并有良好的通风设备作保证。饲料储存前必须将仓库彻底打扫干净，尽量缩短饲料成品和原料的储存时间，严格按照“先进先出”的原则使用，并及时清理已被污染的原料。最好使用料塔与管道输送供料，以便隔绝空气与防潮。尽量不使用麻袋包装存放配制料，若要使用，应加内膜袋才能储存3～5天。对原料与成品料要定期抽查测试，若发现霉变或含水量超过防霉要求，要及时清理或进行晾晒等干燥处理。

3.脱毒处理

对严重发霉的饲料要全部废弃处理，绝对禁止给猪饲喂。中度、轻度霉变饲料，可酌情添加霉菌毒素吸附剂或处理剂进行脱毒处理。鉴于目前饲料中的玉米一般都在收获前已在田间感染霉菌，有人建议公猪、母猪饲料中全年应加入霉菌毒素处理剂；每年2～9月，除乳猪以外的全部猪群饲料，都应添加霉菌毒素处理剂或吸附剂。

（1）硅铝酸盐类吸附剂　蒙脱石、沸石等虽能吸附带强阳性电荷的黄曲霉毒素，但也会吸附饲料中水溶性的营养物质，且对玉米赤霉烯酮、T-2毒素、呕吐毒素都没有吸附效能。甘露寡糖类的产品虽能吸附黄曲霉毒素和玉米赤霉烯酮等毒素，但吸附能力有限。伊利石、绿泥石等双极性改性水合硅铝酸盐类效果较好，不但能吸附黄曲霉毒素、呕吐毒素、玉米赤霉烯酮、T-2毒素等多种毒素，还具有增强免疫力、护肝强肾等作用，且不会吸附饲料中氨基酸、维生素、微量元素等营养成分。

（2）防霉剂　目前使用较多的防霉剂是丙酸类（丙酸、丙酸钙、丙酸钠），效果好、价格低廉、使用方便。丙酸用量为饲料的0.3%，丙酸钙与丙酸钠为0.2%～0.5%。使用时先配成10%的水溶液，再用喷雾器将其喷洒在饲料上，拌匀。或选山梨酸（用量0.01%）或山梨酸钾（用量0.05%～0.15%）、苯甲酸（用量0.1%）或苯甲酸钠（用量0.2%～0.3%）、富马酸二甲酯（饲料含水量14%以下者，添加250～500毫克/千克饲料）等。

（3）中药　研究发现，大蒜、洋葱、姜黄、杜仲等水溶性提取物具有抗真菌或抑制黄曲霉毒素产生的作用，桂皮醛、陈皮、丁香、山鸡椒、山胡椒、艾叶、茴香酸等芳香性中药不仅具有良好的防腐防霉作用，而且能去除霉菌毒素或降低其活性。但要使其标准化并且运用到生产实践中还需要做进一步的实践探索。

四、中西兽医结合治疗

1.西药治疗

猪霉菌毒素中毒目前没有特效药物，当发生霉菌毒素中毒或怀疑是霉菌毒素中毒时，首先立即停用所有怀疑含有霉菌毒素的饲料原料，特别是玉米；其次是更换饲料，并在全群猪饲料中添加霉菌毒素处理剂和多种维生素，保证猪群充足的饮水供应。急性中毒引起的重症病例可根据临诊症状，以解毒保肝、清除毒素、强心利尿、补液解毒为原则，先内服或灌服人工盐，以尽快排出胃肠道内的毒素；静脉注射10%葡萄糖300～500毫升、5%维生素D5～15毫升，以保肝；其次，皮下注射20%安钠咖5～10毫升（中大猪），以强心排毒、增强动物抗病力，促进毒素排除；再则，多喂青绿饲料，提高饲料中复合维生素、硒、叶酸的添加量。

2. 中药治疗

主要以护肝并提高肝脏本身对毒素的解毒能力为主，同时提升机体抗毒能力为原则。

① 茵陈、艾叶、青蒿等具有海绵体性状结构的中药，可吸附饲料多余水分及其产生的毒素，对母畜有保胎作用。

② 野菊花、生地、女贞子为保肝护肾良药；紫背天葵、山鸡椒、丁香、车前子等单独添加就有良好的抑霉清毒作用，对母畜子宫炎、乳房炎有防治作用；金银花、蒲公英清热效果显著，可防除猪只眼红、阴户红肿等效果；当归、茵陈、陈皮、虾须草、栀子、大黄等有活血化瘀、生血退黄，对于黄疸猪具有良好的防治效果。

第二节 猪呼吸道病综合征

一、概念

猪呼吸道病综合征（PRDC）是一种由多因素引起的，以生长速度降低、饲料利用率降低、食欲减退、咳嗽、呼吸困难为特征的综合征。它曾被认为是由支原体引起的，是病毒和细菌的混合感染，以及发现是猪肺炎支原体和猪繁殖与呼吸障碍综合征病毒（猪繁殖与呼吸障碍综合征病毒）相互加强作用所致。1998年，在英国夏明翰召开的第十五届国际猪病会议（IPVS）上，出现猪呼吸道病综合征和“18周龄墙”的提法；2000年后，世界范围内接受这一综合征概念。

猪呼吸道病综合征由多种病毒、支原体、细菌等病原加上不良的饲养管理、气候环境及应激等诸多因素相互作用而引起。常见的传染性因素有猪繁殖和呼吸综合征病毒（PRRSV）、猪伪狂犬病病毒（伪狂犬病病毒）、猪圆环病毒（PCV-2）、猪流感病毒（SIV）、猪巨大细胞病毒（PCMV）、猪呼吸道冠状病毒（PRCV）、猪瘟病毒（CSFV）、猪胸膜肺炎放线杆菌（APP）、支气管败血波氏杆菌（BB）、巴氏杆菌（PM）、猪霍乱沙门杆菌（SC）、猪链球菌（SS）、化脓棒状杆菌（C.pyokgenes）、克雷伯杆菌（K.peneumoniae）、猪肺炎支原体（MH）、副猪嗜血杆菌（HP）、附红细胞体、弓形体、蛔虫等的感染，常见的非传染性因素有氨气、硫化氢、二氧化碳等有害气体，灰尘、固体、液体等异物，温度、湿度、通风、猪群密度及各种应激因素等。

传染性因素又可分为两大类：一类叫钥匙病原，如猪繁殖和呼吸综合征病毒、猪圆环病毒、猪肺炎支原体、猪伪狂犬病病毒、猪流感病毒、支气管败血波氏杆菌等，不仅可以单独引起猪发病，还可破坏猪体免疫系统，尤其对肺泡巨噬细胞和淋巴细胞造成损伤，可使猪发生严重的免疫抑制，使其他病原体的易感性增高；另一类是继发性感染病原，如副猪嗜血杆菌、猪胸膜肺炎放线杆菌、猪链球菌、巴氏杆菌、猪霍乱沙门杆菌等，是在原发性感染病原作用的前提下感染猪只，引起疾病进行性发展，使猪呼吸道病综合征的病情加重。

二、临诊特征与诊断

1.临诊特征

猪呼吸道病综合征一年四季均可发生，但在秋末到冬春季发病率最高，通常在30% ～ 70%，病死率在10% ～ 30%。主要发生于猪保育后期和生长育肥期，特别是在13～15周龄和18～20周龄多发，因而有“18周龄墙”之称。由于发病猪体温升高，所以采食量下降，生长速度缓慢，导致出栏时间延长10～25天。

猪呼吸道病综合征的临诊症状取决于所感染的主要病原。如以肺炎支原体为主，则主要为长时间的咳嗽；以猪繁殖与呼吸障碍综合征病毒为主的感染，则以呼吸加快、呼吸困难为主；以流感病毒感染为主，则见猪群突然发病、呼吸极度困难、发热。但目前多见混合感染，很难区别哪一种病原为主；而由于继发或混合感染，造成疾病诊断和控制混乱，药物和疫苗防治效果常常不见明显，病程延长，短则1个月，长则2～3个月。

病初主要表现为干咳、气喘，体温、食欲和精神变化不大，多被当作气喘病而被忽视。随后体温升高、怕冷、喷嚏、咳嗽，鼻腔分泌物增多，呼吸困难急促，呈腹式呼吸，或见犬坐姿势、张口喘；严重者可表现全身皮肤潮红的败血症状，或因微循环障碍而发绀，可见耳尖、腹下、前肢腋下等处皮肤发紫发乌等。结膜炎、眼睑肿胀、眼眶内侧有泪痕斑。精神不振，倦怠喜卧，食物减退或废绝，或见腹股沟淋巴结肿大。

急性病例无明显临诊症状，可见突然死亡。部分猪由急性转为慢性或形成地方性流行，可见咳嗽、喘气、消瘦、衰弱、爬地不起，或见腹泻、关节炎、神经症状、共济失调、后躯瘫痪。侥幸耐过猪的生长发育明显受阻，成为“僵猪”，淘汰率增高。哺乳仔猪多以呼吸困难和神经症状为主，病死率很高；母猪可表现繁殖障碍，怀孕母猪流产、死胎、木乃伊胎、弱仔、返情率增高，公猪可见腹泻或睾丸炎等症状。

剖检可见，所有病猪出现不同程度的弥漫性间质性肺炎或支气管肺炎病变，肺部淤血、充血、水肿、肝变、出血、硬变，呈不塌陷的橡皮肺样与花斑样病变，色斑驳到褐色。全身淋巴结广泛肿大或充血、出血。病毒性肺炎可见肺尖叶、心叶拉长，变成所谓的“象鼻肺”。个别的可见肺脓肿、坏死性纤维素性肺炎、胸膜炎、胸腔积水等，或化脓性支气管肺炎，细支气管、支气管内充满大量脓样黏液，可造成猪窒息死亡。少数猪还可见肝肿大或萎缩、脾肿大、胃溃疡或出血、肾出血或有白色坏死灶，心脏变形、横径增宽、松弛，冠状沟脂肪消失呈胶冻样等。猪繁殖和呼吸综合征病毒和猪圆环病毒共同混合感染再继发多种细菌感染，可见断奶后多系统衰竭综合征（PM-WS）的病理变化。

2.诊断

依据流行病学特点、临诊症状及病理变化，或可作出初步诊断。确诊需尽快采取病死猪的肺、肝、脾、肾等脏器与淋巴结等组织病料及血清等，送有关兽医诊断中心进行病毒学与细菌学的分离鉴定，或有针对性地做血清学检测以确诊病原。同时，切不可忽视非传染性致病因素的考察与认定，以便采取更有针对性与更全面的防治处理措施。

三、预防与控制

猪呼吸道病综合征是由病毒、细菌、支原体等多种病原微生物感染，与饲养管理、环境、营养与各种应激等方面因素，以及猪群机体免疫力低下等多种因素相互作用所致，其预防与控制就应该采取综合措施来实现。不仅要针对相应的病原体感染做好环境卫生、疫苗接种与药物防治等工作，而且还要针对猪舍氨气、硫化氢、二氧化碳等有害气体，灰尘、固体、液体等异物，温度、湿度、通风、猪群密度及应激反应等非传染性因素，进行综合治理。不仅要消除或尽量减少各种致病因素的存在与危害，而且还要注意提高猪群机体的免疫功能等抗病能力，以更有效且更快地预防与控制猪呼吸道病综合征的发生、发展与流行。

猪肺炎支原体不仅可破坏猪呼吸道纤毛系统，使后者失去清除气源性病原体、有害微粒等异物的作用，还能破坏肺巨噬细胞和淋巴细胞，降低它们吞噬杀菌作用，引起猪体免疫抑制，使蓝耳病、2型圆环病毒及副猪嗜血杆菌、巴氏杆菌、猪胸膜肺炎放线杆菌等的感染加剧。单纯支原体肺炎只是造成轻度肺炎，肺呈肉样变，干咳无痰，呼吸急促，病死率较低，应用敏感药物容易缓解病情；但从近几年情况来看，支原体肺炎很少单一发生，在有猪繁殖和呼吸综合征病毒与猪圆环病毒感染的猪场，它造成的损失将更惨重。所以要防止猪呼吸道病综合征的发生，重点是一定要控制好支原体肺炎和蓝耳病。

1.做好传染性因素的防控

① 严防引种购入隐性感染猪，做好隔离和定期血清学监测。严格执行全进全出的政策，加强猪舍通风与环境消毒，及时清除粪便等污染物。加强保育舍与产房的保温，缩小温差，减少各种应激性刺激。

② 切实落实主要传染病的疫苗接种，尤其是猪瘟、猪伪狂犬病、猪支原体肺炎与蓝耳病等的免疫接种。

③ 发病严重的猪场，可试用自家组织灭活苗；或采用血清疗法，采用本场淘汰母猪或育肥猪血分离血清，于断奶后腹腔注射5～10毫升；或对发病猪进行治疗，每头病猪腹腔或皮下注射血清10～20毫升，隔日注射1次。

2.控制猪群继发感染

可每吨饲料选择添加下列几种药物组合，在保育阶段及转群时连续使用10～14天；或用药7天，停药5天，再用药7天的方法，以预防细菌性继发感染。同时，可配伍抗病毒及增强机体免疫力的药物，如黄芪多糖、鱼腥草、复方苦参、双黄连、金蛤蟆咳喘针、排疫肽、干扰素、猪转移因子等，以提高其防控效果。

① 80%泰妙菌素（枝原净）125克、15%金霉素2000克或强力霉素150克。

② 5%爱乐新（泰万菌素）1000克、强力霉素150克或15%金霉素2000克。

③ 20%乙酰异戊酰泰乐菌素500克、强力霉素（效价）200克。

④ 林可霉素150克、15%金霉素2000克。

⑤ 泰乐菌素（效价）100克、磺胺二甲嘧啶100克、磺胺增效剂20克。

⑥ 泰乐菌素（效价）100克、15%金霉素2000克或强力霉素150克。

⑦ 10%氟苯尼考500克、强力霉素200克、甲氧苄啶100克。

3.淘汰危重病猪与僵猪

对一些久治不愈的病猪与失去治疗价值的危重病猪以及耐过的“僵猪”，要当机立断，予以淘汰，以免既浪费钱财，又难除传染源而得不偿失。

四、中西兽医结合治疗

对于该病的治疗，不仅要本着早发现、早隔离与早治疗的原则，而且还要着眼其多因素相互作用的特点，采取对因、对症及加强护理与饲养管理等综合措施，以提高其治疗的效果。

1.西药治疗

（1）三分治疗，七分护理　将病猪及时隔离到专用的病猪隔离舍，以杜绝传染。隔离舍要保持合适的温度与良好的通风条件。病猪要保证优质的饲料与清洁充足的饮水，必要时可以进行人工喂养或饮水，以加强护养，提高药物治疗效果。可在饮水中加入药物。

（2）抗病原治疗　针对传染性因素，主要是通过药敏试验，或根据临诊经验选择广谱抗菌药物，进行抗感染治疗。比较有效和常用的药物有头孢噻呋、替米考星微囊、氟苯尼考、阿莫西林、氨苄西林、青霉素G钠、氟喹诺酮类、林可霉素、长效土霉素、强力霉素、泰妙菌素、泰乐菌素、丁胺卡那霉素、庆大霉素复方磺胺嘧啶钠、复方磺胺间甲氧嘧啶等。

在掌握好配伍禁忌的前提下，可联合用药，药量适当加大，疗程要足够，以免症状减轻时停药过早引起复发。根据需要，可配合使用抗病毒及增强机体免疫力的药物，如黄芪多糖、鱼腥草、复方苦参、双黄连、金蛤蟆咳喘针、高免卵黄抗体、干扰素、猪转移因子等。

（3）对症治疗　解热镇痛可选择柴胡注射液、对乙酰氨基酚

（扑热息痛）、安乃近、氨基比林等。强心补液纠正酸中毒可选择安钠咖、樟脑磺酸钠、5%葡萄糖氯化钠注射液、10%葡萄糖及碳酸氢钠注射液。止咳平喘可选择氨茶碱、麻黄素、阿托品等。

（4）辅助治疗　必要时可配合应用地塞米松、维生素C、B族维生素、肌苷、三磷酸腺苷（ATP）、辅酶A等药物，以增强机体抗毒素、抗休克、抗过敏功能。

2. 中药治疗

猪呼吸道病综合征不仅由多种传染性因素与非传染性因素相互作用所致，而且还涉及免疫功能抑制等机体功能障碍或异常，尤其是他们的动态变化性，使得中西药辨证与辨病相结合效果更加显著。

（1）石膏知母散　断奶10～80日龄猪咳喘，体温40.5～41.5℃，皮毛粗乱，下痢并发呼吸道与神经症状，严重消瘦，甚或衰竭死亡，西药治疗易反复者，可配合石膏、知母、元参、柴胡、金银花、连翘、黄芩各30克，麦冬25克，桔梗、当归、赤勺、甘草各20克，粉碎拌于50千克饲料中，连用10天。本方对胸膜炎放线菌、金黄色葡萄球菌、肺炎球菌均有较强的抑制作用，同时还具有抗流感病毒和明显的解热抗炎作用，可提高动物机体的免疫功能。

（2）大青连翘散　中、大猪体温40～42℃，并发胸膜性肺炎，病死率达5%～10%，呈地区性流行，春、夏、秋初三个季节最为严重，病程长，发病快，病期10～20天不等，用抗生素治疗时好时差者，可配合大青叶、连翘、黄芪、白术、茯苓、泽泻、丹参、甘草各30克，党参、桂枝、柴胡各20克，粉碎拌料100千克，连用7天。此方剂对流行性感冒、圆环病毒、非典型猪瘟、支气管炎、肺炎等病均有较好的疗效。

（3）地骨茵陈散　附红细胞体病是由立克次体引起的一种热性、溶血性疾病，不同年龄和品种的猪均易感，仔猪发病率和病死率较高，应激因素可加重病情。用抗生素防治易产生耐药性，需交替使用，如果配合中药，效果明显且不易复发。药用地骨皮90克，茵陈60克，连翘40克，栀子、黄芩、花粉、柴胡、贯众、黄芪各30克，黄柏、木通、黄连各12克，云苓15克，牛蒡子15克，桔梗15克，均匀粉碎，拌料100千克，连用7天。

（4）麻杏石甘汤　外感风寒、郁热致喘而引起的肺炎、急性支气管炎等，症见发热咳喘、气急鼻扇、舌苔薄黄、脉浮而数等，可配合石膏80克，苦杏仁12克，甘草10克，麻黄8克，加水1000毫升，煮取300毫升，去渣，候温灌服。

（5）清燥救肺汤　主治温燥伤肺，症见身热、干咳少痰、口干鼻燥、气逆喘粗、舌红少苔、脉虚大而数。药用石膏（煅）15克，桑叶（经霜者，去枝梗）、胡麻仁（炒）、阿胶、麦冬（去心）、枇杷叶（刷去叶毛，蜜涂，炙黄）各10克，甘草、党参、苦杏仁（泡，去皮尖，炒黄）各8克，加水1000毫升，煮取300毫升，去渣，候温灌服。痰多者，加川贝母、瓜蒌以润燥化痰；热甚者，加水牛角以清热凉血。适用于肺炎、急慢性支气管炎、肺气肿属燥热壅肺、气阴两伤者。

（6）定喘汤　主治风寒外束、微恶风寒、咳嗽、痰多色黄、气急、舌苔黄腻、脉滑数。药用白果（去壳，砸碎炒黄）、紫苏子、苦杏仁、桑白皮、黄芩各10克，半夏、麻黄、甘草、款冬花各8克，加水800毫升，煮取400毫升，去渣，分2次服，不拘时，徐徐服。若不恶寒者，减麻黄量，取其宣肺定喘之功；痰稠难出者，可酌加瓜蒌、胆南星等，以增强清热化痰之力；肺热重者，可酌加石膏、鱼腥草等。气喘病、慢性支气管炎等属痰热蕴肺者，可加减使用之。

第三节　僵猪

一、概念

僵猪又叫“落脚猪”“小赖猪”等，是指由于先天或后天各种原因所致，以饮食较为正常，但生长发育缓慢或停滞为特征的一种疾病。

其先天性原因多是由于近亲繁殖所造成的品种退化与生长发育停滞；或种猪年龄过大或过早交配，造成种畜自身发育不足而致后代发育不良；或母猪日粮中蛋白质、矿物质、微量元素及维生素等营养成分不足，致使胎儿先天发育不足。而其后天性原因则多是由于体内外寄生虫病，如蛔虫、肺丝虫、鞭虫、姜片虫、螨虫、肾虫、猪虱子等感染，以及仔猪白痢、仔猪副伤寒、慢性胃肠炎等疾病，使仔猪长期处于慢性营养消耗中；或产后母猪泌乳能力差、乳汁少，小猪出生后又无固定乳头，或育成仔猪大群饲养或大小猪同圈饲养，造成体弱仔猪采食不足，致使其营养不良而生长停滞。据临诊统计，由寄生虫所引起的僵猪比例最大，占70%～80%。

二、临诊特征与诊断

1.临诊特征

该病多发于10～20千克的仔猪。病猪多见只吃不长、精神不振、被毛粗乱、体格瘦小、圆肚子、尖屁股、大脑袋、弓背缩腹等临诊表现；而病因不同，还会出现特异性的临诊症状，如仔猪副伤寒患猪可有长期腹泻，寄生虫病患猪可有贫血、虫体排出或异嗜现象，喘气病患猪多有咳嗽和气喘等症状出现。

2.诊断

根据临诊特征可作出初步判断，确诊可进行病原或病因学检查而作出。如寄生虫感染可通过虫体或虫卵的检查作出诊断等。

三、预防与控制

1.针对先天性原因

可采取加强优良品种的引进与选育，避免种猪近亲繁殖；加强母猪饲养管理与日粮的营养平衡，做到适时配种，日粮营养全价、富含蛋白质、矿物质、维生素等，且定时饲喂；饮水清洁、充足。

2.针对仔猪管理性原因

加强饲养管理，严禁育成仔猪大群饲养或大小猪同圈饲养。尽量保证各仔猪固定乳头与足量哺乳，尤其是对僵猪要分圈单养，必要时可采取人工辅助哺乳。

3.针对疾病性原因

加强与完善相关传染病的预防接种与寄生虫病的定期驱虫预防工作。若有疾病发生时，则需及时进行诊断与治疗。

四、中西兽医结合治疗

1.西药治疗

① 粪便检查有内外寄生虫时，可用左旋咪唑片灌服，25毫克/千克体重；或伊维菌素肌内注射，0.3毫克/千克体重，进行驱虫治疗。

② 每头猪肌内注射维丁胶性钙1～3毫升，维生素B_1 10～15毫升，氢化可的松5～10毫升，每天1次，连用数天；饲料中添加四环素或土霉素，每天20～30毫克。

2.中药治疗

① 枳实、厚朴、大黄、甘草、苍术各50克，硫酸锌、硫酸铜、硫酸铁各5克，共研细末，混合均匀，按每千克体重0.3～0.5克喂服，每天2次，连用3～5天。

② 蛋壳粉50克，骨粉100克，苍术、松针各20～30克，磷酸氢钠10～20克，食盐5克，共研细末，分3次喂服。

③ 僵猪散。生牡蛎、芒硝、山楂各10克，食盐、麦芽各5克，君子仁3克，为末，1克/千克体重，混于饲料内喂服。

④ 钩吻散。钩吻，洗净，晒干，粉碎成细末，每千克体重2克，拌饲，亦可作煎剂服，连用7～10天。功能行血散瘀，消肿止痛，开胃进食，杀虫扶壮。主治僵猪，也可用于催肥。钩吻为马钱科植物胡蔓藤，亦名断肠草，有大毒；但猪对钩吻有很高的耐毒力，即使第1天用30克煎汤喂21千克重的猪，并逐日递增30克，直至日服240克，连喂8天，仍未见猪只发生中毒反应，反而食欲

旺盛，生长良好，膘肥体壮。

3.生物疗法

取健康猪血，现采现用，每头僵猪5～10毫升，肌内注射，每天1次，连用3～5天。

第四节　猪异嗜癖

一、概念

猪异嗜癖是由于饲养管理不当、饲料营养供应不平衡、环境不适、疾病及代谢功能紊乱等因素，引起猪四处舔食、啃咬异常为特征的一种应激综合征。仔猪和母猪多发；尤其在秋、冬季发病率较高，可造成较大的经济损失。

它是许多疾病的一个症状，原因比较多。

① 营养成分不平衡或缺乏，如饲料中铁、铜、锰、钴、钠、硫、钙、磷、镁等不足，某些蛋白质、氨基酸缺乏，维生素A和B族维生素的缺乏，尤其是钠缺乏，是猪异嗜癖发生的常见原因。

② 猪患有虱子、疥螨等体外寄生虫病，体外寄生虫直接刺激或产生毒素，以及猪患肠道消耗性疾病等时，均可引起猪体皮肤刺激而烦躁不安，到处摩擦而导致耳后、肋部等处出现渗出物，对其他猪产生吸引作用而诱发咬尾症。

③ 饲养密度过大、猪圈潮湿、天气异常变化，可引起猪皮肤发痒，使猪产生不适感或休息不好，可引发猪只之间相互啃咬，诱发猪的咬尾症。

④ 同一猪圈内饲养不同品种或同一品种间体重差异过大的猪，或新猪只并群等，因品种及生活特点差异与争夺位次等，相互争雄而发生撕咬。

二、临诊特征与诊断

1.临诊特征

其多表现为咬尾、咬耳、咬肋、吸吮肚脐、食粪、饮尿、拱地、闹圈、跳栏与母猪吃食子猪等；尤其是相互咬斗更恶劣，表现为猪对外部刺激敏感、举止不安、食欲减弱、目光凶狠。起初只有几头相互咬斗，逐渐有多头参与。咬尾最常见，咬耳等较少。被咬部位脱毛出血，咬猪进而对血液产生异嗜，引起咬尾癖，危害也逐渐扩大。被咬猪常出现尾部皮肤和被毛脱落，影响体增重，严重时可继发感染，引起骨髓炎和脓肿。若不及时处理，可并发败血症等导致死亡。病初猪易惊恐，敏感性高，继而反应迟钝、磨牙、畏寒、或便秘或腹泻或交替出现、贫血、消瘦、皮肤被毛干燥无光。常继发胃异物及肠道阻塞。此外，不同疾病或原因引发的猪异嗜癖，还有其相应的临诊表现。

（1）维生素A缺乏　还可见猪夜盲、干眼病、角膜角化、生长缓慢、繁殖功能障碍及脑和脊髓受压等特征表现。

（2）维生素B_1（硫胺素）缺乏　还可见猪食欲减退，严重时可呕吐、腹泻，生长发育缓慢，尿少色黄，病猪喜卧少动，有见跛行，甚至四肢麻痹，严重者目光斜视，转圈，阵发性痉挛，后期腹泻等。

（3）维生素B_2（核黄素）缺乏　还可见猪厌食、生长缓慢、经常腹泻、被毛粗乱无光，并有大量脂性渗出、惊厥、眼周围有分泌物、运动失调、昏迷、死亡、鬃毛脱落。由于跛行，不愿行走。眼结膜损伤，眼睑肿胀，卡他性炎症，甚至晶体混浊、失明。孕母猪早产、产死胎。新生仔猪有的无毛，有的畸形、衰弱，一般在48小时以内死亡。

（4）维生素B_3（泛酸）缺乏　还可见后腿踏步动作或成正步走，高抬腿，鹅步，并常伴有眼、鼻周围痂状皮炎、斑块状秃毛、毛色素减退呈灰色。严重者可发生皮肤溃疡、神经变性，并发生惊厥。渗出性鼻黏膜炎乃至支气管肺炎、肝脂肪变性、腹泻。有时肠道有溃疡、结肠炎，并伴有神经鞘变性。肾上腺有出血性坏死，并伴有虚脱或脱水，低色素性贫血。有时会出现胎儿吸收、畸形、不育。

（5）维生素B_5（烟酸）缺乏　还可见猪食欲下降，严重腹泻；皮屑增多性炎，呈污秽黄色；后肢瘫痪；胃、十二指肠出血，大肠溃疡；回肠、结肠局部坏死，黏膜变性等。

（6）维生素B_6（吡哆醇）缺乏　还可见猪呈周期性癫痫样惊厥，呈小细胞性贫血和泛发性含铁血黄素沉着，骨髓增生，肝脂肪浸润。

（7）维生素B_7（生物素）缺乏　还可见猪耳、颈、肩部、尾巴、皮肤炎症、脱毛、蹄底蹄壳出现裂缝，口腔黏膜炎症、溃疡。

（8）维生素B_{12}缺乏　还可见猪厌食、生长停滞、神经性障碍、应激增加、运动失调，以及后腿软弱、皮肤粗糙、背部有湿疹样皮炎，偶有局部皮炎。胸腺、脾脏以及肾上腺萎缩，肝脏和舌头常呈现肉芽瘤组织的增殖和肿大。开始发生典型的小红细胞性贫血，幼猪中偶有腹泻和呕吐；成年猪繁殖功能紊乱，易发生流产、死胎，胎儿发育不全、畸形，产仔数减少；仔猪活力减弱，生后不久死亡。

（9）维生素D及钙、磷缺乏或饲料中钙、磷比例失调　还可见仔猪生长发育迟缓、消化紊乱、软骨钙化不全、破行及骨骼变形，站立困难，四肢呈X形或O形，肋骨与肋软骨处出现串珠状，贫血。

（10）猪虱与疥螨等感染　前者多见于颈部、颊部、体侧及四肢内侧皮肤皱褶处，可见被毛脱落、皮肤损伤、猪体消瘦。后者通常起始于头部、眼下窝、颊及耳部，以后蔓延到背部、躯干两侧及后肢内侧，尤以仔猪的发病最为严重，可见患部发痒，常以爪搔痒或在墙角、柱栏等处摩擦。数日后，患部皮肤上出现针头大小的结节，随后形成水泡或脓疮。当水泡及脓疮破溃后结痂。严重者体毛脱落，皮肤角化增强、干枯、有皱纹或龟裂，病猪食欲减退、生长停滞、逐渐消瘦、甚至死亡。

2.病理学检查

① 维生素A缺乏，可见皮肤角化层增厚、骨骼发育不良、眼结

膜干燥、初乳头水肿、视网膜变性、怀孕母猪胎盘变性、公猪睾丸缩小。

② 妊娠母猪发生维生素B_2缺乏后，可见仔猪出现先天性前肢皮下水肿、前肢尺骨和桡骨粗大。母猪可见溃疡性结肠炎变化。

③ 维生素B_3缺乏，可见猪时有胃炎、肠炎发生，甚至发生溃疡，脚趾及蹄底发生溃裂波及真皮。

④ 维生素D及钙、磷缺乏或饲料中钙、磷比例失调，可见血清碱性磷酸酶（ALP）升高，血清钙磷依致病因子而定。如果维生素D和磷都缺乏，则血磷水平低于3毫克/100毫升，血清钙最后也降低。液相色谱分析1.25-$(OH)_2D_3$和24.25-$(OH)_2D_3$，结果1.25-$(OH)_2D_3$升高，24.25-$(OH)_2D_3$降低。X线检查，骨密度降低，长骨末端呈现“羊毛状”或“饿蚀状”，骨骼变宽。

3.诊断

依据临诊症状作出诊断并不难，但要确定具体的原因却很难。通常需要根据病史、临诊症状、治疗性诊断、实验室检查，尤其是饲料成分与毛发、骨骼等相关元素多方面资料的综合分析，才能确诊。

三、预防与控制

1.预防

做好饲养管理，满足猪的营养需要，尤其是要保证各种维生素与微量元素的足量平衡摄入。平时多喂青绿饲料，积极防治慢性胃肠疾病、寄生虫病等原发性疾病，并且在猪舍内撒一些黄土，让猪自由舔食，以补充微量元素。注意猪舍温度、湿度与氨气等有害气体含量的有效控制，减少各种应激不良刺激。

① 仔猪正常生长所需钙、磷比例是1∶1或2∶1，然而在早期断乳的小猪日粮中钙的含量只允许占0.8%，超过0.9%时，就会降低生长率并干扰锌的吸收。仔猪日粮中添加的钙、磷比例为1.5%，可添加骨粉或者磷酸氢钙。妊娠母猪日粮中钙、磷可按日粮的0.75%来计算，或每日每头补给20克左右的骨粉或磷酸氢钙，同时保证

各种维生素的充足供应。哺乳母猪一般用骨粉、磷酸氢钙补饲，用量应占日粮2%或稍多些。育肥猪通常采用骨贝粉来补充饲粮中的钙与磷，用量一般为风干饲料的2%左右，而食盐占风干饲料的0.3%～0.5%即可。

② 在正常情况下，每头猪每天需要核黄素6～8毫克，每吨饲料中添加2～3克即可满足其需要。也可通过改善饲养条件，增加动物性饲料；或添喂适量酵母片，饲喂1周。

2.控制

查清病因，针对不同病因采取相应的防治措施。如饲料成分分析，缺少某一物质，就补充所缺物质；如果是猪虱与疥螨等体外寄生虫感染所致，立即隔离驱虫治疗，并对病猪接触过的用具和褥草等，应进行消毒，以杀死虫体。

四、中西兽医结合治疗

1.西药治疗

（1）对症治疗　氯化钴对异食癖有良好的治疗作用，硫酸铜和氯化钴配合使用效果更好。氯化钴10～20毫克/头，内服、饮水或混饲给药；硫酸铜75～150毫克/头，内服或混饲给药。

（2）补充矿物和复合维生素　最好结合饲料成分分析进行相应的添加治疗。

（3）驱虫治疗

① 猪虱治疗。0.5%～1%的敌百虫水溶液喷洒或药浴1～2次；或溴氢菊酯或敌虫菊酯乳剂喷洒猪体；或双甲脒（Amitraz）0.025%～0.05%涂擦或泼洒患部，7～10天后重复1次；或阿维菌素或伊维菌素，0.3毫克/千克体重，皮下注射或用浇泼剂局部皮肤上浇泼治疗。

② 疥螨治疗。可用各种疥螨治疗药剂进行涂擦。或14%的碘酒涂擦患部，涂擦6～8次即可。对于脓疱型的病猪，则应用青霉素和磺胺等药物治疗。也可用阿维菌素类药物皮下注射或用浇泼剂在

皮肤上浇注。

2. 中药治疗

（1）三仙敌合散　50千克以上的猪，炒麦芽、炒山楂、炒神曲各20克，敌百虫0.25克/千克体重，共为细末，喂服。

（2）三仙牡蛎散　焦三仙各20克，牡蛎、苍术、陈皮、枳壳各15克，黄芪、山药、广木香各10克，甘草5克，共为研末，开水冲调，加麻油或核桃仁50克灌服，一般连服3剂。

（3）牡蛎槟榔散　50千克以上猪，牡蛎粉、茯苓、苍术、炒食盐各30克，槟榔、党参、白术、白芍各25克，陈皮、麦芽、厚朴、骨粉各20克，共为细末，混入饲料中喂服，2次/天，分5天喂完。

第五节　仔猪营养性贫血

一、概念

仔猪营养性贫血也叫缺铁性贫血，是指2～4周龄哺乳仔猪因缺铁所致的一种营养性贫血，多发于秋、冬、早春季节。本病在一些地区有群发性，对猪的生长发育危害严重。母猪及仔猪饲料中缺乏钴、铜、蛋白质等也可发生贫血；而其不同的是，缺铁时血红蛋白含量降低，而缺铜时红细胞数减少。

二、临诊特征与诊断

1. 临诊症状

多在2周龄发病，早的可在7～9天开始出现贫血。病猪精神沉郁、离群伏卧、体温不高、食欲减退、营养不良、极度消瘦；可视黏膜苍白、轻度黄染，光照耳廓呈灰白色，呼吸无力而快，心跳加速。消瘦仔猪可出现周期性的下痢与便秘。或外观上不见消瘦，看起来较肥胖，且生长发育比较快，但在3～4周龄，猪可能在运动中突然死亡。

2.病理变化

剖检可见皮肤及可视黏膜苍白、肝脏肿大且有脂肪变性、肌肉淡红色、血液稀薄如水、胸腹腔积液、肺部常有水肿或炎性病变、肾实质变性。

3.诊断

按流行病学调查、临诊症状及红细胞数、血红蛋白含量测定，用铁制剂治疗和预防效果明显，可作出诊断。

三、预防与控制

1.预防

（1）加强妊娠后期和哺乳母猪的饲养管理，增加哺乳仔猪外源性铁剂的供给　妊娠后期和哺乳母猪多喂富含蛋白质、铁、钴、锌、维生素A、B族维生素和维生素E的饲料，并适当增加青绿多汁饲料，保证充足高质的母乳供给。

（2）加强仔猪饲养管理　在气候条件许可时，让仔猪在自然环境中有充足的运动和光照；多给仔猪接触土壤的机会并提前开食，增加铁、铜元素和矿物质的摄取。

（3）预防性补铁　仔猪舍长期为水泥、木板地面时，应在3～5日龄即开始补加铁剂。其方法是将铁铜合剂撒在土盘或颗粒料内，或涂于母猪乳头上，或逐头按量灌服，也可于3日龄肌内注射右旋糖酐铁100～150毫克/头。

2.控制

及时发现，尽早治疗。

四、中西兽医结合治疗

1.西药治疗

（1）口服铁制剂　硫酸亚铁、氯化钴各2.5克，硫酸铜1克，加冷开水至1000毫升，混匀后用纱布滤过，1千克体重用0.25毫升，涂于母猪乳头上，或混于仔猪饲料或饮水中，每天1次，连服7～14天。可同时在栏中投入红土或泥炭土，让仔猪自由采食。

（2）注射铁制剂　其效果确实而迅速。右旋糖酐铁2毫升，深部肌内注射，7天后再注射1毫升；或葡聚糖铁钴，每次2毫升，深部肌内注射，重症贫血者可隔2天同等剂量重复1次。

2.中兽药治疗

（1）健脾生血散　党参、白术、茯苓、炙甘草、黄芪、半夏、熟地、枣肉、陈皮、绿矾各等份，共为细末，每头猪每次5克，另加绿矾0.15克，掺入饲料1次喂服。如猪不爱吃可加适量糖精调味，每天2次，连服7天；以后改为每天1次，7天为1疗程。同时，改善饲养管理，增加优质饲料，补充微量元素和骨粉等。

（2）当归生地煎　当归、生地各60克，槟榔50克，使君子、茯苓各30克，白术20克，甘草10克，加水1000毫升，浓煎成200毫升，再加入红糖50克，3～5毫升/千克体重，1次内服，每天2次。

第六节　硒和维生素E缺乏

一、概念

硒和维生素E缺乏是由于硒、维生素E或两者同时缺乏或不足时所引起的一种营养代谢障碍综合征。本病可发生于各年龄的猪，尤以仔猪多发，其临诊特征为仔猪白肌病、肝营养不良、桑葚心，成年种猪出现繁殖障碍等，发病率和病死率均较高，尤其是影响仔猪的生长和发育。一年四季都可发生，但多见于冬、春季。

低硒饲料是致病的直接原因，水、土、食物链则是基本途径。当饲料中硒含量低于0.05毫克/千克时，猪就会出现硒缺乏症。饲料中维生素E含量及其他抗氧化物质、不饱和脂肪酸含量不足等，可以影响硒的吸收与利用。另外，长途运输、驱赶、潮湿、恶劣的气候等应激刺激，可使动物机体抵抗力降低，硒与维生素E消耗增加，从而引起缺硒症。

二、临诊特征与诊断

1.临诊症状

维生素E缺乏主要造成血管功能障碍，神经功能失调，种猪繁殖障碍。病猪表现为血管通透性增大，引起血液外渗透，抽搐、痉挛、麻痹等神经症状。公猪睾丸变性、精子生成障碍。母猪卵巢萎缩、发情异常、不孕、受胎率下降、流产、泌乳停止等。仔猪主要呈现肌营养不良，新生仔猪体弱，突然死亡。

（1）肌营养不良（白肌病） 多发生于20日龄左右的仔猪。身体健壮而突然发病，体温正常，食欲减退，精神不振，呼吸急促，喜卧，常突然死亡。病程稍长者，后肢僵硬，行走摇晃。

（2）营养性肝病 多见于3～4周龄小猪。急性者在没有先兆症状的情况下，突然死亡。病程较长的，精神沉郁，食欲减退，有呕吐、腹泻症状，有的呼吸困难，耳及胸腹部皮肤发绀，病猪后肢衰弱，臀及腹部皮下水肿。病程长者，多有腹胀、黄疸和发育不良。或见仔猪外观健康，但突然死亡，体温正常，心跳加快，心律失常，有的病猪皮肤出现不规则的紫红色斑点。

（3）桑葚心 仔猪外观健康，但常突然死亡。体温正常，心跳加快，心律失常。有的病猪皮肤出现不规则的紫红色斑点。

（4）仔猪水肿病 多发于断奶仔猪、生长猪。多以皮下、胃肠黏膜水肿为特征，呈进行性运动不稳和四肢瘫痪，病死率很高。

2.剖检变化

（1）肌营养不良（白肌病） 以骨骼肌、心肌纤维等发生变性、坏死为主要特征。骨骼肌呈灰白色条纹，膈肌出现放射状条纹，切面粗糙不平，有坏死灶；心包积水，心肌色淡，尤以左心肌变性最为明显；左后肢股部肌肉水肿，颜色变淡。多见于20日龄的仔猪。

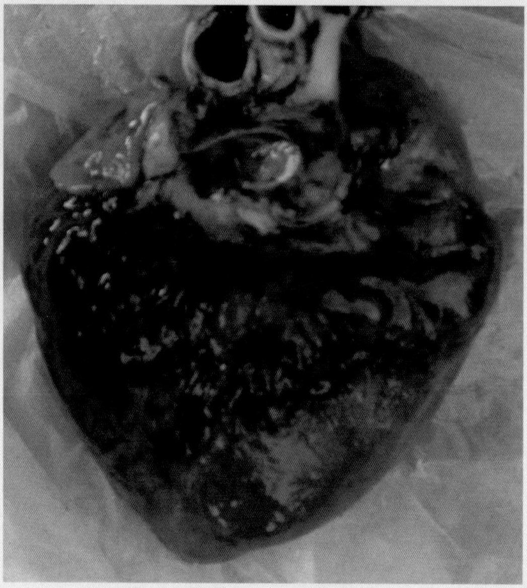

图6-5 桑葚心

（2）营养性肝病　皮下组织和内脏黄染，急性病例的肝呈紫黑色，肿大1～2倍，质脆易碎，呈豆腐渣样；慢性病例肝体积缩小，质地硬，表面凹凸不平。多见于3～4周龄小猪，2～4周龄仔猪可见肝脏破裂。

（3）桑葚心　心肌呈斑点状出血，心肌红斑密集于心外膜和心内膜下层，使心脏外观上看呈紫红色草莓状或桑葚状；肺水肿，胃肠壁水肿，体脏内积有大量易凝固的渗出液，胸腹水明显增多，透明，橙黄色。仔猪心包积液，肺水肿，心脏外膜有许多纤维素附着，心肌出血和心肌局部缺血，心肌色泽变苍白（图6-5）。

（4）仔猪水肿病　肺间质水肿、充血、出血，胃黏膜水肿、出血，胃大弯、肠系膜呈胶冻样水肿，肠系膜淋巴结水肿、充血、出血。心包积液达15～20毫升，腹腔积液达200～500毫升。

3.诊断

根据病史、临诊症状、病理剖检变化，特别是用硒和维生素E进行治疗验证，不难诊断。必要时，可进行饲料、组织中硒含量及血液中谷胱甘肽过氧化物酶活性的测定，其正常需要量详见表6-1与表6-2。

表6-1 猪饲料硒与维生素E需要量

猪饲料硒需要量	猪饲料维生素E需要量	
	4.5～14千克体重仔猪及对怀孕和泌乳母猪	其他猪
≥0.1毫克/千克	22国际单位	11国际单位

表6-2 猪组织中谷胱甘肽过氧化物酶活性与硒需要量

临诊状况	红细胞 GSH-px	血清硒 /（微克/毫升）	肝脏硒 /（微克/克干重）	肾皮质硒 /（微克/克干重）
正常	100～200	0.12～0.30	1.40～2.80	5.3～10.2
缺乏	<50	0.05～0.06	0.10～0.35	1.4～2.7

注意与大肠杆菌性水肿相区别。该病又名猪胃肠水肿，是断奶前后仔猪的一种急性散发性肠毒血症疾病，主要表现为突然发病、运动共济失调、惊厥、局部或全身麻痹及头部水肿，剖检头部皮下、胃壁及大肠间膜水肿；而硒或维生素E缺乏所致的仔猪水肿病病程长，结膜贫血、黄染，一般无明显的神经症状，尸体消瘦，皮下及体内脂肪呈胶冻样水肿，实质脏器呈营养不良性变性，如肝肿大，呈土黄色。改善饲养条件，增加蛋白质及青绿饲料后，常可逐渐恢复；从肠系膜淋巴结中分离不到溶血性大肠杆菌，缺乏前者的典型临诊症状和病理剖检变化。

三、预防与控制

1.预防

① 注意使用全价饲料，尤其是要保证猪饲料中硒的含量不能低于0.1毫克/千克。体重在4.5～14千克的仔猪及对怀孕和泌乳母猪，每千克饲料中应含维生素E22国际单位；其他猪每千克饲料中应含维生素E11国际单位。

② 缺硒地区的妊娠母猪，产前15～25天及仔猪生后第二天起，

每30天肌内注射0.1%亚硒酸钠1次，母猪3～5毫升，仔猪1毫升。另外，还要注意青饲料与精饲料的合理搭配，防止饲料发霉、变质。

2.防控

及时发现，尽早治疗。

四、中西兽医结合治疗

1.西药治疗

（1）亚硒酸钠维生素E注射液（每毫升含硒1毫克、维生素E50国际单位），1～3毫升/头，发病仔猪1次肌内注射。

（2）0.1%亚硒酸钠溶液，2～4毫克/头，发病仔猪皮下注射或肌内注射，隔20天再注射1次；维生素E，50～100毫克/头，肌内注射。这样效果更佳。注意硒具有毒性，应严格控制使用剂量。

2.中药治疗

（1）麦芽山楂煎　麦芽、山楂各30克，黄芪20克，熟地、当归、白芍、枸杞子、首乌各15克，川芎、川断、阿胶各12克，杜仲10克，水煎去渣，加阿胶烊化，灌服，每天1剂。

（2）首乌当归煎　首乌、当归、阿胶、肉苁蓉、菟丝子各15克，生地、熟地、枸杞子、女贞子各12克，甘草10克，水煎去渣，加阿胶烊化，灌服，每天1剂。

第七章 兽药安全使用常识

chapter seven

第一节　兽药的剂型、剂量、用法与“四期”

一、剂型

一般不允许直接将兽药的原料用于动物疾病的预防和治疗，而是必须加工制成安全、稳定和便于应用的制剂。剂型是指根据有关的兽药标准或其他法定的处方，将原料和辅料等经过加工，制成便于使用、保存和运输的一种特定形式。按分散介质的不同，兽药剂型可分为液体、气体、固体、半固体和特殊剂型等，每一大类又包括许多不同的剂型。兽药常用的剂型有散剂（包括预混剂）、水溶性粉剂（包括水扩散性粉剂及水溶性颗粒剂）、溶液剂（包括口服液、混悬液、乳浊液等）、注射剂（包括水针剂及粉针剂）及片剂等。

1.散剂

散剂（包括预混剂）是指将一种或多种药物粉碎后均匀混合而成的干燥粉末状剂型，适合于群体拌料给药（混饲）。除可以作为临诊用药混于饲料外，也可以直接用于饲料生产过程中，省工省时，故是目前使用最广泛的一种药物剂型。其特点是制法简单，在体内易分散，奏效快，适于饲料添加等。缺点是药物粉碎后表面积增大，故其气味、刺激性、吸湿性及化学活动性等亦相应地增加。另外，由于年龄、品种、气温高低等因素影响采集量，强壮畜禽吃料多，而患病畜禽往往吃料少，致使剂量不易掌握，不能很好地起到防治作用。

2. 水溶性粉剂

水溶性粉剂（包括水扩散性粉剂及水溶性颗粒剂）也称饮水剂，是指由一种或几种药物与助溶剂、助悬剂等辅料组成的可溶性粉末或水溶性颗粒剂，主要以混饮方式给药。其特点是混合较均匀，对群体疾病防治效果较好，特别是患病猪往往食欲差（甚至完全废绝）而喜喝水，可保证病猪能够摄食足够药物。其缺点是由于季节变化，气温高低影响猪饮水量，药物剂量不易掌握。对于乳头式自动饮水器的饲养场，投药不太方便，需要在水源处加装一个可以定容的容器来解决。因为水溶性辅料多为葡萄糖，吸湿性较强，易结块，对水分控制要求高。

3. 溶液剂

有些药物不能以干粉状态保存，或必须在溶液状态下才能发挥作用，如地克珠利、复合维生素B等，多将其作为溶液剂（包括口服液、混悬液、乳浊液等）。溶液剂是指将一种或几种药物溶解于适宜的溶剂中而制成的可供内服或外用的溶液。混悬液或乳浊液多为水不溶性物质或脂溶性药物，是实现饮水给药的有效途径，但较少见。口服液给药方便，尤其适合于群体饮水给药（混饮），生物利用度也较高；但缺点是包装储存及运输不方便，且有些药物制成溶液以后，稳定性下降。

4. 注射剂

注射剂（包括水针剂、粉针剂与乳液注射剂等）也称针剂，是指由药物制成的可以通过肌内、皮内、皮下或静脉等部位注入体内的药物溶液、混悬液、输入液、乳浊液，或临用前配成溶液或混悬液的无菌粉末或浓缩液，是当前应用最为广泛的剂型之一。水针剂一般可直接肌内、皮下、皮内或静脉注射用。混悬剂（药效长）仅供肌内和局部注射，不能做静脉注射。其特点是剂量准确，方便给药，药物吸收快，达到血药浓度峰值时间短，见效快，尤其适用于急性感染或解毒，对不能吃喝的病猪能足量投药；缺点是生产、包装要求严格，若用安瓿作容器，生产及运输过程破损率高，较不方便。

5.片剂

片剂是指一种或几种药物与相应的辅料制成扁平或上下面略有凸起的圆片剂型或异形片状的固体制剂。片剂主要供内服，剂量准确，质量稳定，服用方便；缺点是适宜于个体给药，群体给药不方便，某些片剂溶出速率及生物利用度差。

二、剂量与用法

药物产生治疗作用所需的量称为剂量。大部分药物都有一个安全用量范围，药物剂量一般不用高限或低限，而采用中限。在一定范围内，用量越大，药物浓度越高，作用也越强；反之，用量小，浓度低，作用小（图7-1）。目前不少养殖场（户）错误地理解了这一点，用药量大多超过安全限制，轻者出现不良反应，重者药残超标甚至引起病猪中毒死亡。另外，给药间隔时间的长短和次数是根据药物“半衰期”而定的。给药间隔时间长、次数少、药物浓度低，

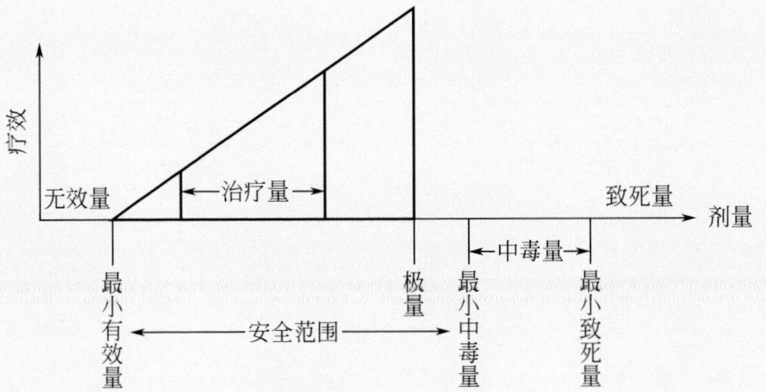

图7-1　药物作用图

则达不到预期的治疗效果；反之，常会引起不良反应或蓄积中毒。故在临诊上一定要按照药物说明书规定的用量用法使用，不得随意改变。猪场要做到准确用药，应配有台秤、天平等衡器，不能估摸着用药。

1.药物计量单位

根据国家规定，药物一律统一采用法定计量单位。固体药物计量单位多用重量表示（1毫克=1000微克，1克=1000毫克，1千克=1000克），其剂量多标记为千克体重多少重量单位，如0.5毫克/千克体重等。液体药物多用容量表示（1升=1000毫升），其剂量多标记为每千克体重多少容量单位，如2毫升/千克体重。部分抗生素、维生素及抗毒素等多采用“国际单位”（IU）来表示，其剂量多标记为每千克体重多少国际单位，如300国际单位/千克体重等。混饲、混饮药物多采用百万分率来表示饲料或饮水中的药物浓度，如1千克饲料或1升水中含药1毫克，或1吨饲料或水中含药1克等。未按每千克体重标明，而笼统地说猪用量多少的，一般是指50千克体重猪的用量，可按此进行计算。

2.不同年龄猪的用药量比例

10个月以上为1，6～10个月为3/4～1，3～6个月为1/4～3/4，1～3个月为1/8～1/4。

3.不同用药方法药剂量比例

口服为1，皮下注射或肌内注射为1/3～1/2，静脉注射为1/4～1/3，直肠给药为1/2～2。

4.用药间隔和次数

一般的情况下，药物使用说明中都有其使用的方法、剂量、间隔与时间等内容。多数中药都是每日1剂，大部分西药每日1～2次或2～3次，某些长效药物可2～3日或更长时间给药1次。

三、兽药“四期”

兽药“四期”是指围绕着兽药使用的4个术语，即有效期、失效期、使用期与负责期。它们不仅涉及兽药的安全有效使用，而且还关系到一些法律责任的区分。

1.有效期

兽药有效期是指兽药在规定条件下储藏或运输，能够保持质量的期限，是一个时间段。兽药有效期一般是从兽药生产日（生产批号）算起，如某批兽药的生产批号是20140823，有效期2年，说明该批兽药的有效期到2016年8月22日止；或具体标明有效期为2016年6月，表示该批兽药在2016年6月30日之前有效。

2.失效期

兽药失效期是指兽药超过安全有效使用范围的日期，是一个时间点。如标明失效期为2014年12月31日，表示该批兽药只可使用到2014年12月31日，到2015年1月1日即失效不能再使用了。兽药有效期和失效期虽然在表示方法上有些不同，计算上有些差别，但任何兽药超过有效期或到达失效期者，均不能再销售和使用。

3.使用期

兽药使用期是指个别特定药物制品及不受有效期限制的药品，应在规定时间内使用。它与有效期不同的是，如超过规定使用期限，应重新检验合格后方可继续使用。如酒石酸锑钾注射液规定使用期为2年半，到期检验合格可延期半年，最多可延期2次。

4.负责期

兽药负责期是指生产企业与经营单位、使用单位为解决不合格产品而协定的退货期限，即经济责任期。它是结合生产工艺与储藏条件而制定的，与责任有直接联系。在符合规定的储藏条件下，药品于负责期内变质，其经济损失由生产企业负责，超过负责期厂方则不予负责。负责期既不是有效期，也不是失效期，一般不在包装标签上注明。超过负责期的兽药，在有效期内（失效期前），只要无异常、未变质，不需再检验可继续销售使用。

第二节　影响兽药作用的因素

影响药物作用的因素主要有药物、机体和环境条件三个方面。

一、药物方面的因素

1. 药物生产

不同企业所采用的药物原料、辅料及制剂加工工艺等不完全一样，造成其所生产的兽药效应也不完全相同，在应用中可以根据经验进行选择。

2. 药物存储与运输

所有的药物都对储存与运输条件有一定的要求，尤其是疫苗等生物制品需要低温保存与运输，如果违反其要求，轻者可能使其药效受到影响，重则使其药效完全丧失甚或产生副反应。这个按照使用说明进行操作即可。

3. 药物使用方法

不同的给药途径、给药时间与药物剂量等，都会影响其药物的疗效。一般来说，注射给药要较其他途径吸收快、生物利用度高，其次序为注射＞灌注＞口服＞浇淋＞涂擦，静脉注射＞腹腔注射＞肌内注射＞皮下注射。有些药物的吸收会受到采食的影响，如胃内食物会影响阿莫西林的吸收速率等，应适当地错开时间给药。两次给药的间隔太短，有可能引起药物在体内蓄积与药物浓度过高，导致药物中毒；而太长，药物浓度不能维持阈值，导致药效下降。疾病治疗需要一个过程，叫疗程。如果时间不足会引起疾病反弹，尤其是对抗菌药来说，容易诱使细菌产生耐药性，故应严格遵循疗程用药。在一定范围内，药物效应与其靶部位的浓度成正相关，而后者取决于药物的剂量。药物剂量太小，不产生效应，而太大，又可能出现毒性反应，故应按照说明书中的剂量，根据疾病严重程度作适当调整。

4.药物相互作用

无论是西药、疫苗、中药，现在临诊上联合用药已是非常的普遍，就要考虑药物之间的相互作用与配伍禁忌。

二、机体方面的因素

1.年龄

由于不同年龄猪的肝肾功能、体内药物酶活力等的不同，其对药物的耐受力与敏感性不同，造成了临诊用药量的不同。如10个月以上的猪的药物用量为1，则6～10个月的为3/4～1，3～6个月的为1/4～3/4，1～3个月的为1/8～1/4。

2.性别

如母猪有妊娠、分娩、哺乳等特殊问题，峻泻药和其他对肠道有刺激性的药物可能引起骨盆充血和增强子宫收缩，导致怀孕母猪流产，故有一些特殊的用药注意事项。

3.机体状态

猪患低白蛋白血症时，血中药物游离增多，既能影响药物作用的强度，也影响药物的分布和消除，应适当减少药物用量。血浆或体液中的pH改变，可能影响药物的解离程度，从而影响药物的分布。中枢神经系统炎症时常能减弱血脑屏障功能，可促进抗感染药物进入中枢的可能，但也可能增强某些药物的中枢毒性。先天性免疫缺陷、染色体异常、先天性胸腺发育不全症、先天性脾脏发育不全等遗传性因素，可引起体液免疫缺陷，导致疫苗免疫失败。抗生素的作用无论多么强大，最后杀灭和彻底清除微生物还有赖于机体健全的免疫功能。机体免疫功能状态良好，抗生素选择适当，可迅速、彻底地杀灭、清除病原微生物；反之，机体免疫功能低下，抗生素无论如何有用，也难以彻底杀灭并清除病原微生物。还有脓肿形成、抑制抗生素的物质产生，或者在实验室条件下没有表现出来，但在动物活体中产生的毒素等，使实验室药敏试验结果与临诊疗效常常无关。因此，使用抗生素治疗感染性疾病时，必须注意综合治疗，处理好抗生素、病原体与机体三者的相互关系。改善机体状况，增强免疫力，充分调动机体的能动性，才能使抗生素更好地发挥作用。

4.时辰因素

皮肤对组胺和过敏原（如灰尘）的敏感性在19时至23时之间为高峰。呼吸道对乙酰胆碱和组胺反应之峰值在0时至2时之间。去甲肾上腺素之升压反应曲线在3时为谷，6～9时为峰；12时又为谷，21时又有一个峰，以后又渐下降。对氧磷（E600）的毒性在6月最大，9月最小。根据现有的时间药理学资料来看，如能依据药物作用的时辰节律来制订用药方案，则既可提高疗效，减少副作用，还可节约药物。

三、环境因素

集约化养殖，尤其是冬季为了保暖，如果通风不畅、湿度大，可导致病原微生物大量滋生。此时如果采用饮水或拌料给药，抗微生物药物的疗效可能因为投药过程中有一部分与环境中的病原微生物作用，进入体内的有效药物减少而受到影响，导致不能完全杀灭或抑制体内病原微生物。环境中若含有大量有机物，会很大程度地减弱消毒药的使用效果。另外，不良的饲养环境或运输等不良刺激，会增加猪应激反应，加重疾病，影响药效。

第三节　兽药残留原因及其危害

兽药残留（residues of veterinary drug）是指动物在使用兽药或饲料添加剂后，其药物原型或代谢物蓄积或存留于动物机体或其可食性产品（如鸡蛋、奶品、肉品等）中的现象，包括与兽药有关的杂质的残留。一般以微克/毫升或微克/克计量。

一、兽药残留产生的原因

1.不遵守停药规定

停药期也叫休药期，是指为了减少或避免畜禽产品中某些药物的超量残留，畜禽在许可屠宰或其产品（奶、蛋）许可上市前，必须停止使用这些药物一定时期。我国已对多种兽药的使用制定了明确的停药期，而有些饲养者未按规定执行，是造成兽药残留量超标的主要原因之一。如有些养殖场（户）不按停药期的要求，在畜禽出栏前或奶畜产奶期间，还继续使用按要求需要停药的兽药，造成兽药残留，生产出“抗生素奶”等，供人食用。

2.药物滥用

随着集约化养猪业的发展，不仅猪病所造成的损失巨大，而且其治疗也比较困难，有些养殖场（户）为了减少可能的猪病发生及其所带来的经济损失，在无病的情况下应用抗菌药物，或在疾病诊疗中不合理地联合用药和预防用药；或为了所谓的提高疗效，常常错误地大剂量、长时间地不规范用药，造成药物在动物性食品中的残留。尤其是抗生素类药物的长期滥用，不仅可以诱发病原产生耐药性，而且许多药物或疫苗的频繁应用还可能引起机体免疫功能抑制，造成疾病频发或久治不愈甚或病猪死亡的恶性循环。

3.使用违禁或淘汰药物

有些药物代谢与排泄慢，容易在动物体内蓄积与残留，对人体危害大，因而我国规定禁止用于食用动物。但有些饲养者为了私利，将其作为饲料添加剂长期使用而造成残留，如使用β-兴奋剂（如瘦肉精）、类固醇激素（如己烯雌酚）、镇静剂（如氯丙嗪）等违禁药品。

4.误食药物

用盛放过药物而未经充分清洗干净的容器储藏饲料，或由于兽药的大量使用，动物未能完全吸收和代谢，随粪尿排出体外污染环境，或使用消毒剂对厩舍、饲养场和器具等进行消毒，处理不当也可污染环境，继而又污染饲料、饮水，引起动物误食而致兽药残留。

二、兽药残留的危害

1.对人体健康的危害

若残留兽药一次摄入的量过大，可致人体急性中毒反应或过敏反应；而若长期食用兽药残留的动物性食品，可使其在体内逐渐蓄积下来，造成慢性中毒反应，甚或对人体产生致癌、致畸和致突变作用。如2001年8月22日，广东信宜市510人因食用残留有盐酸克伦特罗的猪肉而导致不同程度的中毒，其中51人出现严重的中毒现象。磺胺类药物残留能破坏人的造血系统，造成溶血性贫血、粒细胞缺乏、血小板减少症等；氯霉素残留可以引起再生障碍性贫血，导致白血病和新生儿灰婴综合征的发生；呋喃唑酮残留，能引起出血综合征等。青霉素类药物残留可引起变态反应，轻者表现为接触性皮炎和皮肤反应，严重者发生致死性过敏性休克。四环素药物残留可引起过敏和荨麻疹；磺胺类药物残留轻者可引起皮肤瘙痒和荨麻疹，重者引起血管性水肿，甚或出现死亡；呋喃类药物残留可引起人体周围神经炎、药物热、嗜酸性白细胞增多为特征的过敏反应等。兽用激素类药物残留，如己烯雌酚在鳝鱼中的残留，可扰乱人体激素平衡，导致女童性早熟，男性女性化，诱发女性乳腺癌、卵巢癌等疾病。

2.引起病原菌耐药性增加

尽管目前学术界对动物源细菌的耐药性能否传给人源性细菌还存在着争议，但随着抗菌药物的大量、广泛使用，很多细菌对药物由敏感逐渐变为耐药，或由低水平耐药转为高水平耐药，由单一耐药发展到多重耐药的现象，却无论是在人源细菌与动物源细菌中都越来越普遍而严重。由于饲料中长期大量地添加抗菌药物，一方面增加了动物性食品中的残留，促进人源性细菌耐药性的直接增加，同时也导致了动物源性细菌耐药性的急剧增加，而给人与动物的疾病防治带来了愈来愈大的困难与挑战。有鉴于此，欧美等国家与地区都陆续制定了禁止抗生素等药物的饲料添加，我国农业部也颁发了《饲料药物添加剂使用规范》《兽药国家标准和部分品种的停药期规定》《禁止在饲料和动物饮用水中使用的药物品种目录》《食品动物禁用的兽药及其它化合物清单》与《部分国家及地区明令禁用或重点监控的兽药及其它化合物清单》等法规，以规范兽药的临诊使用。

3.对环境的危害

其一，残留兽药以原药或其代谢产物的形式随粪、尿等排泄物排出，对其土壤微生物、水生微生物及昆虫等造成影响，引起环境中菌群平衡的破坏，进而对生态环境的平衡造成影响。其二，长期低剂量的抗菌药物排到环境中，可造成环境中的微生物耐药性增强，而后者感染人或动物后可造成疾病难以治愈。其三，进入环境中的兽药被动物、植物富集后，进入食物链，同样可以危害人类健康。

4.对外贸的影响

由于欧美等国家与地区制定了非常严格的畜禽产品兽药残留标准，致使我国多起外贸交易惨遭退货或销毁处理，造成了重大的经济损失与国际影响。如1996年欧盟以兽药残留为由，终止从我国进口禽肉、兔肉。1998年5月香港卫生署公布，因内地供港猪肉内脏含有β-兴奋剂而发生中毒事件。2002年4月16日，荷兰销毁中国滞留在鹿特丹港的258个货柜，货值约1500万美元；关系到十几家中国企业的生存，涉及数万农民的经济利益。其中7个集装箱的虾仁、38个集装箱的冻兔肉、23个集装箱的冻鸭肉被查出含有氯霉素残留，价值约421万美元。2005年8月16日，受福建、江西、安徽等省出口欧盟、日本、韩国的鳗鱼产品先后被检出禁用药物“孔雀石绿”之影响，广东首次实施召回令，仅此一项损失就达数千万元。

三、抗生素滥用与耐药性

抗生素滥用及其危害性，既是一个长期以来广泛受重视的话题，也是一个似乎无法解决的问题。其虽经多方努力，但却收效不大甚或还愈趋严重。20世纪60年代人们就已逐步认识了细菌耐药性的产生及其转移机制，以及饲用抗生素对人类健康的可能危害，提出了饲用抗生素应与人用抗生素分开的主张，并开始研制专门的饲用抗生素。然而，2007年有人对5省区调查发现，包括β-内酰胺类的阿莫西林、氟喹诺酮类的诺氟沙星、氨基糖苷类的庆大霉素和新霉素、大环内酯类的红霉素、林可酰胺类的克林霉素等，其更新几乎与人类临诊用抗生素同步。

目前，猪传染性细菌病的防治存在许多不合理使用抗生素的现象，常见的有选用对病原菌无效或疗效差的抗生素；没必要的预防用药，饲料中长期添加抗生素；剂量不足或过大；病原菌产生耐药后继续用药；过早停药或不及时停药；产生耐药菌二重感染时未改用其他抗生素；给药途径不正确；产生严重不良反应时继续用药；应用不恰当的抗生素组合；用于无细菌并发症的病毒感染等。这种不合理的使用，不仅常常导致抗生素临诊治疗的失败，由于兽药残留而影响猪源食品的安全；而且更重要的是造成病原体耐药性的产生，给猪感染性疾病的防治带来日益严峻的挑战。如青霉素于1942年在美国开始生产，当时注射100国际单位，疗效就很好；可是现在，注射1000万国际单位，剂量提高了10万倍，才有疗效。这是为什么呢？因为细菌的耐药性增强了，必须加大剂量才能杀灭细菌。而细菌的耐药性为什么增强了10万倍？因为70年来滥用的剂量一点点不停地增加，所以细菌的耐药性也一点点不停地增加。滥用抗菌药是个全球现象，但我国最甚。资料显示，在滥用抗菌药方面，亚洲占全球的70%，中国占亚洲的70%。

世界卫生组织中国区代表Michael O’Leary博士2011年指出：“由于抗生素耐药性产生的速度远大于其新药开发的速度，我们现在正濒临于失去这些利器的边缘。”如据报道，喹诺酮类药物在四川、重庆以外大多数地区的耐药率在80%上下，绝大多数地区的猪源大肠杆菌对四环素类、磺胺类药物的耐药率在90%以上。没有一种兽用抗菌药物对所有报道的猪源大肠杆菌敏感。从珠江口水域海水中检出细菌22种120株，检测得120株细菌的抗生素谱，其中对青霉素G耐药的菌株有43.30%、氨苄青霉素AM的有51.70%、头孢唑林CI的有44.20%、卡那霉素K的有46.70%、阿米卡星AN的有50.80%、新生霉素NOV的有60.00%、四环素TE的有60.80%、复方新诺明SX的有43.30%。细菌对链霉素S、诺氟沙星NOR、氯霉素C、环丙沙星CIP的耐药性比较低，分别为16.70%、6.70%、14.20%与13.30%。

第四节　选用兽药产品应注意的问题

一、仔细阅读说明书

说明书不仅是每一种正规生产销售兽药的身份证明，具有商标、兽药生产厂家、生产批准文号、生产日期及有效期等生产信息，是兽药质量的保证，而且还有功能主治、适应证、使用方法、禁忌及储存方法等信息，是兽药有效的前提。选择使用兽药前，应该先仔细阅读说明书，再根据需要正确选用。正规生产的兽药应该是包装完好，印制精美，说明书信息完整，字迹与图像清晰可见。

二、几种常见制剂的辨别

1.散剂

散剂一般应干燥、疏松、混合均匀、颗粒大小与色泽一致，颜色应该与说明书上所标注的保持一致。中药散剂颜色可能有一定的色差，但应该在说明书所标注的色差范围之内。如果发生结块、变色或有虫蛀、霉斑等，说明其或是劣质产品，或是运输保存不当而变质，不能再应用。

2. 片剂

片剂外观应该是完整、光洁、色泽均匀、厚薄形状一致、硬度适中；若有压印字，应该字迹清晰，笔画均匀。直径在200微米以上的黑点不超过5%，色点不超过3%；不得发现500微米以上的异物，不得有明显暗斑（中药制剂除外）；麻面不超过5%（中药片不超过10%），边缘不整（毛边、飞边）不超过5%；碎片不超过3%，松片不超过3%，不得有粘连、发霉、溶化现象。瓶装片剂包装应封口严密，瓶内填充物清洁，不得有松动。铝塑热盒及塑料包装压封应严密、完整、无损，印字应端正、清晰。

3. 水针剂

外观安瓿应该洁净，封头圆整。安瓿印字清晰，品名、规格、批号等项齐全，不得缺项。不得有裂瓶、裂纹、封口漏气及瓶盖松动。溶液还不应有结晶析出，不得有混浊、沉淀及发霉现象。在规定的条件下检查，不得有肉眼可见的混浊和异物。

4. 粉针剂

外观不应有裂瓶、封口漏气、瓶盖松动等现象。如发现崩盖、松盖、歪盖、漏气、隔膜脱落、瓶塞有针孔、安瓿有裂缝或渗液现象的成品不应使用。在自然光亮处反复旋转检查，色泽应一致，不得有变色、敲击不散的黏皮、结块和溶化情况，不得有异物、纤物、玻璃屑、焦头及黑色。冻干型粉剂应当质地疏松，色泽均匀，不应有明显的萎缩和溶化现象。

第八章

chapter eight

兽药安全使用原则与方法

第一节　正确诊断，对症分析

正确诊断与对症下药不仅是猪病防治取得理想疗效的首要前提，而且也是临诊兽药安全使用的关键。临诊上许多的用药不安全事件发生，都与疾病诊断不清、用药不当与疗效不佳而致随意加大药物用量、延长用药时间，以及盲目添加药物有关。

一、猪病现场诊查

猪病现场诊查包括猪个体检查、发病猪群检查与猪群健康状况评估三个方面。其目的就是以猪的生物学性状与其真实发育状况进行对比，对猪群的整体健康状况和生产性能做出评估，为进一步的猪病诊断与治疗奠定基础。无论何种检查，询问病史、个体体格检查、评价猪与环境的相互关系，以及条件允许时的尸体剖检，都是不能少的。

1.猪个体检查

猪个体检查通常只限于成年猪和发病猪群中的典型病猪，包括特定姿势、体形与体态观察，体温、呼吸、脉搏、全身各系统及运动功能等的检查（表8-1～表8-3）。对猪个体检查应尽可能在自然状态下进行，或是先进行姿势、体形与体态等观察性检查，然后再实施保定进行其余的检查，以免抓捕刺激对检查结果造成影响。

表8-1　不同时期猪的体温、呼吸与心率

猪的年龄	直肠温度/℃	呼吸/（次/分）	心率/（次/分）
新生猪	39±0.3	50～60	200～250
保育猪（9～18千克）	39.3±0.3	25～40	90～100
架子猪（27～45千克）	39±0.3	30～40	80～90
育肥猪（45～90千克）	38.8±0.3	25～35	75～85
怀孕母猪	38.7±0.3	13～18	70～80
公猪	38.4±0.3	13～18	70～80

表8-2　猪血液生理常数

检查项目	生理指标	检查项目	生理指标
红细胞数	600万～800万/立方厘米	红细胞存活天数	4～120天
红细胞沉降速度	3.0厘米/15分钟 8.0厘米/30分钟 20.0厘米/45分钟 30.0厘米/60分钟	白细胞百分比	嗜碱性白细胞1.4 嗜酸性白细胞4.0 嗜中性杆状核型白细胞3.0 嗜中性分叶核型白细胞40.0 淋巴细胞48.6 单核白细胞3.0
白细胞数	1.5万/立方毫米	白细胞存活天数	4天
血小板数	（545.84±25.62）×10^9/立方毫米	血红蛋白含量（Hb）	10.5克/100毫升
血液占体重量	4%～6%	血液pH值	7.47
血液凝固时间	3.5分钟/25℃		

表8-3　猪生殖生理常数

母猪		公猪	
性成熟期	3～8月龄	性成熟期	6个月（长白猪）
性周期	21天	公猪配种最早月龄	8月龄
发情持续期	2～3天	每次射精量	200～400毫升，1亿～2亿/毫升
产后发情期	断奶后3～5天	精液pH值	7.3～7.9
妊娠期	114天	精液渗透压	0.59～0.63
年产仔胎数	2.0～2.5胎	精子活力（10级制）	0.6
每胎产仔数	8～15头	精子抗力	500
胎衣排出时间	10～60分钟	反常精子百分率	14～18
恶露排完时间	2～3天	未成热精子百分率	10

2.发病猪群检查

发病猪群检查包括对具有典型临诊症状的病猪检查和疾病暴发的流行病学调查。当猪群中有猪发生疾病时，不仅要对猪个体进行检查，还要有种群观念，确定是否是猪群要暴发某种疾病，或是当整群猪生长发育不理想时，就要对整个猪群做检查。对猪群体进行检查时，除了应检查猪体格状况外，还要了解猪群动态、环境条件、饲养管理状况以及猪群或猪场的历史资料。一般按照产房，断奶仔猪（图8-1）、育肥猪舍或是种猪、妊娠母猪舍的顺序进行巡查。

图8-1　健康仔猪及其粪便

（1）猪群动态检查　着重对猪的饲养密度（如每栏头数、每头猪的活动范围以及整幢舍内猪的总数）、猪群均一性（同一栏或同一猪舍内猪的个体大小和年龄）、共用设施数量（食槽数、饮水器数、供猪躺卧区域的面积等与猪数量的比值）、猪与猪之间的群体关系（是否争斗，有无咬尾、咬耳）以及猪对饲养人员的反应等几个方面进行了解。应定期对猪进行称量，将其体重与饲养标准，以及不同个体之间进行比较。同一栏猪的体重差异不应超过10%。

（2）环境检查　主要应对猪舍温度、通风情况、湿度以及有无有害气体与尘埃污染等进行检查，以确定其是否合乎要求。湿度不仅是反映通风是否良好的指标，也是诱发各种病原体滋生的重要条件之一。比较理想的湿度可维持在40%～60%的范围内。猪舍通风不良，尤其是北方在冬季为了保暖，容易造成氨气等不良气体浓度超标与湿度过大，应该正确处理好保温与通风的关系。

（3）饲养管理检查　应着重对饲料的实际配比与营养成分、粉碎饲料的磨碎程度、颗粒性饲料的颗粒是否完整进行考察。饲料应该新鲜无霉变、无变质或酸败成分，没有鼠粪等杂质。限饲猪应根据每日允许采食量来供应饲料。

（4）历史资料收集　尽量完整地收集猪群或猪场的相关历史资料，为猪病的快速正确诊断提供借鉴。如对猪场防疫安全措施、猪品种及其遗传特性、繁殖管理措施、产子性能及其存活状况、治疗与免疫情况、饲料及其配方与使用、疾病发生特点及其流行病学等方面的情况，都要进行全面而有重点的了解，以对疾病的诊断与防治尤其是重大疫病防治措施的制定提供重要参考。

3.病理剖检

对病死猪进行剖检，是一种很有效的诊断手段，尤其是对那些具有典型病理变化的病猪来说。为了取得剖检诊断的成功，剖检前应做好充分的准备，剖检时应按照相关步骤与方法有序进行，否则可能事与愿违劳而无功。其成功与否则取决于病猪的发现和选择。在可能的情况下，应选择一头活猪剖检，且其临诊症状应是在最近

24小时内明显变化的。

（1）剖检前的准备

① 准备好解剖刀、手术刀、剪子、镊子、骨锯、装固定液的广口玻璃瓶、塑料袋、细绳和采样拭子、断肋器、载玻片、尺子、灭菌注射器、注射针头、标签等解剖器械及采样用具。

② 准备好所需的固定液：95%乙醇或10%中性甲醛缓冲固定液（40%甲醛溶液100毫升、无水磷酸氢二钠6.5克、磷酸二氢钾4.0克，蒸馏水加至1000毫升）。

③ 组织病料取样：厚度≤0.5厘米（脑脊髓和眼除外），大小为3厘米×4厘米。组织块与固定液最佳体积比为1 ∶ 10。

④ 组织块在固定前最好不要用水冲洗，非要冲洗不可时，只可用生理盐水轻轻冲洗。

（2）剖检的步骤和方法　剖检时必须依次从体表到体内，对全身各系统进行全面仔细的检查；或根据临诊症状与流行病学的提示，在全面系统的基础上进行重点检查，以免遗漏某些最基本的变化和其他有关的病变。在一个器官没有完全检查完毕之前，不要去动其他器官。

4.病料采集与送检

病料采集与送检是否得当，直接关系到检验结果是否正确。不同疾病要求采集的样品有很大不同。

（1）病料采集原则

① 有临诊症状需要做病原分离的，样品必须在病初的发热期或症状典型时采样；对病死猪，应立即采样，最长不能超过6小时。

② 不同疫病所需检测的样品不一样，可根据所怀疑的疫病侧重采集；对于未能确定的疫病，应全面采集。数量除满足诊断检测的需要，还应留有余地，以备必要时复检使用。

③ 选取未经治疗、症状最典型或病变最明显的病例；如果有并发症，还应兼顾进行采样。

④ 除供病理组织学检验外，供病原学与血清学检验的样品必须

无菌操作采集，采样用具、容器均须灭菌处理。尸体剖检需采集样品的，应先采样后检查，以免人为污染样品。

⑤ 应一种样品一个容器，立即密封。容器可以是玻璃或塑料瓶子、试管或袋子，但必须完整无损，密封容器不使液体漏出。病原学检验样品的容器用前应彻底清洗干净，并烤干或高压灭菌烘干。不能耐高压的可经环氧乙烷熏蒸消毒或紫外线消毒灭菌后使用。

⑥ 供细菌检验、寄生虫检验及血清学检验的冷藏样品，必须在24小时内送到实验室；供病毒检验的样品，冷藏处理须在数小时内送达实验室，超过数小时的应做冻结处理。可将样品放入–30℃冰箱内冻结，然后再装入冷藏箱内冷藏运送；或将装入样品的容器放入隔热保温瓶内，再放入冰块，然后按100克冰块加入食盐约35克，立即将保温瓶口塞紧。经过冻结的样品须在24小时内送到实验室，24小时内不能送到实验室的，在运送过程中需将样品保持于–20℃以下。

⑦ 采样过程中，须做好采样人员的安全防护，并防止病原污染，尤其必须防止外来疫病或重大疫病的扩散，避免事故发生。

（2）病料采集与保存方法

① 血液样品　供病毒检验样品应是在猪发病初期体温升高时采集的抗凝血或脱纤血。可选用肝素或乙二胺四乙酸作抗凝剂，按每10毫升血液加入0.1%肝素1毫升或乙二胺四乙酸20毫克，事先加入采血管中烤干。枸橼酸钠对病毒有轻微毒性，一般不用。采血多从前腔静脉真空采血或用注射器抽取（图8-2），用量少时也可从耳静脉抽取。采集的血液经密封后贴上标签，立即冷藏送实验室。供细菌检验样品同前，但不可加入抗生素。供血清学检验样品不加抗凝剂或做脱纤处理，采得的血液贴上标签，室温静置等方式凝固后送实验室，并尽快将自然析出的血清或经离心分离出的血清吸出。

② 组织样品　从尸体采样时，先剥去猪胸部、腹部皮肤，以无菌器械将胸腔、腹腔打开，根据检验目的和生前疫病的初步诊断，无菌采集不同的组织；若从活猪采取组织样品，一般须使用特殊的器械。作病毒检验的组织必须无菌采集，分别放入灭菌的容器内并

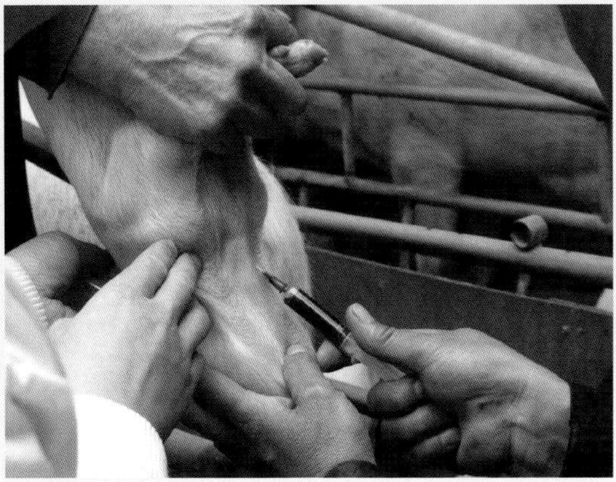

图8-2 仔猪前腔静脉血样采集

立即密封贴上标签，放入冷藏容器立即送实验室。也可将组织块浸泡在pH值为7.4左右的汉克液或磷酸盐缓冲肉汤保护液内，并按每毫升保护液加入青霉素、链霉素各1000国际单位，然后放入冷藏瓶内送实验室。供细菌检验的组织，无论是新鲜组织样品还是已经腐败尸体的长骨或肋骨的骨髓样品，应分别放入灭菌容器内或灭菌的塑料袋中，贴上标签，立即冷藏送实验室。作病理组织学检验的组织样品必须保证新鲜，应选择病变最典型、最明显的部位，并应连同部分健康组织一并采集。若同一组织有不同的病变，应同时各取一块。立即将组织块浸泡在固定液内固定，密封后加贴标签送实验室。

③ 粪便样品　采集量少时，可用灭菌棉拭子从直肠深处蘸取粪便；需采集量较多时，可直接收集粪便。所收集的粪便立即装入灭菌的容器内，并密封。分离病毒的粪便，必须新鲜；作细菌检验的粪便，应在使用抗菌药物之前采集（图8-3）。

④ 皮肤样品　取样选捕杀猪或死后猪，用灭菌器械取病变明显而典型的部位及其交界处的小部分健康皮肤，或直接剪取活猪病变皮肤的水泡皮、结节或痂皮等，进行病原分离、病理组织学检验或寄生虫检验。

⑤ 生殖道样品　主要是猪死胎、流产的胎儿、胎盘、阴道分泌

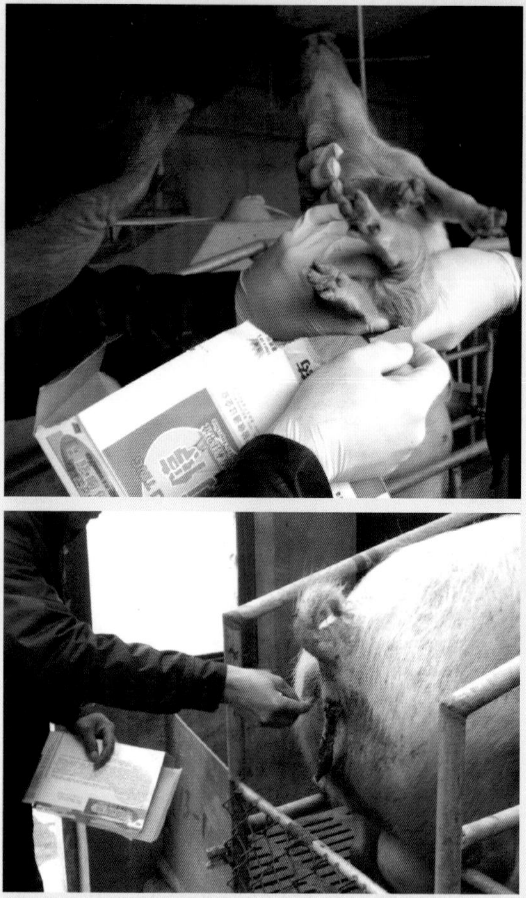

图8-3 猪粪样采集

物、冲洗液、阴茎包皮冲洗液、精液等。流产的胎儿及胎盘可按采集组织样品的方法无菌采集；精液以人工采精方法收集；阴道、阴茎包皮分泌物可用拭子从深部取样。所采集的各种样品，按检验目的保存和送检。

⑥ 分泌物和渗出液　包括眼、鼻、气管和口腔分泌物，乳汁、脓液、阴道渗出液、皮下渗出液、胸腔和腹腔渗出液、关节渗出液等。眼、鼻、气管和口腔分泌物可用拭子采集，其他能抽取的则抽取。

二、猪病常见症状分析

临诊症状是猪病发生的主要表现之一，也常常是人们认识与防治猪病的开始。虽然大多数猪病都要依靠实验室特异性诊断才能确诊，但临诊症状却常常可以为后者提供重要的参考与向导；同时还是在实验室诊断结果出来之前，实施应急防治或诊断性治疗的最主要依据。

1.发热

发热是指因为各种原因而导致的猪体温高于其健康状态的现象，是许多传染病和部分非传染病的主要症状之一。健康猪的体温，通常是指直肠温度，为38～40℃，昼夜温差不超过1℃，一般上午稍低，下午稍高。运动、采食与刺激等都会促使猪直肠温度快速升高，在测温时应尽量让猪躺卧或处于安静状态。根据临诊表现的特点，发热常可分为以下几种热型（图8-4）。

（1）稽留热　稽留热是指高热持续数天不降，昼夜温差在1℃以内。在猪瘟、流感、传染性胸膜肺炎、猪丹毒、猪急性痢疾、猪弓形虫病等病中多见此种热型。

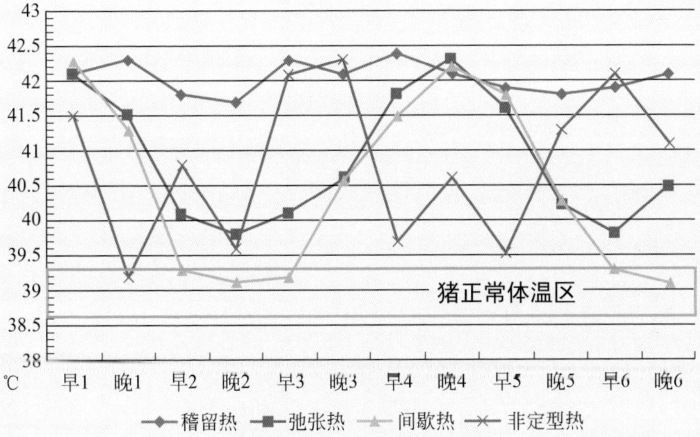

图8-4　几种常见热型示意图

（2）弛张热　弛张热是指猪体温在昼夜间有1～2℃的较大升降变动，但不会降至正常范围以内。小叶性肺炎、胸膜炎、败血症、灶性化脓性疾病及某些非典型传染病等多见此种热型。

（3）间歇热　间歇热以发热与正常体温交替出现为特征，多表现为持续发热数天，体温降至正常范围，几天后又重新升高，如此反复。多见于猪血孢子虫病、局灶性化脓性败血症感染等。

（4）非定型热　此种发热多表现为持续时间不定，体温升降呈无规律的变化特点。多见于某些慢性猪瘟、猪肺疫、副伤寒等慢性传染病。

（5）特异性退热　一是猪体温降到正常后不再发热，而其他症状不见缓解甚或加重，如典型的纤维素性肺炎；二是经过特异性治疗，病情得到控制，体温下降，全身症状也随之缓解而表明疾病将愈。如在细菌性感染时应用抗菌药治疗后，疾病康复转变。

（6）非特异性退热　这种情况比较复杂，或见于间歇发热的无热期，或是处于非定型热的退热期；或是因解热镇痛药的暂时退热，而其病源尚未消除或见继发感染者；或是特异性治疗而未彻底治愈的再发热等，应根据病情发展与治疗情况综合判定，并做进一步的处理。

2.腹泻

腹泻是指猪的排粪次数增多或粪便含水量多于正常的一种病理现象，多见于胃肠道疾病及其他能够影响消化吸收功能的疾病。它是养猪生产中经常发生的多种疾病的一个症状而已，但却是多年来一直困扰猪场兽医和管理者的一个顽症；特别是新生仔猪腹泻，发病率高，死亡快，严重危害养猪生产。根据其腹泻与粪便特点及其相伴的症状特点，可对其疾病做出可能性的诊断。

（1）腹泻特点　其特点是粪便稀薄，多带有黏液、脓血或未消化的食物。暴发性腹泻，并迅速传播者，多与病毒性感染有关；发作不明显，传播缓慢，但随着时间逐渐加重者，往往与细菌病或寄生虫病有关。黄痢多发生于初生至10日龄猪，白痢多发生于

10～30日龄猪，红痢多发生于7日龄内的猪，仔猪副伤寒多发生于2～4月龄；只有痢疾和增生性肠炎会感染成年猪，病毒性腹泻可发生于所有年龄段的猪。传染性胃肠炎、流行性腹泻、轮状病毒具有明显的季节流行特点，多发生在秋、冬季天气较冷的时期，故也有冬痢之称；猪球虫性腹泻则往往发生在潮湿的夏、秋季（图8-5）。

（2）粪便特点　细菌性腹泻的粪便稀软，颜色多为黄、白色（黄白痢）、绿色（仔猪副伤寒）或红色（仔猪红痢、增生性肠炎、痢疾）；而病毒性腹泻粪便多为灰黑色（传染性胃肠炎、流行性腹

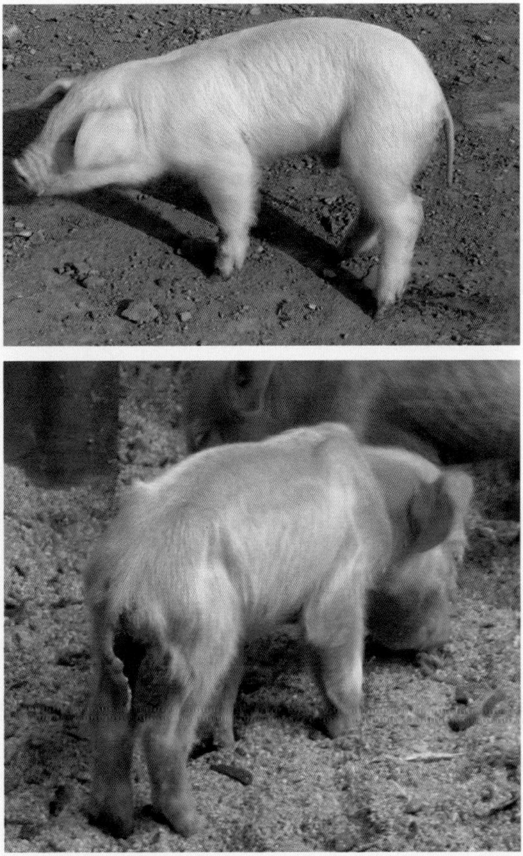

图8-5 仔猪腹泻

泻、蓝耳病）或蛋黄色（伪狂犬、猪瘟、多系统衰竭综合征）。增生性肠炎和痢疾的粪便一般为糊状，而其他的腹泻一般呈水样。便秘与腹泻交替则多是温和性猪瘟和仔猪副伤寒的特有现象。粪便内有大量血液，提示可能与仔猪红痢或球虫病有关；粪便中混有血液或呈黑色，多为出血性炎症。只见粪球外表附有血液，并呈鲜红色时，多为后段肠道出血；而血色均匀混于粪便中，或呈黑色时，说明是胃或前段肠道出血。腹泻呈灰白色，含有凝乳块，多为仔猪白痢或消化不良；腹泻粪便似水，色泽不一，或呈黄绿色，则可能是传染性胃肠炎；粪便新鲜（通过挤压腹部获得），pH值呈酸性，多为传染性胃肠炎和轮状病毒性肠炎。粪便中混有脓液，是化脓性炎症的标志；粪便中混有脱落的肠黏膜，则多见于假膜性与坏死性炎症（图8-6）。

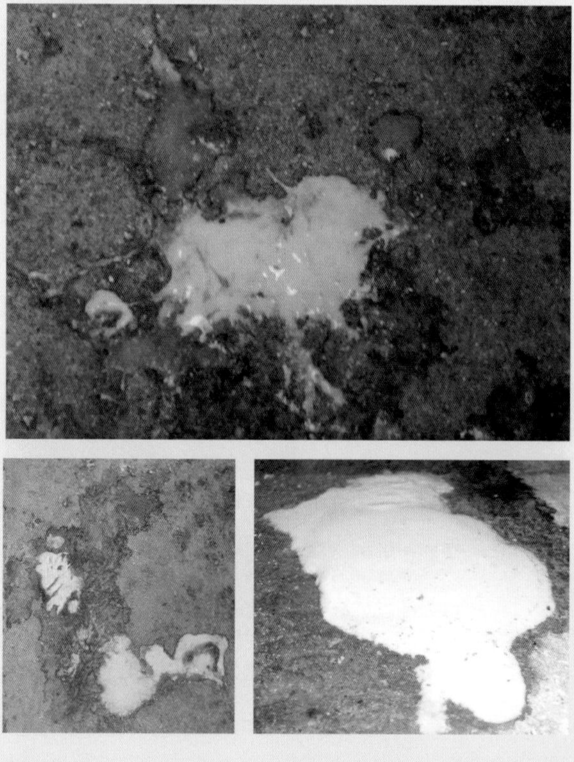

图8-6 猪腹泻粪便

（3）伴发症状　伴有发热者，可见于急性细菌性痢疾、败血症、病毒性肠炎等；伴有里急后重者，多见于急性痢疾、直肠炎和其他顽固性腹泻性疾病等；伴有明显消瘦者，可见于胃肠道吸收不良综合征；伴有皮痂或皮下出血者见于败血症、伤寒或副伤寒等；伴有重度脱水者常见于分泌性腹泻等。病毒性腹泻往往还伴有呕吐的症状，而细菌性腹泻一般无呕吐现象的发生，但呕吐应注意与浅表性胃炎引起的反流相区分。患蓝耳病及圆环病毒引起的多系统衰竭综合征的哺乳期仔猪群，可非常普遍地发生顽固性腹泻，使用任何抗菌药物均无效，但可随蓝耳病或多系统衰竭综合征的逐步康复而自然消失。

（4）病理变化　仔猪副伤寒，多见结肠壁糠麸样坏死溃疡；增生性肠炎，多见回肠壁增生变厚如同硬管，肠腔表面具明显的皱褶；仔猪红痢，多见空肠和回肠出血性肠炎，并与正常肠段处界线分明；猪痢疾，多见大肠黏膜表面有血色麸皮状假膜；传染性胃肠炎、流行性腹泻、轮状病毒，排出的稀便呈酸性，pH值6.0～7.0。

3.呕吐

呕吐是指胃内容物不由自主地经口或鼻腔反排出来的病理现象，是许多猪病的重要临诊症状之一。在对呕吐进行诊察时，应重点了解猪呕吐出现的时间和呕吐物的数量、气味及酸碱度。

（1）真假呕吐　真呕吐是指胃肠内容物不由自主地经口腔反排出来的现象。胃内容物呕吐物呈酸性，带有酸臭味；肠内容物呈碱性，呈黄色或黄绿色（含有胆汁），带有苦臭味。假呕吐又称逆呕，是指被吞咽的食团在进入胃之前，由于食管的收缩而被返回口腔的现象。逆呕出的食团不带酸臭味，也不带苦味和绿色，因其混有唾液而略显碱性。真呕吐提示脑和胃肠病变，假呕吐提示食管疾病，如食管狭窄、食管梗死、食管痉挛、食管炎等。

（2）中枢性呕吐与末梢性呕吐　前者是由于中枢神经受到损害，多呈频繁性或阵发性呕吐，间隔时间较短，当胃肠内容物全部吐出之后，症状也不缓解；而后者的受害部位主要是胃和肠道，当胃肠内容物吐完之后，呕吐通常停止，症状也随之缓解。

（3）呕吐物中混杂物　呕吐物中混有血液，提示有出血性胃炎、胃溃疡和某些出血素质性疾病；混有胆汁，显黄绿色，呈碱性，常提示十二指肠阻塞；发现有毒物或毒物的特殊气味、颜色，提示多由中毒所致。

4. 便秘

便秘是指由于各种原因所致，肠内容物停滞、变干、变硬而使某段或某几段肠管发生完全或不完全阻塞的疾病。可发生于各种猪，尤以小猪多发。出现这种病症的原因很多，如一般的热性传染病、夏天气候炎热造成失水过多、饲料配方不合理（如饲料中麸皮少，精料太多，缺乏青绿多汁饲料）、突然变换饲料，以及用纯米糠饲喂刚刚断奶的仔猪、妊娠后期或分娩不久伴有肠弛缓的母猪，或饲喂病程长的慢性病猪时，均可出现便秘。

最常见的症状是猪排出的粪便干硬，形状如算盘珠，外表还粘有一层黄白色黏液。病猪初期食欲减退，饮水增多，常拱腰举尾，做出排粪姿势，但排粪较慢，排出干硬且带黏液的粪球。病猪出现坐卧不安，发出“咕噜”声，手按其腹部有痛感。继而病猪精神沉郁，食欲消失，眼结膜充血，口腔干燥。体小或瘦弱的病猪，腹部触诊可摸到大肠中干硬的粪块。病猪尿少或无尿，体温一般变化不大。

5. 咳嗽与呼吸困难

咳嗽是指猪喉部或气管的黏膜受刺激时迅速吸气，随即强烈地呼气，声带振动发声的一种现象。它是猪清除呼吸道内的分泌物或异物的保护性呼吸反射动作，也是呼吸道疾病最常见的症状之一。猪咳嗽常见的原因有喉、气管、支气管、肺及胸膜的疾病，以及流行性感冒、气喘病、仔猪衣原体肺炎、伪狂犬病、传染性胸膜肺炎、肺线虫病、蛔虫病等传染病和寄生虫病。其中呼吸道因细菌、病毒感染而引发的咳嗽，占突出地位。

呼吸困难是指一种以呼吸用力为基本临诊特征的症候群，是由许多病因引起或许多疾病伴有的一种常见多发综合征。根据临诊表

图8-7 猪呼吸困难

现形式，呼吸困难可分为吸气性呼吸困难、呼气性呼吸困难、混合性呼吸困难与呼吸减慢或微弱4种（图8-7）。

（1）吸气性呼吸困难　吸气性呼吸困难是指病猪以吸气延长而用力，并伴有狭窄音为特征的一种病理表现。病猪多表现为头颈伸直、鼻翼张开、吸气时间延长，并常伴有狭窄音，呼吸次数减少。多见于急性腹膜炎、上呼吸道狭窄等疾病。

（2）呼气性呼吸困难　呼气性呼吸困难是指病猪以呼气延长而用力为特征的一种病理表现。病猪多表现为腹式呼吸，呼气时间显著延长，腹壁活动特别明显，多呈两段式呼出。多见于气喘病、胸膜肺炎、肺气肿、支气管肺炎等疾病。

（3）混合性呼吸困难　混合性呼吸困难是指病猪呼气及吸气均发生困难的一种病理表现。病猪多表现为吸气与呼气均用力，时间均缩短或延长，呼吸浅表而疾速，次数增多。多见于支气管肺炎、肺炎、心功能障碍、重度贫血及高热性疾病等。

（4）呼吸减慢或微弱　呼吸减慢或微弱多见于脑水肿、脑炎、中毒性的疾病及昏迷状态，其特征为呼吸相显著加深并延长，而呼吸次数减少，或表现为微弱的呼吸活动。

6.神经症状

引起猪神经症状的原因很多，如细菌、病毒、寄生虫等感染因素，外源性或内源性毒物中毒，营养物质缺乏及代谢障碍，创伤、电击、中暑等都可引起神经症状。猪常见的神经症状有行为异常、共济失调、步态异常、不协调、不全麻痹、肌肉震颤、颤抖、四肢划动、犬坐、角弓反张、抽搐、耳聋、失明、眼球震颤、昏迷或死亡等（图8-8）。

（1）哺乳仔猪神经症状　多见于仔猪低血糖、伪狂犬、先天性震颤、链球菌性脑膜炎、猪脑脊髓炎、有机磷中毒、维生素A缺乏、血凝性脑脊髓炎等病症。

（2）断奶后猪神经症状　多见于水肿病、伪狂犬、食盐中毒（水缺乏）、链球菌性脑膜炎、猪脑或脊髓损伤、有机砷中毒、脑干软化症、副猪嗜血杆菌脑膜脑炎、破伤风、狂犬病与李氏杆菌病等病症。

（3）猪中毒性神经症状　多见于有机砷、铅、氯化氢、士的宁、有机氟化物、有机磷、硝基呋喃、铵盐、汞、五氯酚、苯氧基除草剂、亚硝酸盐、苍耳及茄属植物等中毒。

（4）营养失衡性神经症状　多见于钙磷缺乏、镁过量或镁缺乏、铜缺乏、维生素A缺乏、烟酸或维生素B_2（核黄素）缺乏、泛酸缺乏、维生素B_6缺乏等。

7.贫血

贫血是指猪血红蛋白含量低于正常值的状态。不同生长时期猪的血红蛋白含量有所不同，出生时为11毫克/100毫升，1～3周龄为10毫克/100毫升，大于4月龄的为12毫克/100毫升。哺乳仔猪贫血多由缺铁、附红细胞体病所致，断奶到成年猪贫血多由胃溃疡、

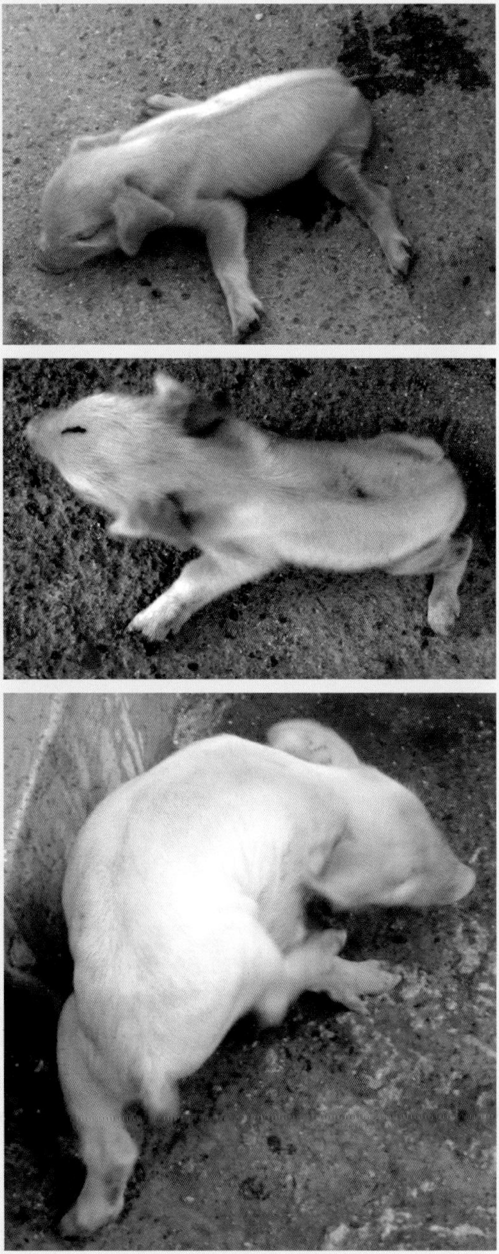

图8-8　仔猪神经症状

寄生虫病、真菌毒素中毒及营养缺乏等因素所致。

8.流产、死胎与木乃伊胎

流产是指由于胎儿或母体异常而导致的母猪妊娠过程紊乱乃至中断。死胎和木乃伊胎是养猪生产中常见的两种流产形式。流产十分常见，原因却十分复杂，一般地可将其分为传染性流产与非传染性流产两类。前者主要是由传染性疾病所致，多见于布氏杆菌病、钩端螺旋体病、霉形体病、李氏杆菌病、弓形体病、猪瘟、猪乙型脑炎、细小病毒病、伪狂犬病、附红细胞体病等；后者也叫普通流产，多由胎膜及胎盘异常、母猪普通疾病及生殖激素失调引起的流产，饲养管理不当及医源性因素等原因所致。

根据胎儿变化和临诊症状的不同，流产又可分为隐性流产、早产、死胎流产和延期流产4种情况。隐性流产属于胚胎早期死亡范畴，多无临诊表现；而后三种流产症状在临诊上很常见。

（1）隐性流产　隐性流产多发生于妊娠早期，由于胚胎尚小，骨骼还未形成，胚胎被子宫吸收，而不排出体外，故常不表现出临诊症状。有时阴门流出多量的分泌物，过些时间再次发情。

（2）早产　这类流产的预兆及过程与正常分娩相似，胎儿也是活的，但未足月即产出。多因外力和药物使用不当所致。

（3）死胎流产　排出死亡而未腐烂的胎儿，是流产中最常见的一种。

（4）延期流产　也称死胎停滞，多由于胎儿死亡后子宫阵缩微弱，子宫颈口不开张或开放不大，导致胎儿长期停留于子宫内，称为延期流产。其结果有两种：一是胎儿干尸化，即胎儿死亡后未被排出，其组织中的水分与胎水被吸收，变为棕色，好像干尸一样，也称为木乃伊胎；二是胎儿浸溶，即妊娠中断后，死亡胎儿的软组织分解，变为液体流出，而骨骼则留在母体子宫中，称为胎儿浸溶。

9.被皮异常

被皮异常主要指被毛异常和皮肤组织的异常。前者主要表现为被毛生长缓慢，或出现大量掉毛，甚至成块成片脱落；或见哺乳仔猪被毛失去光泽、枯焦、粗乱，或者被毛退色。后者则是出现皮肤疹块，常见的有斑疹、丘疹、水泡、大疱、脓疱、结节、糜烂、鳞屑、溃疡、痂、苔藓样化等数种（图8-9）。

图8-9　猪皮肤病变

不仅是皮肤病，许多内脏疾病或全身性疾病也可出现皮肤疹块。发现动物有皮肤疹块时，要注意疹块的大小、形态、颜色、光泽、表面光滑还是粗糙，以及边缘界线是否清楚等变化。对不同类型的皮肤疹块，根据其特征进行区别，并注意它们的变化及其之间的相互关系。根据发生原因，皮肤疹块通常分为四种：一是传染性皮疹，主要是由某些细菌、化脓菌、病毒等感染所引起；二是寄生虫性皮疹，多由原虫类、吸虫类、线虫类、蜱螨类及昆虫类等所致；三是过敏性皮疹，由变态反应所引起，有速发型过敏反应和迟发型过敏反应两种，前者多在接触变应原30分钟以内出现风疹块样反应，如湿疹、接触性皮炎等，后者则至少要经过24 ～ 72小时才出现反应，反应部位在表皮，如荨麻疹、血清病等；四是神经性皮疹，主要是由于皮肤组织的功能障碍所致，如皮肤瘙痒病。

三、病原学或实验室诊断

临诊症状虽然是猪病的重要表现，是猪病临诊诊断的重要根据，但对大多数猪病来说，其只能提供一个初步诊断，而更进一步的准确诊断还有赖于病原病因学检查或实验室诊断（图8-10）。由于实验室诊断需要专门的实验室设备与技术，且工作非常繁多，大多数猪场都无法实施，可采取病料送检的方法来完成。其有关事宜将在以后的章节中介绍，此处就不再赘述了。

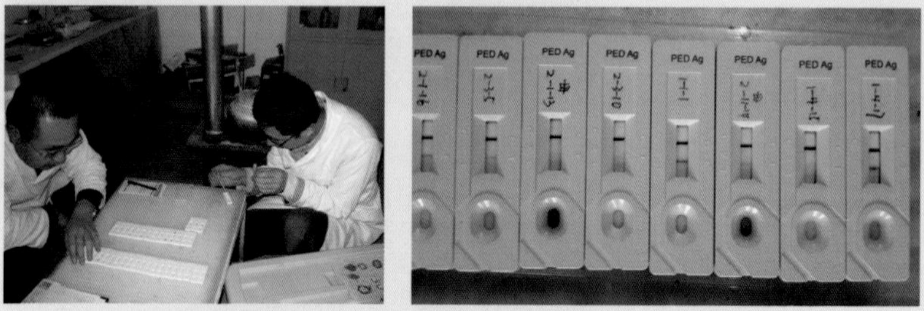

图8-10 猪流行腹泻病毒抗原（PED-Ag）胶体金检测

第二节　谨遵治则，提高疗效与用药安全性

一、急则治其标，缓则治其本

“急则治其标，缓则治其本”是猪病治疗的最基本原则之一。它是指在不同的病情下，同一种疾病要采取的不同治疗原则与方法。比如仔猪黄白痢是由大肠杆菌感染所致，大肠杆菌感染是其发生的根本原因，而腹泻只是一个病理结果，治疗理应以消除大肠杆菌感染为根本；但如果腹泻太严重，已造成虚脱之势，如果不紧急对腹泻及其虚脱之症进行处理，就有可能发生大肠杆菌感染虽已消除，但病猪却可能因为虚脱衰竭而死亡。在这种情况下，就应该采取“急则治其标”的原则，首先对其腹泻与衰竭采取治疗，先保命，再治病；待病情有所缓解时，再治本或标本兼治。再如，发热既是许多感染性疾病的一个症状，也是机体抗击感染的一个生理反应。一般在临诊上，猪体温不超过40℃时，先不要盲目地应用解热药来降体温，而应该针对感染性因素治本，以免盲目降体温给人以假象而耽误病情。然而，当猪体温超过40℃时，因为有可能造成猪惊厥、抽搐乃至角弓反张等神经症状，并危害到猪的生命安全时，就应该采取“急则治其标”或“标本兼治”的方法，适当地采取解热等治疗措施，以为进一步的抗感染“治本”治疗赢得时机与条件。

二、辨病与辨证相结合

辨病与辨证相结合是我国中西兽医结合的一大成果。它不仅可以克服“西兽医有病可识，中兽医却无证可辨”与“中兽医有证可辨，而西兽医无病可识”之不足，而且能够显著地提高与改善中西药物的临诊疗效。如王今达等根据中医药解毒清热方药多具有对抗中和内毒素的作用，而在抗菌方面作用较差的事实，在救治感染性多脏器功能衰竭中提出了“菌毒并治”的新主张，采用抗生素

抑菌杀菌，配合神农33号中药制剂拮抗内毒素的毒害作用，使其病死率由非菌毒并治的67%降至30%，尤其是5脏衰与6脏衰，由国际上几乎是100%的病死率降至50%和57%，为世界所瞩目。冯子清在西药驱虫的基础上，配合中医药学卫气营血辨证治疗水牛伊氏椎虫病，较满意地解决了单纯采用西药驱虫后，有的病畜死亡；有的病畜病情加剧，原可自行起卧的反而卧地不起、四肢水肿，以及耳、尾干枯，阴血耗损病畜的康复缓慢等问题。痢菌净不同给药途径治疗仔猪白痢病效果比较发现，后海穴注射痢菌净3毫克/千克体重治疗仔猪白痢，分别较肌内注射5毫克/千克体重与口服痢菌净片10毫克/千克体重总有效率分别高出20.3%～21.6%和37.8%～38.8%，平均疗程缩短25.2～25.6小时和55.0～55.4小时，平均投药次数减少2.9次和4.99次。

由于畜禽免疫抑制性疾病越来越多发，给疫苗免疫接种预防与抗病原体治疗带来了越来越严峻的挑战，故有许多人寄希望于中药的增强或良性双向调节免疫功能上。然而，这里有一点必须强调的是，如果忽视了中药的辨证施治，也许是什么作用都没有。因为据研究，通过不同途径或环节对机体免疫功能具有增强或双向调节作用的中药达200余种，其中既有多种补益类药物，也包括多种清热解毒、清热利湿、活血化瘀、利水等类的中药及其复方，只要用药对证，都有增强或双向调节机体免疫功能的作用；而不加辨证施治的乱用或滥用，不仅发挥不了防治疾病的作用，还有可能带来各种副反应。如日本“小柴胡汤事件”、比利时“马兜铃酸事件”、新加坡“黄连素事件”、中国石家庄“流行性感冒防治经验”等，就是最好的说明。

中兽医辨证施治以往给人的印象就是个体化治疗。然而，随着现代畜牧业集约化与规模化养殖的畜禽个体与饲养条件等的高度一致性，不仅使其疾病发生与临诊特征趋于一致，而且也使临诊辨证施治在畜禽群体上共同实施成为可能，故“群体辨证施治”理论就应运而生，开展中兽医学群体辨证施治研究已成为当前发展中兽医学的重要课题。如当前防治畜禽感染性疾病的新中兽药开发，大都是在辨证施治理论指导下，根据所针对的感染性疾病的临诊特征与流行病学特点等，对中兽医经典名方或临诊经验方进行精制等来开展的。其在一定程度上保留了中兽药的辨证施治特点与优势，又较好地解决了传统中兽药难于进行群防群治的问题。

三、中兽医常用辨证方法

1. 八纲辨证

八纲，即表、里、寒、热、虚、实、阴、阳。八纲辨证就是将从诊所搜集到的各种病情资料进行分析综合，对疾病的部位、性质、正邪盛衰等加以概括，归纳为八个具有普遍性的证候类型。换句话来说，八纲就是把疾病的证候分为四个对立面，成为四对纲领，用以指导临诊治疗。其中，阴阳两纲又可以概括其他六纲，为总纲，即表、热、实证为阳；里、寒、虚证为阴（图8-11）。

（1）表证　表证多具有起病急、病程短、病位浅的特点，多见舌苔薄白、脉浮、怕冷、被毛逆立、寒颤、鼻流清涕、咳嗽、气喘等症状。根据发热与恶寒的不同，又可分为风寒表证和风热表证两种，前者治疗采用辛温解表法，后者采用辛凉解表法。

（2）里证　相对表证来说，里证病在脏腑，病位较深，多见于外感病的中、后期或内伤诸病。其与表证的区别是，表证发热恶寒并见、脉浮；而里证多是发热不恶寒，或仅有恶寒。根据病症的寒热虚实，治疗须分别采用温、清、补、消、泻诸法。

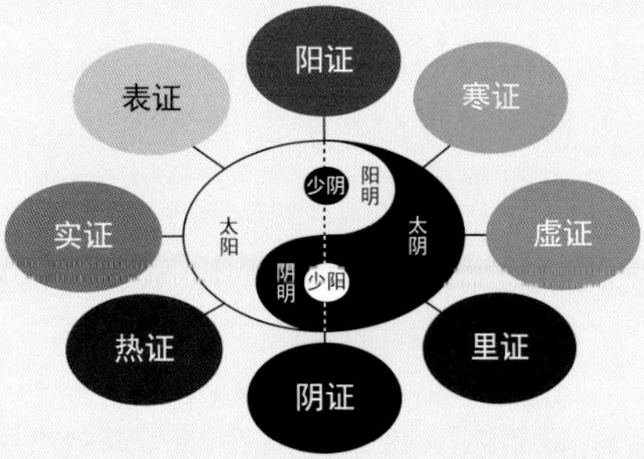

图8-11　八纲辨证示意图

（3）寒证　寒证是“阴胜其阳”的证候，或为阴盛，或为阳虚，或阴盛阳虚同时存在。寒证多见口色淡白或淡清、口津滑利、舌苔白、脉迟、尿清长、粪稀、鼻耳寒冷、四肢发凉，或见恶寒、被毛逆立，肠鸣腹痛等症状。根据外感风寒、寒滞经脉、寒伤脾胃等，治疗或辛温解表，或温中散寒，或温肾壮阳等。

（4）热证　热证就是“阳胜其阴”的证候，或阳盛，或阴虚，或阳盛阴虚同时存在。热证多见口色红、口津减少或干黏、舌苔黄、脉数、尿短赤、粪干或泻痢腥臭、呼出气热、身热，或见目赤、气促喘粗、贪饮、恶热等症状。根据表热、里热、实热、虚热、气分热还是血分热等，治疗或辛凉解表，或清热泻火，或壮水滋阴。

（5）虚证　虚证是对机体正气虚弱所出现的各种证候的概括。虚证多见口色淡白、舌质如绵、无舌苔、脉虚无力、头低耳耷、体瘦毛焦、四肢无力，或见虚喘、粪稀或完谷不化等症状。根据气虚、血虚、阴虚、阳虚等，治疗或补气，或补血，或气血双补；或滋阴，或助阳，或阴阳并济。

（6）实证　实证指邪气亢盛而正气未衰，正邪斗争比较激烈而反映出来的亢奋证候。狭义的实证是指病邪结聚和停滞。实证常见高热、烦躁、喘息气粗、腹胀疼痛、拒按、大便秘结、小便短少或淋漓不通、舌红苔厚、脉实有力等。治疗除攻里泻下之外，还有活血化瘀、软坚散结、涤痰逐饮、平喘降逆、理气消导等法。

（7）阴证　阴证指机体阳虚阴盛、功能衰退、脏腑功能下降，多见于里证的虚寒证。证见体瘦毛焦、倦怠肯卧、体寒肉颤、怕冷喜暖、口流清涎、肠鸣腹泻、尿液清长、舌淡苔白、脉沉迟无力。在外科疮痈方面，多表现为不红、不热、不痛，脓液稀薄而少臭味者。而在大泻、大失血与过劳等后，病猪阳气将脱，表现为精神极度沉郁，或神志呆痴、肌肉颤抖、耳鼻发凉、口不渴、气息微弱、舌淡而润或舌质青紫、脉微欲绝者，为亡阳证，治宜回阳救逆。

（8）阳证　阳证是指邪气盛而正气未衰，正邪斗争亢奋，多见于里证的实热证。主要表现为精神兴奋、狂躁不安、口渴贪饮、耳鼻肢热、口舌生疮、尿液短赤、舌红苔黄、脉象洪数有力、腹痛起卧、气急喘粗、粪便秘结。在外科疮痈方面，多表现为红、肿、热、痛明显，脓液黏稠发臭者。而在大出血或腹泻脱水，或热性病的经过中，病猪阴液衰竭，表现精神兴奋、躁动不安、耳鼻温热、口渴贪饮、气促喘粗、口干舌红、脉数无力或脉大而虚者，为亡阴证，治宜益气救阴。

2.卫气营血辨证

卫气营血辨证是清代著名医家叶天士创立的用于辨治外感温热病的一种辨证方法。它既是对温热病四类证候的概括，同时又代表着温热病过程中由浅入深、由轻转重的四个阶段。卫分主表，病在肺与皮毛；气分主里，病在肺、肠、胃等脏腑；营分是邪热入于心营，病在心与心包；血分是邪热已深入肝、肾，重在动血、耗血。其治法是病在卫分宜辛凉解表，病在气分宜清热生津，病在营分宜清营透热，病在血分宜清热凉血（表8-4）。

表8-4 卫气营血辨证简表

证候	病机病位	治则	代表方剂
卫分病症	温热侵犯肌表	辛凉解表	银翘散加减
气分病症	温热在肺	清热宣肺、止咳平喘	麻杏石甘汤加减
	热入阳明	清热生津	白虎汤加减
	热结肠道	滋阴、清热、通便	增液承气汤加减
营分病症	热伤营阴	清营解毒、透热养阴	清营汤加减
	热入心包	清心开窍	清宫汤加减
血分病症	血热妄行	清热解毒、凉血散瘀	犀角地黄汤加减
	气血两燔	清气分热、解血分毒	清瘟败毒饮加减
	肝热动风	清热平肝息风	羚羊钩藤汤加减
	血热伤阴	清热养阴	青蒿鳖甲汤加减

（1）卫分病症 多见于温热病的初期，是温热病邪侵犯肌表，卫分功能失常所致，一般属于表热证。多见发热重、恶寒轻、咳嗽、咽喉肿痛、口干微红、舌苔薄黄、脉浮数，治宜辛凉解表，方

用银翘散加减。

（2）气分病症　多由卫分病传来，或由温热之邪直入气分所致。多是温热病邪深入脏腑，正盛邪实，正邪相争激烈，阳热亢盛的里热证。主要表现为但热不寒、呼吸喘粗、口干津少、口色鲜红、舌苔黄厚、脉洪大。又可分为温热在肺、热入阳明、热结肠道三种证候。

① 温热在肺　发热、呼吸喘粗、咳嗽、口色鲜红、舌苔黄燥、脉洪数，治宜清热宣肺、止咳平喘，方用麻杏石甘汤加减。

② 热入阳明　身热、口渴喜饮、口津干燥、口色鲜红、舌苔黄燥、脉洪大，治宜清热生津，方用白虎汤加减。

③ 热结肠道　发热、肠燥便干、粪结不通或稀粪旁流、腹痛、尿短赤、口津干燥、口色深红、舌苔黄厚、脉沉实有力，治宜滋阴、清热、通便，方用增液承气汤加减。

（3）营分病症　是温热病邪入血的轻浅阶段，以营阴受损，心神被扰为其特点。证见高热，舌质红绛，斑疹隐隐，神昏或躁动不安。营分证介于气分证和血分证之间，若疾病由营转气，是病情好转的表现；若由营入血，则病情更加深重。营分证又可分为热伤营阴和热入心包两种证型。

① 热伤营阴　高热不退、夜甚、躁动不安、呼吸喘促、舌质红绛、斑疹隐隐、脉细数，治宜清营解毒、透热养阴，方用清营汤加减。

② 热入心包　高热、神昏、四肢厥冷或抽搐、舌绛、脉数，治宜清心开窍，方用清宫汤加减。

（4）血分病症　是温热病的最后阶段，也是疾病发展最为深重的阶段。由营分传来，或由气分直接传入。其特征是身热、神昏、舌质深绛、黏膜和皮肤发斑、便血、尿血、项背强直、阵阵抽搐、脉细数。可分为血热妄行、气血两燔、肝热动风和血热伤阴四种证型。

① 血热妄行　身热、神昏、黏膜和皮肤发斑、尿血、便血、口色深绛、脉数，治宜清热解毒、凉血散瘀，方用犀角地黄汤加减。

② 气血两燔　身大热、口渴喜饮、口燥苔焦、舌质红绛、发

斑、衄血、便血、脉数，治宜清气分热、解血分毒，方用清瘟败毒饮加减。

③ 肝热动风　高热、项背强直、阵阵抽搐、口色深绛、脉弦数，治宜清热平肝息风，方用羚羊钩藤汤加减。

④ 血热伤阴　低热不退、精神倦怠、口干舌燥、舌红无苔、尿赤、粪干、脉细数无力，治宜清热养阴，方用青蒿鳖甲汤加减。

第三节　把握好兽药质量，有效期内使用

一、兽药质量把控

养猪场只是兽药的消费单位，而非生产与检验单位，对兽药质量把控只能从选择上来实现。要实现对兽药质量的选择，老牌子与经常使用的兽药可以根据自己或别人的经验来确定，而对于从未使用过的兽药，一般来说，正规厂家的正规产品多有质量保证，可以通过产品包装与使用说明书看出。正规厂家的正规产品，产品信息（药品名称、成分与含量、生产批准文号、注册商标、主治功能、适应病症、使用方法、生产日期、有效期、生产厂家及其通信地址与联系方法等）标注齐全，印刷精美，文字图标清晰；而非正规厂家的非正规产品，多标注残缺不全，文字图标模糊不清。还可以通过兽药名称在“中国兽药信息网”（http://www.ivdc.org.cn/tzgg01/）上，或通过兽药批准文号，在“中国兽药114网”之兽药批准文号栏目（http://www.ar114.com.cn/tool-appnum/）中查询相关信息。除了特别新的批准文号可能尚未录入数据库外，一般的都可查到。如在“中国兽药114网”批准文号处输入“兽药字（2014）030012264”，点击搜索，即可查询河北远征药业有限公司生产的“替米考星溶液”的有关信息。信息与产品包装与说明书中一致的，为真药；否则，就是假药。批准文号有效期为5年，生产日期如果

在5年之外，则批号已过期，为假药。在兽药包装盒上，有企业生产许可证号，可在上述网站中进行查询。该证有效期也为5年，生产日期如果在5年之外，说明此企业涉嫌无证生产，质量也无法保证。

二、有效期内使用

药物有效期是针对那些稳定性较差，在储存期间药效可能降低、毒性可能增加，有的甚至不能再使用的药物而制定的。故一般来说，为了保证用药的安全、有效，兽药应该在其有效期内使用。而由于储存不当等原因，即使在有效期内，出现下列情况者，也应该废弃不用。

（1）糖衣片出现变色、发霉、衣层裂开、粘连、黑点等；非糖衣片出现变色、斑点、松散、潮解、异味等；胶囊剂出现变软、破裂、内容物变质等。

（2）散剂出现吸潮结块、发黏、发霉等。

（3）液体、糖浆类药液中出现浑浊、沉淀、有霉点、变色、发酵、酸败、异味等。特别要求与注明的除外。

（4）中成药的药丸或片出现发霉、生虫、潮解等。

（5）眼药水出现变色、浑浊、沉淀、结晶、霉点等；各种眼药膏和外用油膏出现油层、药物结晶析出而又不能调匀，或产生异味、颜色加深等。

（6）针剂出现变色、沉淀、浑浊，有絮状物。

第九章 兽药禁用与停药期

chapter nine

第一节 饲料兽药添加剂的使用规范

为加强兽药的使用管理，进一步规范和指导饲料药物添加剂的合理使用，防止滥用饲料药物添加剂，农业部制定了《饲料药物添加剂使用规范》（以下简称《规范》），于2001年9月4日第168号公告实施。现就有关猪的内容摘录介绍如下。

一、规范说明

（1）凡农业部批准的具有预防动物疾病、促进动物生长作用，可在饲料中长时间添加使用的饲料药物添加剂（品种收载于《规范》细则一），其产品批准文号须用“药添字”。生产含有《规范》细则一所列品种成分的饲料，必须在产品标签中标明所含兽药成分的名称、含量、适用范围、停药期规定及注意事项等。

（2）凡农业部批准的用于防治动物疾病，并规定疗程，仅是通过混饲给药的饲料药物添加剂（包括预混剂或散剂，品种收载于《规范》细则二），其产品批准文号须用“兽药字”，各畜禽养殖场及养殖户须凭兽医处方购买、使用。所有商品饲料中不得添加《规范》细则二中所列的兽药成分。

（3）除本《规范》收载品种及农业部今后批准允许添加到饲料中使用的饲料药物添加剂外，任何其他兽药产品一律不得添加到饲料中使用。

（4）兽用原料药不得直接加入饲料中使用，必须制成预混剂后方可添加到饲料中。

二、《规范》细则

1.可在饲料中长时间添加使用的饲料药物添加剂

（1）地克珠利预混剂（diclazuril premix）

【有效成分】地克珠利。

【含量规格】每1000克中含地克珠利2克或5克。

【作用与用途】用于球虫病。

【用法与用量】混饲。每1000千克饲料添加1克（以有效成分计）。

（2）氨苯砷酸预混剂（arsanilic acid premix）

【有效成分】氨苯砷酸。

【含量规格】每1000克中含氨苯砷酸100克。

【作用与用途】用于促进生长。

【用法与用量】混饲。每1000千克饲料添加本品1000克。

【注意】停药期5天。

（3）洛克沙胂预混剂（arsanilic acid premix）

【有效成分】洛克沙胂。

【含量规格】每1000克中含洛克沙胂50克或100克。

【作用与用途】用于促进生长。

【用法与用量】混饲。每1000千克饲料添加本品50克（以有效成分计）。

【注意】停药期5天。

（4）杆菌肽锌预混剂（bacitracin zinc premix）

【有效成分】杆菌肽锌。

【含量规格】每1000克中含杆菌肽100克或150克。

【作用与用途】用于促进生长。

【用法与用量】混饲。每1000千克饲料添加本品4～40克（4月龄以下）（以有效成分计）。

（5）黄霉素预混剂（flavomycin premix）

【有效成分】黄霉素。

【含量规格】每1000克中含黄霉素40克或80克。

【作用与用途】用于促进生长。

【用法与用量】混饲。每1000千克饲料添加，仔猪10～25克，生长、育肥猪5克。以上均以有效成分计。

（6）维吉尼亚霉素预混剂（virkginiamycin premix）

【有效成分】维吉尼亚霉素。

【含量规格】每1000克中含维吉尼亚霉素500克。

【作用与用途】用于促进生长。

【用法与用量】混饲。每1000千克饲料添加本品20～50克。

【注意】停药期1天。

（7）阿美拉霉素预混剂（avilamycin premix）

【有效成分】阿美拉霉素。

【含量规格】每1000克中含阿美拉霉素100克。

【作用与用途】用于促进生长。

【用法与用量】混饲。每1000千克饲料添加本品200～400克（4月龄以内）、100～200克（4～6月龄）。

（8）盐霉素钠预混剂（salinomycin sodium premix）

【有效成分】盐霉素钠。

【含量规格】每1000克中含盐霉素50克或60克或100克或120克或450克或500克。

【作用与用途】用于球虫病和促进生长。

【用法与用量】混饲。每1000千克饲料添加25～75克（以有效成分计）。

【注意】禁止与泰妙菌素、竹桃霉素并用；停药期5天。

（9）硫酸黏杆菌素预混剂（colistin sulfate premix）

【有效成分】硫酸黏杆菌素。

【含量规格】每1000克中含黏杆菌素20克或40克或100克。

【作用与用途】用于革兰阴性杆菌引起的肠道感染，并有一定的促生长作用。

【用法与用量】混饲。每1000千克饲料添加，仔猪2～20克（以有效成分计）。

【注意】停药期7天。

（10）牛至油预混剂（oregano oil premix）

【有效成分】5-甲基-2-异丙基苯酚和2-甲基-5-异丙基苯酚。

【含量规格】每1000克中含5-甲基-2-异丙基苯酚和2-甲基-5-异丙基苯酚25克。

【作用与用途】用于预防及治疗大肠杆菌、沙门菌所致的下痢，也用于促进生长。

【用法与用量】混饲。每1000千克饲料添加本品500～700克，用于预防疾病；添加1000～1300克，用于治疗疾病，连用7天；添加50～500克，用于促生长。

（11）杆菌肽锌、硫酸黏杆菌素预混剂（bacitracin zinc and colistin sulfate premix）

【有效成分】杆菌肽锌和硫酸黏杆菌素。

【含量规格】每1000克中含杆菌肽50克和黏杆菌素10克。

【作用与用途】用于革兰阳性菌和阴性菌感染，并具有一定的促进生长作用。

【用法与用量】混饲。每1000千克饲料添加本品2～40克（2月龄以下）、2～20克（4月龄以下）。以上均以有效成分计。

【注意】停药期7天。

（12）土霉素钙（oxytetracycline calcium）

【有效成分】土霉素钙。

【含量规格】每1000克中含土霉素50克或100克或200克。

【作用与用途】抗生素类药。对革兰阳性菌和阴性菌均有抑制作用，也可用于促进生长。

【用法与用量】混饲。每1000千克饲料添加10～50克（4月龄以内）。以上均以有效成分计。

【注意】添加于低钙饲料（饲料含钙量0.18%～0.55%）时，连续用药不超过5天。

（13）吉他霉素预混剂（kitasamycin premix）

【有效成分】吉他霉素。

【含量规格】每1000克中含吉他霉素22克或110克或550克或950克。

【作用与用途】用于防治慢性呼吸系统疾病，也用于促进生长。

【用法与用量】混饲。每1000千克饲料添加5～55克，用于促进生长；添加80～330克，用于防治疾病，连用5～7天。以上均以有效成分计。

【注意】停药期7天。

（14）金霉素（饲料级）预混剂［chlortetracycline（feed grade）premix］

【有效成分】金霉素。

【含量规格】每1000克中含金霉素100克或150克。

【作用与用途】对革兰阳性菌和阴性菌均有抑制作用，也可用于促进生长。

【用法与用量】混饲。每1000千克饲料添加25～75克（4月龄以内）。以上均以有效成分计。

【注意】停药期7天。

（15）恩拉霉素预混剂（enramycin premix）

【有效成分】恩拉霉素。

【含量规格】每1000克中含恩拉霉素40克或80克。

【作用与用途】对革兰阳性菌有抑制作用，也可用于促进生长。

【用法与用量】混饲。每1000千克饲料添加2.5～20克。以上均以有效成分计。

【注意】停药期7天。

2.须凭兽医处方购买、使用的饲料药物添加剂

（1）越霉素A预混剂（destomycin A premix）

【有效成分】越霉素A。

【含量规格】每1000克中含越霉素A20克或50克或500克。

【作用与用途】主要用于猪蛔虫病、鞭虫病。

【用法与用量】混饲。每1000千克饲料添加5～10克（以有效成分计），连用8周。

【注意】停药期15天。

（2）潮霉素B预混剂（hygromycin B premix）

【有效成分】潮霉素B。

【含量规格】每1000克中含潮霉素B 17.6克。

【作用与用途】用于驱除猪蛔虫、鞭虫及鸡蛔虫。

【用法与用量】混饲。每1000克饲料添加10～13克，育成猪连用8周，母猪产前8周至分娩。以上均以有效成分计。

【注意】避免与人皮肤、眼睛接触；停药期15天。

（3）地美硝唑预混剂（dimetridazole premix）

【有效成分】地美硝唑。

【含量规格】每1000克中含地美硝唑200克。

【作用与用途】用于猪密螺旋体性痢疾。

【用法与用量】混饲。每1000千克饲料添加本品1000～2500克。

【注意】停药期3天。

（4）磷酸泰乐菌素预混剂（tylosin phosphate premix）

【有效成分】磷酸泰乐菌素。

【含量规格】每1000克中含泰乐菌素20克或88克或100克或220克。

【作用与用途】主要用于细菌及支原体感染。

【用法与用量】混饲。每1000千克饲料添加10～100克，连用

5～7天。以上均以有效成分计。

【注意】停药期5天。

（5）硫酸安普霉素预混剂（apramycin sulfate premix）

【有效成分】硫酸安普霉素。

【含量规格】每1000克中含安普霉素20克或30克或100克或165克。

【作用与用途】用于肠道革兰阴性菌感染。

【用法与用量】混饲。每1000千克饲料添加80～100克（以有效成分计），连用7天。

【注意】接触本品时，需戴手套及防尘面罩；停药期21天。

（6）盐酸林可霉素预混剂（lincomycin hydrochloride premix）

【有效成分】盐酸林可霉素。

【含量规格】每1000克中含林可霉素8.8克或110克。

【作用与用途】用于革兰阳性菌感染，也可用于猪密螺旋体、弓形虫感染。

【用法与用量】混饲。每1000千克饲料添加44～77克，连用7～21天。以上均以有效成分计。

【注意】停药期5天。

（7）赛地卡霉素预混剂（sedecamycin premix）

【有效成分】赛地卡霉素。

【含量规格】每1000克中含赛地卡霉素10克或20克或50克。

【作用与用途】主要用于治疗猪密螺旋体引起的血痢。

【用法与用量】混饲。每1000千克饲料添加75克（以有效成分计），连用15天。

【注意】停药期1天。

（8）伊维菌素预混剂（ivermectin premix）

【有效成分】伊维菌素。

【含量规格】每1000克中含伊维菌素6克。

【作用与用途】对线虫、昆虫和螨均有驱杀活性，主要用于治疗猪的胃肠道线虫病和疥螨病。

【用法与用量】混饲。每1000千克饲料添加330克，连用7天。

【注意】停药期5天。

（9）延胡索酸泰妙菌素预混剂（tiamulin fumarate premix）

【有效成分】延胡索酸泰妙菌素。

【含量规格】每1000克中含泰妙菌素100克或800克。

【作用与用途】用于猪支原体肺炎和嗜血杆菌胸膜性肺炎，也可用于猪密螺旋体引起的痢疾。

【用法与用量】混饲。每1000千克饲料添加40～100克（以有效成分计），连用5～10天。

【注意】避免接触眼及皮肤；禁止与莫能菌素、盐霉素等聚醚类抗生素混合使用；停药期5天。

（10）氟苯咪唑预混剂（flubendazole premix）

【有效成分】氟苯咪唑。

【含量规格】每1000克中含氟苯咪唑50克或500克。

【作用与用途】用于驱除胃肠道线虫及绦虫。

【用法与用量】混饲。每1000千克饲料添加30克，连用5～10天。以上均以有效成分计。

【注意】停药期14天。

（11）复方磺胺嘧啶预混剂（compound sulfadiazine premix）

【有效成分】磺胺嘧啶和甲氧苄啶。

【含量规格】每1000克中含磺胺嘧啶125克和甲氧苄啶25克。

【作用与用途】用于链球菌、葡萄球菌、肺炎球菌、巴氏杆菌、大肠杆菌和李氏杆菌等感染。

【用法与用量】混饲。每1千克体重，每日添加本品0.1～0.2克，连用5天。

【注意】停药期5天。

（12）盐酸林可霉素、硫酸大观霉素预混剂（lincomycin hydrochloride and spectinomycin sulfate premix）

【有效成分】盐酸林可霉素和硫酸大观霉素。

【含量规格】每1000克中含林可霉素22克和大观霉素22克。

【作用与用途】用于防治猪赤痢、沙门菌病、大肠杆菌肠炎及支原体肺炎。

【用法与用量】混饲。每1000千克饲料添加本品1000克，连用7～21天。

【注意】停药期5天。

（13）硫酸新霉素预混剂（neomycin sulfate premix）

【有效成分】硫酸新霉素。

【含量规格】每1000克中含新霉素154克。

【作用与用途】用于治疗葡萄球菌、痢疾杆菌、大肠杆菌、变形杆菌感染引起的肠炎。

【用法与用量】混饲。每1000千克饲料添加本品500～1000克，连用3～5天。

【注意】停药期3天。

（14）磷酸替米考星预混剂（tilmicosin phosphate premix）

【有效成分】磷酸替米考星。

【含量规格】每1000克中含替米考星200克。

【作用与用途】主用于治疗猪胸膜肺炎放线杆菌、巴氏杆菌及支原体引起的感染。

【用法与用量】混饲。每1000千克饲料添加本品2000克，连用15天。

【注意】停药期14天。

（15）磷酸泰乐菌素、磺胺二甲嘧啶预混剂（tylosin phosphate and sulfamethazine premix）

【有效成分】磷酸泰乐菌素和磺胺二甲嘧啶。

【含量规格】每1000克中含泰乐菌素22克和磺胺二甲嘧啶22克、泰乐菌素88克和磺胺二甲嘧啶88克或泰乐菌素100克和磺胺二甲嘧啶100克。

【作用与用途】用于预防猪痢疾，也可用于畜禽细菌及支原体感染。

【用法与用量】混饲。每1000千克饲料添加本品200克（100克泰乐菌素+100克磺胺二甲嘧啶），连用5～7天。

【注意】停药期15天。

第二节　兽药停药期规定

为加强兽药使用管理，保证动物性产品质量安全，农业部组织制订了兽药停药期规定，并于2003年5月22日第278号公告予以发布。

一、需要停药期的兽药规定

需要停药期的兽药规定见表9-1。

表9-1　需要停药期的兽药规定

兽药名称	执行标准	停药期
乙酰甲喹片	兽药规范92版	35日
土霉素片	兽药典2000版	7日
土霉素注射液	部颁标准	28日
双甲脒溶液	兽药典2000版	8日
四环素片	兽药典90版	10日
甲基前列腺素F2a注射液	部颁标准	1日
甲磺酸达氟沙星注射液	部颁标准	25日
亚硒酸钠维生素E注射液	兽药典2000版	28日
亚硒酸钠维生素E预混剂	兽药典2000版	28日
亚硫酸氢钠甲萘醌注射液	兽药典2000版	0日
伊维菌素注射液	兽药典2000版	28日
吉他霉素片	兽药典2000版	7日
吉他霉素预混剂	部颁标准	7日
地西泮注射液	兽药典2000版	28日
地美硝唑预混剂	兽药典2000版	28日

续表

兽药名称	执行标准	停药期
地塞米松磷酸钠注射液	兽药典2000版	21日
安乃近片	兽药典2000版	28日
安乃近注射液	兽药典2000版	28日
安钠咖注射液	兽药典2000版	28日
芬苯哒唑片	兽药典2000版	3日
芬苯哒唑粉（苯硫苯咪唑粉剂）	兽药典2000版	3日
阿司匹林片	兽药典2000版	0日
阿苯达唑片	兽药典2000版	7日
阿维菌素片	部颁标准	28日
阿维菌素注射液	部颁标准	28日
阿维菌素粉	部颁标准	28日
阿维菌素胶囊	部颁标准	猪28日
阿维菌素透皮溶液	部颁标准	猪42日
乳酸环丙沙星注射液	部颁标准	10日
注射用苄星青霉素（注射用苄星青霉素G）	兽药规范78版	5日
注射用乳糖酸红霉素	兽药典2000版	7日
注射用苯巴比妥钠	兽药典2000版	28日
注射用苯唑西林钠	兽药典2000版	猪5日
注射用青霉素钠	兽药典2000版	0日
注射用青霉素钾	兽药典2000版	0日
注射用氨苄青霉素钠	兽药典2000版	15日
注射用盐酸土霉素	兽药典2000版	8日
注射用盐酸四环素	兽药典2000版	8日
注射用酒石酸泰乐菌素	部颁标准	21日
注射用喹嘧胺	兽药典2000版	28日
注射用硫酸双氢链霉素	兽药典90版	18日
注射用硫酸卡那霉素	兽药典2000版	28日
注射用硫酸链霉素	兽药典2000版	18日

续表

兽药名称	执行标准	停药期
复方氨基比林注射液	兽药典2000版	28日
复方磺胺对甲氧嘧啶片	兽药典2000版	28日
复方磺胺对甲氧嘧啶钠注射液	兽药典2000版	28日
复方磺胺甲噁唑片	兽药典2000版	28日
复方磺胺氯哒嗪钠粉	部颁标准	4日
复方磺胺嘧啶钠注射液	兽药典2000版	20日
枸橼酸乙胺嗪片	兽药典2000版	28日
枸橼酸哌嗪片	兽药典2000版	21日
氟苯尼考注射液	部颁标准	14日
氟苯尼考粉	部颁标准	20日
氢化可的松注射液	兽药典2000版	0日
氢溴酸东莨菪碱注射液	兽药典2000版	28日
洛克沙胂预混剂	部颁标准	5日
恩诺沙星注射液	兽药典2000版	10日
氧氟沙星可溶性粉	部颁标准	28日
氧氟沙星注射液	部颁标准	28日
氧氟沙星溶液（碱性）	部颁标准	28日
氧氟沙星溶液（酸性）	部颁标准	28日
氨苯胂酸预混剂	部颁标准	5日
氨茶碱注射液	兽药典2000版	28日
烟酸诺氟沙星可溶性粉	部颁标准	28日
烟酸诺氟沙星注射液	部颁标准	28日
烟酸诺氟沙星溶液	部颁标准	28日
盐酸二氟沙星注射液	部颁标准	45日
盐酸左旋咪唑	兽药典2000版	3日
盐酸左旋咪唑注射液	兽药典2000版	28日
盐酸多西环素片	兽药典2000版	28日
盐酸异丙嗪片	兽药典2000版	28日
盐酸异丙嗪注射液	兽药典2000版	28日

续表

兽药名称	执行标准	停药期
盐酸林可霉素片	兽药典2000版	6日
盐酸林可霉素注射液	兽药典2000版	2日
盐酸环丙沙星可溶性粉	部颁标准	28日
盐酸环丙沙星注射液	部颁标准	28日
盐酸苯海拉明注射液	兽药典2000版	28日
盐酸洛美沙星片	部颁标准	28日
盐酸洛美沙星可溶性粉	部颁标准	28日
盐酸洛美沙星注射液	部颁标准	28日
盐酸氯丙嗪片	兽药典2000版	28日
盐酸氯丙嗪注射液	兽药典2000版	28日
盐酸氯胺酮注射液	兽药典2000版	28日
盐酸赛拉唑注射液	兽药典2000版	28日
维生素B_{12}注射液	兽药典2000版	0日
维生素B_1片	兽药典2000版	0日
维生素B_1注射液	兽药典2000版	0日
维生素B_2片	兽药典2000版	0日
维生素B_2注射液	兽药典2000版	0日
维生素B_6片	兽药典2000版	0日
维生素B_6注射液	兽药典2000版	0日
维生素C片	兽药典2000版	0日
维生素C注射液	兽药典2000版	0日
维生素D_3注射液	兽药典2000版	28日
维生素E注射液	兽药典2000版	28日
维生素K_1注射液	兽药典2000版	0日
奥芬达唑片（苯亚砜哒唑）	兽药典2000版	7日
普鲁卡因青霉素注射液	兽药典2000版	7日
氯氰碘柳胺钠注射液	部颁标准	28日
氰戊菊酯溶液	部颁标准	28日
硝氯酚片	兽药典2000版	28日

续表

兽药名称	执行标准	停药期
硫酸卡那霉素注射液（单硫酸盐）	兽药典2000版	28日
硫酸安普霉素可溶性粉	部颁标准	21日
硫酸安普霉素预混剂	部颁标准	21日
硫酸庆大-小诺霉素注射液	部颁标准	40日
硫酸庆大霉素注射液	兽药典2000版	40日
硫酸黏菌素可溶性粉	部颁标准	7日
硫酸黏菌素预混剂	部颁标准	7日
越霉素A预混剂	部颁标准	15日
精制马拉硫磷溶液	部颁标准	28日
精制敌百虫片	兽药规范92版	28日
蝇毒磷溶液	部颁标准	28日
醋酸氢化可的松注射液	兽药典2000版	0日
磺胺二甲嘧啶片	兽药典2000版	15日
磺胺二甲嘧啶钠注射液	兽药典2000版	28日
磺胺对甲氧嘧啶、二甲氧苄氨嘧啶片	兽药规范92版	28日
磺胺对甲氧嘧啶、二甲氧苄氨嘧啶预混剂	兽药典90版	28日
磺胺对甲氧嘧啶片	兽药典2000版	28日
磺胺甲噁唑片	兽药典2000版	28日
磺胺间甲氧嘧啶片	兽药典2000版	28日
磺胺间甲氧嘧啶钠注射液	兽药典2000版	28日
磺胺脒片	兽药典2000版	28日
磺胺嘧啶钠注射液	兽药典2000版	10日
磺胺噻唑片	兽药典2000版	28日
磺胺噻唑钠注射液	兽药典2000版	28日
磷酸左旋咪唑片	兽药典90版	3日
磷酸左旋咪唑注射液	兽药典90版	28日
磷酸哌嗪片（驱蛔灵片）	兽药典2000版	21日
磷酸泰乐菌素预混剂	部颁标准	5日

二、不需要停药的兽药品种目录

不需要停药的兽药品种目录见表9-2。

表9-2　不需要停药的兽药品种目录

序号	兽药名称	标准来源
1	乙酰胺注射液	兽药典2000版
2	二甲硅油	兽药典2000版
3	二巯丙磺钠注射液	兽药典2000版
4	三氯异氰脲酸粉	部颁标准
5	大黄碳酸氢钠片	兽药规范92版
6	山梨醇注射液	兽药典2000版
7	马来酸麦角新碱注射液	兽药典2000版
8	马来酸氯苯那敏片	兽药典2000版
9	马来酸氯苯那敏注射液	兽药典2000版
10	双氢氯噻嗪片	兽药规范78版
11	月苄三甲氯铵溶液	部颁标准
12	止血敏注射液	兽药规范78版
13	水杨酸软膏	兽药规范65版
14	丙酸睾酮注射液	兽药典2000版
15	右旋糖酐铁钴注射液（铁钴针注射液）	兽药规范78版
16	右旋糖酐40氯化钠注射液	兽药典2000版
17	右旋糖酐40葡萄糖注射液	兽药典2000版
18	右旋糖酐70氯化钠注射液	兽药典2000版
19	叶酸片	兽药典2000版
20	四环素醋酸可的松眼膏	兽药规范78版
21	对乙酰氨基酚片	兽药典2000版
22	对乙酰氨基酚注射液	兽药典2000版
23	尼可刹米注射液	兽药典2000版
24	甘露醇注射液	兽药典2000版
25	甲基硫酸新斯的明注射液	兽药规范65版
26	亚硝酸钠注射液	兽药典2000版

续表

序号	兽药名称	标准来源
27	安络血注射液	兽药规范92版
28	次硝酸铋（碱式硝酸铋）	兽药典2000版
29	次碳酸铋（碱式碳酸铋）	兽药典2000版
30	呋塞米片	兽药典2000版
31	呋塞米注射液	兽药典2000版
32	辛氨乙甘酸溶液	部颁标准
33	乳酸钠注射液	兽药典2000版
34	注射用异戊巴比妥钠	兽药典2000版
35	注射用血促性素	兽药规范92版
36	注射用抗血促性素血清	部颁标准
37	注射用垂体促黄体素	兽药规范78版
38	注射用促黄体素释放激素A_2	部颁标准
49	注射用促黄体素释放激素A_3	部颁标准
40	注射用绒促性素	兽药典2000版
41	注射用硫代硫酸钠	兽药规范65版
42	注射用解磷定	兽药规范65版
43	苯扎溴铵溶液	兽药典2000版
44	青蒿琥酯片	部颁标准
45	鱼石脂软膏	兽药规范78版
46	复方氯化钠注射液	兽药典2000版
47	复方氯胺酮注射液	部颁标准
48	复方磺胺噻唑软膏	兽药规范78版
49	复合维生素B注射液	兽药规范78版
50	宫炎清溶液	部颁标准
51	枸橼酸钠注射液	兽药规范92版
52	毒毛花苷K注射液	兽药典2000版
53	氢氯噻嗪片	兽药典2000版
54	洋地黄毒苷注射液	兽药规范78版
55	浓氯化钠注射液	兽药典2000版

续表

序号	兽药名称	标准来源
56	重酒石酸去甲肾上腺素注射液	兽药典2000版
57	烟酰胺片	兽药典2000版
58	烟酰胺注射液	兽药典2000版
59	烟酸片	兽药典2000版
60	盐酸大观霉素、盐酸林可霉素可溶性粉	兽药典2000版
61	盐酸利多卡因注射液	兽药典2000版
62	盐酸肾上腺素注射液	兽药规范78版
63	盐酸甜菜碱预混剂	部颁标准
64	盐酸麻黄碱注射液	兽药规范78版
65	萘普生注射液	兽药典2000版
66	酚磺乙胺注射液	兽药典2000版
67	黄体酮注射液	兽药典2000版
68	氯化胆碱溶液	部颁标准
69	氯化钙注射液	兽药典2000版
70	氯化钙葡萄糖注射液	兽药典2000版
71	氯化氨甲酰甲胆碱注射液	兽药典2000版
72	氯化钾注射液	兽药典2000版
73	氯化琥珀胆碱注射液	兽药典2000版
74	氯甲酚溶液	部颁标准
75	硫代硫酸钠注射液	兽药典2000版
76	硫酸新霉素软膏	兽药规范78版
77	硫酸镁注射液	兽药典2000版
78	葡萄糖酸钙注射液	兽药典2000版
79	溴化钙注射液	兽药规范78版
80	碘化钾片	兽药典2000版
81	碱式碳酸铋片	兽药典2000版
82	碳酸氢钠片	兽药典2000版
83	碳酸氢钠注射液	兽药典2000版
84	醋酸泼尼松眼膏	兽药典2000版

续表

序号	兽药名称	标准来源
85	醋酸氟轻松软膏	兽药典2000版
86	硼葡萄糖酸钙注射液	部颁标准
87	输血用枸橼酸钠注射液	兽药规范78版
88	硝酸士的宁注射液	兽药典2000版
89	醋酸可的松注射液	兽药典2000版
90	碘解磷定注射液	兽药典2000版
91	中药及中药成分制剂、维生素类、微量元素类、兽用消毒剂、生物制品类五类产品（产品质量标准中有要求者除外）	

第三节　禁用或禁止添加的兽药规定

为加强饲料、兽药和人用药品管理，保证动物源性食品安全，维护人民身体健康，农业部分别制定了《禁止在饲料和动物饮用水中使用的药物品种目录》与《食品动物禁用的兽药及其它化合物清单》，并分别于2002年2月9日的第176号与2002年4月2日的第193号公告发布。

一、禁止在饲料和动物饮用水中使用的药物品种目录

1.肾上腺素受体激动剂

（1）盐酸克仑特罗（Clenbuterol Hydrochloride）　中华人民共和国药典（以下简称药典）2000年二部P605。β_2-肾上腺素受体激动药。

（2）沙丁胺醇（Salbutamol）　药典2000年二部P316。β_2-肾上腺素受体激动药。

（3）硫酸沙丁胺醇（Salbutamol Sulfate）　药典2000年二部P870。β_2-肾上腺素受体激动药。

（4）莱克多巴胺（Ractopamine） 一种β-兴奋剂，美国食品和药物管理局（FDA）已批准，中国未批准。

（5）盐酸多巴胺（Dopamine Hydrochloride） 药典2000年二部P591。多巴胺受体激动药。

（6）西巴特罗（Cimaterol） 美国氰胺公司开发的产品，一种β-兴奋剂，FDA未批准。

（7）硫酸特布他林（Terbutaline Sulfate） 药典2000年二部P890。β_2-肾上腺受体激动药。

2.性激素

（1）已烯雌酚（Diethylstibestrol） 药典2000年二部P42。雌激素类药。

（2）雌二醇（Estradiol） 药典2000年二部P1005。雌激素类药。

（3）戊酸雌二醇（Estradiol Valcrate） 药典2000年二部P124。雌激素类药。

（4）苯甲酸雌二醇（Estradiol Benzoate） 药典2000年二部P369。雌激素类药。中华人民共和国兽药典（以下简称兽药典）2000年版一部P109。雌激素类药。用于发情不明显动物的催情及胎衣滞留、死胎的排除。

（5）氯烯雌醚（Chlorotrianisene） 药典2000年二部P919。

（6）炔诺醇（Ethinylestradiol） 药典2000年二部P422。

（7）炔诺醚（Quinestrol） 药典2000年二部P424。

（8）醋酸氯地孕酮（Chlormadinone Acetate） 药典2000年二部P1037。

（9）左炔诺孕酮（Levonorgestrel） 药典2000年二部P107。

（10）炔诺酮（Norethisterone） 药典2000年二部P420。

（11）绒毛膜促性腺激素（绒促性素）（Chorionic Gonadotrophin） 药典2000年二部P534。促性腺激素药。兽药典2000年版一部P146。激素类药。用于性功能障碍、习惯性流产及卵巢囊肿等。

（12）促卵泡生长激素（尿促性素主要含卵泡刺激FSHT和黄体生成素LH）（Menotropins） 药典2000年二部P321。促性腺激素类药。

3.蛋白同化激素

（1）碘化酪蛋白（Iodinated Casein） 蛋白同化激素类，为甲状腺素的前驱物质，具有类似甲状腺素的生理作用。

（2）苯丙酸诺龙及苯丙酸诺龙注射液（Nandrolone Phenylpropionate） 药典2000年二部P365。

4.精神药品

（1）（盐酸）氯丙嗪（Chlorpromazine Hydrochloride） 药典2000年二部P676。抗精神病药。兽药典2000年版一部P177。镇静药。用于强化麻醉以及使动物安静等。

（2）盐酸异丙嗪（Promethazine Hydrochloride） 药典2000年二部P602。抗组胺药。兽药典2000年版一部P164。抗组胺药。用于变态反应性疾病，如荨麻疹、血清病等。

（3）安定（地西泮）（Diazepam） 药典2000年二部P214。抗焦虑药、抗惊厥药。兽药典2000年版一部P61。镇静药、抗惊厥药。

（4）苯巴比妥（Phenobarbital） 药典2000年二部P362。镇静催眠药、抗惊厥药。兽药典2000年版一部P103。巴比妥类药。缓解脑炎、破伤风、士的宁中毒所致的惊厥。

（5）苯巴比妥钠（Phenobarbital Sodium） 兽药典2000年版一部P105。巴比妥类药。缓解脑炎、破伤风、士的宁中毒所致的惊厥。

（6）巴比妥（Barbital） 兽药典2000年版二部P27。中枢抑制和增强解热镇痛。

（7）异戊巴比妥（Amobarbital） 药典2000年二部P252。催眠药、抗惊厥药。

（8）异戊巴比妥钠（Amobarbital Sodium） 兽药典2000年版一部P82。巴比妥类药。用于小动物的镇静、抗惊厥和麻醉。

（9）利血平（Reserpine） 药典2000年二部P304。抗高血压药。

（10）艾司唑仑（Estazolam）
（11）甲丙氨脂（Meprobamate）
（12）咪达唑仑（Midazolam）
（13）硝西泮（Nitrazepam）
（14）奥沙西泮（Oxazepam）
（15）匹莫林（Pemoline）
（16）三唑仑（Triazolam）
（17）唑吡旦（Zolpidem）
（18）其他国家管制的精神药品。

5.各种抗生素滤渣

该类物质是抗生素类产品生产过程中产生的工业三废，因含有微量抗生素成分，在饲料和饲养过程中使用后对动物有一定的促生长作用。但对养殖业的危害很大，一是容易引起耐药性；二是由于未做安全性试验，存在各种安全隐患。

二、食品动物禁用的兽药及其他化合物清单

食品动物禁用的兽药及其他化合物清单见表9-3。

表9-3　食品动物禁用的兽药及其他化合物清单

序号	兽药及其他化合物名称	禁止用途	禁用动物
1	β-兴奋剂类：克仑特罗（Clenbuterol）、沙丁胺醇（Salbutamol）、西马特罗（Cimaterol）及其盐、酯及制剂	所有用途	所有食品动物
2	性激素类：己烯雌酚（Diethylstilbestrol）及其盐、酯及制剂	所有用途	所有食品动物
3	具有雌激素样作用的物质：玉米赤霉醇（Zeranol）、去甲雄三烯醇酮（Trenbolone）、醋酸甲地孕酮（Mekgestrol Acetate）及制剂	所有用途	所有食品动物
4	氯霉素（Chloramphenicol）及其盐、酯［包括：琥珀氯霉素（Chloramphenicol Succinate）］及制剂	所有用途	所有食品动物
5	氨苯砜（Dapsone）及制剂	所有用途	所有食品动物

续表

序号	兽药及其他化合物名称	禁止用途	禁用动物
6	硝基呋喃类：呋喃唑酮（Furazolidone）、呋喃它酮（Furaltadone）、呋喃苯烯酸钠（Nifurstyrenate sodium）及制剂	所有用途	所有食品动物
7	硝基化合物：硝基酚钠（Sodium nitrophenolate）、硝呋烯腙（Nitrovin）及制剂	所有用途	所有食品动物
8	催眠、镇静类：安眠酮（Methaqualone）及制剂	所有用途	所有食品动物
9	林丹（丙体六六六）（Lindane）	杀虫剂	所有食品动物
10	毒杀芬（氯化烯）（Camahechlor）	杀虫剂、清塘剂	所有食品动物
11	呋喃丹（克百威）（Carbofuran）	杀虫剂	所有食品动物
12	杀虫脒（克死螨）（Chlordimeform）	杀虫剂	所有食品动物
13	双甲脒（Amitraz）	杀虫剂	水生食品动物
14	酒石酸锑钾（Antimonypotassiumtartrate）	杀虫剂	所有食品动物
15	锥虫胂胺（Tryparsamide）	杀虫剂	所有食品动物
16	孔雀石绿（Malachitekgreen）	抗菌、杀虫剂	所有食品动物
17	五氯酚酸钠（Pentachlorophenolsodium）	杀螺剂	所有食品动物
18	各种汞制剂包括：氯化亚汞（甘汞）（Calomel），硝酸亚汞（Mercurous nitrate）、醋酸汞（Mercurous acetate）、吡啶基醋酸汞（Pyridyl mercurous acetate）	杀虫剂	所有食品动物
19	性激素类：甲基睾丸酮（Methyltestosterone）、丙酸睾酮（Testosterone Propionate）、苯丙酸诺龙（Nandrolone Phenylpropionate）、苯甲酸雌二醇（Estradiol Benzoate）及其盐、酯及制剂	促生长	所有食品动物
20	催眠、镇静类：氯丙嗪（Chlorpromazine）、地西泮（安定）（Diazepam）及其盐、酯及制剂	促生长	所有食品动物
21	硝基咪唑类：甲硝唑（Metronidazole）、地美硝唑（Dimetronidazole）及其盐、酯及制剂	促生长	所有食品动物

三、妊娠禁忌

除前面已经讲过的中药妊娠禁忌以外，有许多西药也能够直接影响到胎儿的健康发育与成长，要注意用药禁忌。

1.利尿药物

由于速尿（呋塞米）等利尿药会引起子宫脱水，导致胚胎脱离，在母猪妊娠早期（45天以内）禁用。

2.解热镇痛药

保泰松（布他酮）毒性大，易造成胃肠道反应，肝肾损害。水杨酸钠、阿司匹林具有抗凝血作用，易促发流产，故应禁用。其他解热药物可按量应用，不能随意加大用量。

3.抗生素类药物

氟苯尼考、链霉素对胎儿毒性大，易导致弱仔、胚胎畸形或胚胎早期死亡，母猪妊娠期应尽量避免使用；替考星注射液对胎盘穿透力极强，易导致流产，应禁用。强力霉素（多西环素）大剂量长期使用，容易引起乳头阻塞，母猪怀孕中后期不可连续大剂量使用。

4.抗寄生虫药

用敌百虫内服或外用驱除体内、外寄生虫，因其安全性小，稍有不慎极易引起中毒或死亡，应该禁用。抗寄生虫药芬苯哒唑能引起畸胎，特别是在猪妊娠40天内禁用。血虫净（贝尼尔）治疗猪附红体病的效果不好，并经常引起母猪流产，应该禁用。

5.阿散酸（$C_6H_8AsNO_3$）

对猪有促进生长、提高饲料效率、使皮肤红润光亮与防治痢疾等作用，但每吨饲料添加阿散酸250克，即可引起母猪死胎或流产，故应该禁用。

6.激素类药物

如丙酸睾丸素、乙烯雌酚、前列腺激素、地塞米松等药物易导致流产，应禁用。但氢化可的松可酌情使用。

7.拟胆碱药物

氨甲酰胆碱、毛果芸香碱、敌百虫等拟胆碱药物，可引起子宫平滑肌兴奋性增强，易导致流产，故应禁用此类药物。

8.子宫收缩药

催产素、垂体后叶素等子宫收缩药可引起怀孕母猪流产或早产，应禁用此类药物。

9.降压药

利血平等降压药对胎盘穿透力极强，易导致流产，此类药物孕畜应禁用。

第十章 疫苗安全使用常识与程序

chapter ten

疫苗接种是当前预防猪感染性疾病发生的最有效方法之一，而且我国对大多数猪感染性疾病都已有疗效很好的疫苗；然而，疫苗的使用却存在着许多认识误区与不合理的地方。如有人错误地认为疫苗接种越多越好，不少养猪场使用疫苗的种类越来越多，每年多达12种乃至18种之多；或是接种的次数过多，并盲目地增大疫苗免疫接种的剂量，造成免疫麻痹或抑制；或是购买低价不合格的劣质疫苗，或疫苗保管不按规定储存，疫苗稀释后不按规定时间用完，存放时间过长，或是接种操作失误等，致使疫苗效价降低甚至失效，从而致使虽经免疫接种预防，猪群依旧是多种病原感染发生，疫情常年不断，给猪场造成了不应有的重大损失。因此，我们不仅要建立与完善猪病预防接种计划，按程序及时准确地应用各种疫苗，而且还要充分考虑疫苗的使用条件与方法，以减少各种因素对疫苗作用的不良影响，最大限度地发挥疫苗的预防作用。

第一节　基本知识

一、疫苗的作用机制

疫苗是指将病原微生物（如细菌、立克次体、病毒等）及其代谢产物，经过人工减毒或灭活，或利用基因工程等方法，制成用于预防猪传染病的一种自动免疫制剂。其中，由病菌制成的称为菌苗；由病毒、立克次体、螺旋体制成的称为疫苗，但时常将菌苗与疫苗都统称为疫苗。疫苗既保留了病原微生物刺激动物机体免疫系统的特性，又不对机体造成伤害作用。当猪接种疫苗后，其免疫系统便会产生一定的保护物质，如特殊抗体、免疫激素、活性生理物质等；当猪再次接触到这种病原微生物时，猪体的免疫系统便会依循其原有的记忆，制造更多的保护物质来阻止病原微生物的伤害。

二、常用疫苗及其免疫方法

1.活疫苗

活疫苗传统指弱毒疫苗，现在还包括基因缺失疫苗、活载体疫苗和病毒抗体复合物疫苗等。

弱毒疫苗是指经过用人工致弱或自然筛选的弱毒株，但仍保持免疫活力的完整病原疫苗。目前，市场上应用的活疫苗大多为这类弱毒疫苗。其优点是病原可在免疫动物体内繁殖，用量小，免疫原性好，免疫期长，成本低，使用方便；缺点是毒力易返强，对一些极易感动物存在一定的危险性，免疫效果易受多种因素的影响，运输和保存多需要冷冻或冷藏。

（1）基因缺失疫苗　该苗是指利用基因工程技术将病原微生物的毒力基因消除，形成弱毒株后再制成的疫苗。这类疫苗兼有活疫苗和死疫苗的特点，但目前已研制成功的不多。

（2）基因工程或载体疫苗　该苗是指采用基因工程技术，将致病性病原体的外源基因插入到载体病毒或细菌的非必需区，所构建的重组病毒或细菌所生产的疫苗。该疫苗不仅具有基因缺失疫苗的优点，而且可以对载体病毒或细菌以及多个插入基因相关病毒的侵染均有保护力，用该技术可生产多价疫苗或多联苗。

（3）病毒抗体复合物疫苗　该疫苗是指由特异性高免血清或抗

体与适当比例的相应病毒组成的一种特制疫苗。其特点是可以延缓病毒释放，提高疫苗安全性和免疫效果。该苗的关键是病毒与抗体的比例要适度。

2. 死疫苗

死疫苗不仅是指灭活疫苗，还有化学合成疫苗、分泌抗原疫苗、基因工程亚单位疫苗、抗独特型抗体疫苗、免疫复合体疫苗、核酸疫苗等。

（1）灭活疫苗　该疫苗是指将病原微生物经理化方法灭活后，但其仍然保持免疫原性的一类疫苗。其特点是疫苗性质稳定、使用安全、易于保存与运输，便于制备多价苗或多联苗；缺点是病原不能在动物体内繁殖，因此接种剂量较大，接种次数较多，免疫期较短，不产生局部免疫力。

（2）化学合成疫苗　该疫苗主要是指通过化学反应合成的一些小分子抗原制备的疫苗，包括人工合成肽苗和人工合成多糖苗等。前者较多，如口蹄疫VPI疫苗、流感病毒血凝素合成肽苗等。其优点是可以大量合成，对难以人工培养的病原与无法致弱的病毒较适合，纯度高，准确性好，使用安全；但缺点是只能刺激体液免疫，不能刺激细胞免疫。

（3）分泌抗原疫苗　该疫苗是指根据寄生虫分泌或代谢产物具有较强的抗原性，从其培养液中提取有效抗原制作的虫苗。其特点是含有多种成分，应用时不仅需要免疫佐剂，而且还需要多次接种，提纯成本太高，限制了应用。

（4）基因工程亚单位疫苗　它是指利用基因工程技术，除去病原体中有害成分和对免疫无关成分，仅保留其有效成分所制成的疫苗。如口蹄疫VP_3疫苗和VPI疫苗、仔猪腹泻K_{88}疫苗等。其具有死疫苗的特点，但比死疫苗的副作用小、性质稳定、易保存。缺点是免疫原性差。

（5）抗独特型抗体（Id）疫苗　它是指用抗独特型抗体所做的疫苗。其优点是使用安全，兼有治疗作用；但制作方法比较复杂，免疫原性较弱，有异种蛋白副作用。

（6）免疫复合体疫苗　它是用病毒亚单位和特异性抗体所构成的免疫复合物（IC）制备的疫苗。该苗是死疫苗，且剔除了病毒中的有害及与免疫无关的成分，使用起来更安全，副作用更小。

（7）核酸疫苗　它是将外源基因克隆在质粒上，直接注入动物体内，使之表达抗原，激活免疫应答。它具备所有类型疫苗的优点，但还有一些问题尚未研究清楚，在使用时应慎重。

3.免疫佐剂

由于有些疫苗抗原免疫原性较弱，必须在其他物质配合下，才能激发机体的细胞免疫和体液免疫，这类物质就叫免疫佐剂。免疫佐剂多先于、同时或与抗原混合后再与抗原一起使用，能特异性增强机体对抗原免疫应答的物质。

4.免疫接种方法

常见的有四种。其一，肌内注射或皮下注射法，应用最多，如猪瘟兔化弱毒疫苗和猪蓝耳病灭活疫苗等。其二，滴鼻免疫接种，如伪狂犬病疫苗和猪传染性萎缩性鼻炎灭活疫苗等。其三，口服免疫接种，如仔猪副伤寒活疫苗和多杀性巴氏杆菌活疫苗等可经口服免疫接种疫苗。其四，穴位注射接种法（图10-1），如猪传染性胃肠炎和流行性腹泻疫苗等。

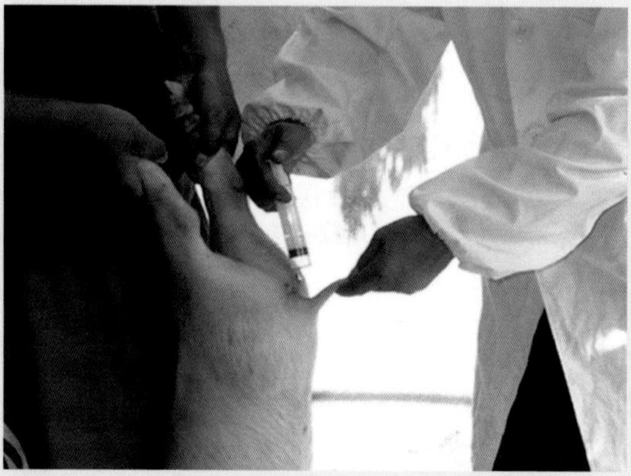

图10-1　猪疫苗后海穴注射接种

三、影响疫苗作用的因素

影响疫苗作用的因素主要有疫苗本身与疫苗使用两个方面，临诊应用也应该针对这两个方面进行选择，以达到最佳的免疫效果。

1.疫苗本身

疫苗本身主要包括疫苗的种类、针对性、生产工艺及生产厂家等，不同种类及不同生产工艺与厂家生产的疫苗，其免疫效果不一样，使用者只能结合本场实际情况，根据不同种类与生产工艺疫苗的免疫学特点，以及不同厂家的实力与信誉进行选择。

（1）死活苗的选择　本场尚无该病发生，只是周边出现疫情，应选择安全性好、不会散毒的灭活疫苗进行接种预防；否则，应选择免疫力强、保护持久的弱毒疫苗。弱毒疫苗有强毒、弱毒之分，原则上应先用弱毒，后用强毒。

（2）针对不同病原　疫苗防控重点应放在传播速度快、危害大、难控制的重大动物传染病上，如猪瘟、蓝耳病、伪狂犬、口蹄疫、圆环病、支原体肺炎等；而对免疫效果不佳或可通过药物保健进行防控的普通细菌性疾病，皆可不必用苗；尤其是不能见病就用疫苗，既浪费人力、物力，又增加猪只免疫系统负担，造成免疫麻痹，将适得其反。

（3）针对血清型　针对多个血清型的传染性疾病，如口蹄疫有7个不同血清型和60多个亚型，猪链球菌有1～9个致病性血清型，副猪嗜血杆菌有15个不同血清型，应选择当地流行的血清型；在无法确定流行病原血清型的情况时，应选用多价苗。

（4）生产工艺与厂家　为了保证疫苗生产质量与使用安全，我国疫苗实行指定厂家生产制度。疫苗应在当地动物防疫部门指定的具有《兽药经营许可证》的兽药店购买，所购疫苗必须具备农业部核发的生物制品批准文号或《进口兽药注册证书》的兽药产品批准文号。根据包装盒上的兽药生产许可证号，可在中国兽药信息网（http://www.ivdc.org.cn/tzgg01/）或中国兽药114网（http://www.

ar114.com.cn/tool-pd-license/）上查询相关信息。选择性能稳定、价格适中、易操作、有一定知名度的厂家生产的疫苗，不要一味追求新的、贵的、包装精美的及进口的疫苗。中途更换厂家或新增疫苗应用，应选择一定数量的猪只先小范围试用，观察3～5天，确定无严重不良反应后，方可进行大面积推广应用。

2.疫苗使用

这方面的因素主要包括疫苗的储藏、运输、接种猪健康状态、疫苗的稀释与准备及使用操作等。

（1）疫苗的储藏、运输　冻干苗应在–15℃条件下运输、保存，禁止反复冻融。灭活苗应在2～8℃条件下运输、保存，防止冻结。同时，要避免强烈光照和剧烈震动，减少人为因素造成的疫苗失效和效价降低。

（2）猪健康状态　猪只健康是疫苗接种的前提。处于潜伏期的猪接种弱毒活疫苗后，可能会激发疫情，甚至引起猪只发病死亡。猪在断奶、去势、运输、捕捉、采血、换料或天气突变等应激因素诱发下，不利于抗体产生，不宜实施免疫注射。对于患病、体弱和营养不良的猪只，只能是详细登记，日后补免。妊娠母猪尽可能不要接种弱毒活疫苗，特别是病毒性活疫苗，以免经胎盘传播，造成仔猪带毒。由于抗菌药或抗病毒药物可能影响弱毒菌苗或病毒性疫苗，接种疫苗前10天饲料中不能添加任何这类药物；但可适当添加营养保健剂、黄芪多糖和电解多维，以增强猪只体质，减少应激，提高猪群的免疫应答能力。

（3）器械及部位的准备　在疫苗接种前，应准备好相应的器械用具，并对其进行消毒处理。如哺乳仔猪（0～25日龄）准备9×12（外径为0.9毫米、长度为12毫米）的针头，保育猪（25～70日龄）准备12×25的针头，肥育猪（71日龄至出栏）准备12×38的针头，种猪准备16×38的针头。要求针孔无堵塞，针尖锋利无倒钩。注射器宜用10～20毫升规格的，刻度要清晰、不滑竿、不漏液。对注射部位，尤其是后海穴注射免疫的猪，要对其进行准确定位与消毒处理。

（4）疫苗准备与稀释　疫苗使用前应详细阅读使用说明书，认真检查疫苗名称、包装、批号、生产日期、有效期等信息，严禁使用破损、瓶塞松动、油乳剂破乳、失真空、变质过期疫苗；并根据猪只数量，取出相应量的疫苗。活疫苗应用厂家提供的专用稀释液，按量现用现稀释，最好在配制后1小时内注射，最长不能超过3小时。灭活苗开封后，限当日使用，未用完者应废弃不再应用。

（5）温度控制　由于温度变化有可能引起疫苗效价降低或接种猪不适反应，冷藏疫苗应在室温环境下放置一段时间，待恢复至常温后活疫苗才能稀释，灭活疫苗才能给猪注射。若环境温度超过20℃时，应将疫苗放入含冰块的保温箱内，以保证疫苗操作期间的全程温度控制。

（6）记录留样　疫苗接种后，要认真记录疫苗的生产厂家、批号、注射时间与地点、动物名称与数量，并保留同批次疫苗2个，以便免疫接种后发生问题时查找原因、发现问题，及时找厂家解决。

四、疫苗的配伍与联合

由于动物机体对抗原的刺激反应性不是无限的，一次接种疫苗的种类或数量过多，不仅妨碍单个疫苗免疫力的高水平产生，而且还有可能出现不良反应，因此不要随意联合使用疫苗。从当前情况来看，灭活疫苗联合使用相互影响较少，有的还有促进免疫的作用。弱毒疫苗联合使用可出现相互促进或相互抑制和互不干扰等效果，故在没有科学的实验数据和研究结论时，不要随意将两种不同的疫苗联合免疫接种。两种病毒性活疫苗一般不要同时接种，应间隔7～10天，以免产生相互干扰。两种细菌性活疫苗可同时使用，但应分别肌内注射。

第二节　猪病防疫工作规程

一、农业部猪病免疫推荐方案（试行）

1.总体要求

国家对口蹄疫实行强制免疫，对猪瘟实行全面免疫，免疫密度达到100%。各地结合当地饲养特点和疫病流行情况，对其他猪病实行免疫。同时应及时开展免疫效果监测，并根据免疫抗体消长情况调整免疫程序，以确保免疫质量。各地依据本方案，结合当地实际情况，可制定相应的免疫方案。

2.免疫病种

本方案包括的免疫病种为口蹄疫、猪瘟、高致病性猪蓝耳病、猪伪狂犬病、猪流行性乙型脑炎、猪细小病毒病、猪传染性胃肠炎、猪流行性腹泻、猪肺疫、猪丹毒、猪链球菌病、猪大肠杆菌病、仔猪副伤寒、猪喘气病、猪传染性萎缩性鼻炎和猪传染性胸膜肺炎等。

3.推荐的免疫程序

（1）商品猪

1日龄：猪瘟弱毒疫苗[注1]。

7日龄：猪喘气病灭活疫苗[注2]。

20日龄：猪瘟弱毒疫苗。

21日龄：猪喘气病灭活疫苗[注2]。

23～25日龄：高致病性猪蓝耳病灭活疫苗、猪传染性胸膜肺炎灭活疫苗[注2]、链球菌Ⅱ型灭活疫苗[注2]。

28～35日龄：口蹄疫灭活疫苗、猪丹毒疫苗、猪肺疫疫苗或猪丹毒-猪肺疫二联苗[注2]、仔猪副伤寒弱毒疫苗[注2]、传染性萎缩性鼻炎灭活疫苗[注2]。

55日龄：猪伪狂犬基因缺失弱毒疫苗、传染性萎缩性鼻炎灭活疫苗[注2]。

60日龄：口蹄疫灭活疫苗、猪瘟弱毒疫苗。

70日龄：猪丹毒疫苗、猪肺疫疫苗或猪丹毒-猪肺疫二联苗[注2]。

注：猪瘟弱毒疫苗建议使用脾淋疫苗；[注1]在母猪带毒严重，垂直感染引发哺乳仔猪猪瘟的猪场实施；[注2]根据本地疫病流行情况可选择进行免疫。

（2）种母猪

每隔4～6个月：口蹄疫灭活疫苗。

初产母猪配种前：猪瘟弱毒疫苗、高致病性猪蓝耳病灭活疫苗、猪细小病毒灭活疫苗、猪伪狂犬基因缺失弱毒疫苗、经产母猪配种前、猪瘟弱毒疫苗、高致病性猪蓝耳病灭活疫苗。

产前4～6周：猪伪狂犬基因缺失弱毒疫苗、大肠杆菌双价基因工程苗[注2]、猪传染性胃肠炎、流行性腹泻二联苗[注2]。

注：种猪70日龄前免疫程序同商品猪；乙型脑炎流行或受威胁地区，每年3～5月（蚊虫出现前1～2个月），使用乙型脑炎疫苗间隔1个月免疫2次；猪瘟弱毒疫苗建议使用脾淋疫苗；[注2]根据本地疫病流行情况可选择进行免疫。

（3）种公猪

每隔4～6个月：口蹄疫灭活疫苗。

每隔6个月：猪瘟弱毒疫苗、高致病性猪蓝耳病灭活疫苗、猪伪狂犬基因缺失弱毒疫苗。

注：种猪70日龄前免疫程序同商品猪；乙型脑炎流行或受威胁地区，每年3～5月（蚊虫出现前1～2个月），使用乙型脑炎疫苗间隔1个月免疫2次；猪瘟弱毒疫苗建议使用脾淋疫苗。

4.技术要求

（1）必须使用经国家批准生产或已注册的疫苗，并做好疫苗管理，按照疫苗保存条件进行储存和运输。

（2）免疫接种时应按照疫苗产品说明书要求规范操作，并对废弃物进行无害化处理。

（3）免疫过程中要做好各项消毒，同时要做到“一猪一针头”，防止交叉感染。

（4）经免疫监测，免疫抗体合格率达不到规定要求时，尽快实施一次加强免疫。

（5）当发生动物疫情时，应对受威胁的猪进行紧急免疫。

（6）建立完整的免疫档案。

二、紧急免疫接种

紧急免疫接种是指当本场或附近地区发生传染病疫情时，为了迅速控制和扑灭疫病流行，对疫区和受威胁区尚未发病的动物所进行的应急性免疫接种。紧急免疫接种既可使用免疫血清，也可直接使用疫（菌）苗等。前者较为安全有效，产生免疫作用快；但用量大、价格高、免疫期短，尤其是对大批猪接种时往往很难满足实际需要。口蹄疫、猪瘟等病的实践证明，后者更切实可行，并已取得了较好的效果。

在此有一点要特别强调，那就是疫苗紧急接种只适用于疫区或受威胁区域的健康无病动物；而对病猪及已受感染的潜伏期病猪，反而会促使它更快发病乃至死亡，故不能再接种疫苗。因此，紧急免疫接种之前必须对所有受到传染威胁的猪进行逐个详细检查，以尽量剔除病猪及已受感染的潜伏期病猪。由于潜伏期病猪多无明显的临诊表现，使其有可能混入健康猪群，因而在紧急接种后一段时间内，猪群中发病数反而会增加。

紧急免疫接种的目的是在疫区及周围的受威胁区建立一个“免疫带”，以包围疫区，就地限制与扑灭疫情。免疫带大小视传染病的性质而定，流行性强的传染病要相应的大一些，如口蹄疫免疫带应在周围5～10千米。同时，免疫带建立须与疫区的封锁、隔离、消毒等综合性措施相配合，才能取得较好的效果。具体要求可参考相关传染病的防疫规范。

三、免疫效果监测

免疫效果监测包括疫苗免疫反应与免疫效果监测两方面。

1.疫苗免疫反应及其处理

随着猪疫苗接种的日益增多，其过敏反应的发生也是屡见不鲜；严重者常因过敏性休克救治不及时而导致猪猝死，造成重大经济损失。故疫苗接种后要对猪群认真观察，发现问题及时处理；尤其是注射疫苗后5～30分钟内，应有专人巡回密切观察。其次，有备无患，事前做好应急准备，以免当时手忙脚乱，因寻找药物而错失抢救时机。

（1）一般反应　猪只精神不振、减食、体温稍高、卧地嗜睡等。一般不需治疗，1～2天后可自行恢复。

（2）急性反应　主要是急性过敏反应，多在注射疫苗后20分钟发生。猪只表现呼吸加快、喘气、眼结膜潮红、发抖、皮肤红紫或苍白、口吐白沫、后肢不稳、倒地抽搐等。出现这种情况，可每头猪立即肌内注射0.1%盐酸肾上腺素，初生仔猪0.2毫升，5千克猪0.3毫升，10千克猪0.5毫升，25千克猪1.0毫升，50千克猪最多2毫升，100千克以上猪及种公猪、种母猪最多3毫升。危重病猪在注射肾上腺素后，配合肌内注射地塞米松磷酸钠注射液疗效更佳。初生仔猪3毫克，5千克猪5毫克，10千克猪10毫克，25千克猪15毫克，50千克猪20毫克，100千克以上猪及种公猪、种母猪30毫克。必要时还可肌内注射安钠咖或强尔心等强心剂。

（3）最急性反应　与急性反应相似，只是发生更快、反应也更严重一些。除采用上述抢救方法外，还应及时静脉注射5%葡萄糖溶液500毫升、维生素C1克、维生素B_6 0.5克。

2.免疫效果监测

免疫效果监测主要是在疫苗接种后要做好抗体检测工作，以便及时了解免疫效果，适时调整免疫程序。一般来说，在生猪进行免疫注射20～25天，必须对其免疫效果进行监测，对于那些没有产生免疫效果或者是免疫效果不达标的猪，要采取及时的补救措施。目前国外已将酶技术等抗体检测技术应用于猪病的大规模群体检测，国内也从大型规模化的种猪场开始，逐渐完善抗体检测工作。

第十一章 chapter eleven

抗感染类药物的安全使用

第一节　抗感染类药物的分类与作用特点

抗感染药物是指具有杀灭或抑制各种病原微生物作用的一大类药物。根据其作用对象的不同，其可以分为抗微生物药与抗寄生虫药，前者又可以分为抗菌药与抗病毒药，而抗菌药又可分为抗生素与合成抗菌药。它们的作用机制与特点各不相同，下面分别介绍之。

一、抗生素的分类与作用特点

抗生素也称抗菌素，是指由细菌或霉菌等微生物在其生活过程中所产生的具有抗病原体或其他活性的一类物质。自1943年青霉素应用于临诊以来，抗生素的种类现已达几千种，临诊上常用的亦有几百种。根据抗生素的化学结构和临诊用途，可将抗生素分为β-内酰胺类、氨基糖苷类、大环内酯类、洁霉素类、四环素类、氯霉素类以及其他主要抗细菌的抗生素、抗真菌抗生素、抗肿瘤抗生素、具有免疫抑制作用的十大类。下面仅就兽医临诊常用的七类做一介绍。

1. β-内酰胺类

依据化学结构特点，β-内酰胺类抗生素又可分为青霉素类、头孢菌素类、头霉素类、单环内酰胺类与非典型类几种。此类抗生素的作用机制是，通过与细菌细胞膜上的青霉素结合蛋白（PBPs）结合，妨碍细菌细胞壁黏肽的合成与交联，导致细胞壁缺损、破裂而迅速杀死细菌。其特点是对繁殖期的细菌有超强的杀灭作用，且副作用较小。

（1）青霉素类　青霉素类又分为天然青霉素和半合成青霉素。前者如青霉素G钾、青霉素G钠、长效西林等，具有杀菌力强、毒性低、价廉等优点，但抗菌谱较窄，易水解，金葡菌易对它产生耐药。后者如氨苄青霉素、羟氨苄青霉素（阿莫西林）等，能耐酸、耐酶和广谱抗菌。青霉素G常作为首选药物应用，与四环素、大环内酯类、氯霉素类合用有拮抗作用，也不宜与碱性磺胺合用。

（2）头孢菌素类　其特点是广谱抗菌、杀菌力强、过敏反应少、耐酸耐酶，临诊可用于消化道、呼吸道、泌尿生殖道多种感染。头孢菌素一般在青霉素治疗不显著后用。

2. 氨基糖苷类

包括链霉素、双氢链霉素、新霉素、卡那霉素、庆大霉素、阿米卡星等。其主要作用于细菌蛋白质合成过程，使细菌细胞膜的通透性增加，导致一些重要生理物质外漏，从而引起细菌死亡。其特点是对静止期细菌的杀灭作用强，抗菌谱广，对G^-菌作用强大，临诊多用于巴氏杆菌、大肠杆菌、沙门菌及结核杆菌引起的肠道、呼吸道、泌尿道感染。临诊上一般不作为预防性用药，主要用于治疗全身性的严重感染，常与其他抗生素联合使用。

3. 大环内酯类

包括红霉素、泰乐菌素、替米考星、柱晶白霉素、北里霉素、螺旋霉素等。其主要作用于细菌细胞核糖体50S亚基，阻碍细菌蛋白质合成，属于生长期快效抑菌剂，不宜与β-内酰胺类等繁殖期杀菌剂联用，以免发生拮抗作用。抗菌谱与青霉素G相似，毒性低，临诊主要用于耐青霉素菌所致的严重感染，如肺炎、支原体、败血症等。

4.洁霉素类

作用机制与大环内酯类相同，抗菌谱与青霉素相仿。有林可霉素和克林霉素等，两药抗菌谱相同，可出现交叉耐药性。临诊上可用于金葡菌、表皮葡萄球菌、溶血性链球菌、肺炎球菌、草绿色链球菌以及各种厌氧菌引起的感染。

5.四环素类

包括四环素、土霉素、强力霉素、金霉素、米诺环素等，作用机制主要为与细菌核糖体30S亚基结合而抑制其肽链增长和细菌蛋白质合成，属快效抑菌剂。其抗菌谱广，但活性较青霉素、头孢菌素及氨基糖苷类弱。其抗菌活性顺序为二甲胺四环素＞脱氧土霉素＞金霉素＞四环素＞土霉素。临诊上主要用于消化道、呼吸道感染，可引起二重感染，常见病原菌的耐药率很高。

6.氯霉素类

包括氯霉素（已禁用）、甲砜霉素、氟苯尼考等，主要作用于细菌70S核糖体的50S亚基，从而抑制细菌蛋白质的合成，属快效抑菌剂。抗菌谱广，但可引起二重感染，耐药性已很严重，且副反应大，临诊主要用于肠道感染及呼吸道感染。

7.多肽类

抗菌谱窄，作用强，为杀菌剂。包括多黏菌素、杆菌肽等。临诊主要用于G^-菌引起的肠道感染。常作为药物添加剂。

二、合成类抗菌药物的分类与作用特点

合成类抗菌药物是指用化学合成方法所制成的一类抗菌药物，主要包括磺胺类、喹诺酮类、呋喃类等药物。

1.磺胺类药物

磺胺类药物是药物分子中含有苯环、对位氨基和磺酰胺基的氨

苯磺胺衍生物。由于其化学结构和对氨基苯甲酸相似，能竞争二氢叶酸合成酶，妨碍二氢叶酸的合成，抑制核酸和蛋白质的合成，从而抑制了细菌的生长繁殖。根据药代动力学特点和临诊用途，这类药物可分为以下三类。

（1）肠道易吸收类磺胺药　这类药物易被肠道吸收，主要用于全身感染。根据作用时间长短，其又可分为短效、中效和长效类药物。前者在肠道吸收快、排泄快，半衰期为5～6小时，每日需服4次，如磺胺二甲嘧啶（SM_2）、磺胺异噁唑（SIZ）。中间者半衰期为10～24小时，每日需服药2次，如磺胺嘧啶（SD）、磺胺甲噁唑（SMZ）。后者半衰期为24小时以上，如磺胺甲氧嘧啶（SMD）、磺胺二甲氧嘧啶（SDM）等。

（2）肠道难吸收的磺胺药　这类药物能不易被肠道吸收，可在肠道保持较高的药物浓度，故主要用于肠道感染，如酞磺胺噻唑（PST）。

（3）外用磺胺药　主要用于灼伤感染、化脓性创面感染、眼科疾病等，如磺胺醋酰（SA）、磺胺嘧啶银盐（SD-Ag）、甲磺灭脓（SML）。

磺胺类药物对许多革兰阳性菌和一些革兰阴性菌、诺卡菌属、衣原体属和某些原虫均有抑制作用，具有抗菌谱广、疗效确实、性质稳定、使用方便、易于生产等优点，特别是抗菌增效剂甲氧苄啶问世后，使其抗菌效能增强，应用范围扩大，进一步提高了其在抗感染药中的地位。但其主要经肝脏代谢灭活，形成乙酰化物后溶解度低，易引起血尿、结晶尿及肾脏损害，注意用药安全。

2.喹诺酮类药物

喹诺酮类药物化学结构中均有4-吡啶酮-3羧酸，而不同于磺胺和抗生素。其特点是抗菌活性强，和其他类抗生素之间无交叉耐药性；对质粒介导的耐药菌有高效，对染色体介导的耐药菌有不同程度的活性；吸收好，体内分布广；不良反应小，无β-内酰胺类抗生素的不良反应，用药比较安全。根据发现年代，可将其分为以下三类。

（1）萘啶酸 是1962年美国报道的第一种喹诺酮类药物，仅对大肠杆菌、痢疾杆菌、伤寒杆菌、变形杆菌等革兰阴性菌有效。

（2）吡哌酸 是1974年报道的第二代喹诺酮类中较成熟的品种。抗菌谱较广，对大多数革兰阴性菌（包括铜绿假单胞菌、大肠杆菌、克雷伯菌、肠杆菌、柠檬杆菌、变形杆菌）均有作用。

（3）氟哌酸 是20世纪80年代出现的第三代喹诺酮类抗菌药。与已有的喹诺酮类相比，它的抗菌谱更广、活性更强，对细菌呈杀菌作用。对革兰阳性和阴性菌（包括铜绿假单胞菌）的作用强于第一、第二代喹诺酮类。与β-内酰胺类抗生素、TMP联合，呈协同抗菌作用。与抗真菌药康酮唑合用，可提高抗真菌活性。口服吸收迅速，但吸收程度低，血浓度低；体内分布较好，体内几乎不被代谢，尿中药物浓度和排泄率高，连续给药无蓄积现象。

氨基糖苷类和喹诺酮类药物属于浓度依赖性药物，抗菌药物疗效主要取决于峰浓度与最小抑菌浓度之比（CMAX/MIC）。该类药物的CMAX/MIC在8 ～ 10，临诊才能达到较高的效率。因此，此类药物应用时应尽可能每日给药1次，特别是氨基糖苷类药物。

3.呋喃类药物

它是20世纪40年代初用作化疗的一类化学合成药，能作用于细菌的酶系统，干扰细菌的糖代谢，而具有抑菌作用。目前使用的呋喃类药物有10余种，较常用的有呋喃妥因、呋喃唑酮、呋喃西林等。临诊上因呋喃西林易引起多发性神经炎，故只供外用。

（1）呋喃妥因（呋喃坦啶） 抗菌范围较广，对多种革兰阳性菌、革兰阴性细菌均有抑制作用，但对铜绿假单胞菌无效。吸收后由尿排泄，治疗泌尿系统感染效果较好。细菌对本品不易产生耐药性，但肾功能不全者慎用，过敏反应可致胸闷、气喘等，可发生周围神经炎、胃肠道反应、溶血性贫血及肺部并发症等不良反应。

（2）呋喃唑酮（痢特灵） 抗菌谱和呋喃妥因相似，对消化道的多种细菌有抑制作用，也可抑制滴虫。口服吸收较少，适合于治疗肠炎、痢疾和伤寒等胃肠道疾病。对幽门螺旋菌有抑制作用，故可用于治疗溃疡病。可致常见胃肠道不良反应、迟发性皮疹、哮喘、肺浸润、头痛、直立性低血压、低血糖及多发性神经炎等。

4.抗菌增效剂

抗菌增效剂是一类与某类抗菌药物配伍使用时，能够以特定的机制增强该类抗菌药物活性的药物。如甲氧苄啶（trimethoprim，TMP），是二氢叶酸还原酶可逆性抑制剂，可阻碍二氢叶酸还原为四氢叶酸，影响辅酶F的形成，影响微生物DNA、RNA及蛋白质的合成，从而抑制微生物的生长繁殖。其与磺胺药合用，如复方磺胺甲噁唑（磺胺甲噁唑与甲氧苄啶，SMZ-TMP）、复方磺胺嘧啶（磺胺嘧啶与甲氧苄啶，SD-TMP）等，可产生协同抗菌作用，使细菌体内叶酸代谢受到双重阻断，抗菌作用增强数倍至数十倍，故称“磺胺增效剂”；后来又发现与其他一些抗菌药物（包括部分抗生素）合用，也能起到增效作用，所以又称之为“抗菌增效剂”。常用的抗菌增效剂有三甲氧苄氨嘧啶（TMP）、二甲氧苄氨嘧啶（DVD）、二甲氧甲基苄氨嘧啶（OMP）。

三、抗病毒药的分类与作用特点

抗病毒药是一类用于预防和治疗病毒感染的药物。病毒是目前所认识到的最小的一类病原微生物，其本身无细胞结构，缺乏完整的酶系统，必须依赖寄主的细胞和酶而繁殖（复制）。抗病毒药物多是针对病毒复制繁殖的不同阶段来抑制病毒繁殖所需的酶，从而阻断后者的复制；然而，很难做到对病毒杀灭而不伤害寄主细胞，这也是当前高效抗病毒药物难以开发的主要原因所在。根据农业部公告第560号规定，金刚烷胺类等人用抗病毒药移植兽用，缺乏科学规范、安全有效的实验数据，需通过兽药注册相关程序经农业部严格审查批准后，方可用于动物病毒性疾病防治，目前尚未见有批准生产的。兽医临诊上可参考选用的抗病毒药物有如下几种。

1.免疫因子型药物

机体细胞被病毒感染后，能很快产生一些免疫因子，提取这些免疫因子，就可以制成抗病毒药物。它不直接作用于病毒本身，而是在未感染细胞表面与特殊受体结合后，产生多种抑制病毒繁殖的抗病毒蛋白，从而抑制病毒的繁殖。兽医临诊应用较多的是干扰素、白细胞介素2。

（1）干扰素　干扰素是一种低分子量的可溶性糖蛋白，进入未感染细胞后可诱导细胞产生抗病毒蛋白质，对同种或异种病毒均有作用，具有很广的抗病毒谱。干扰素无毒或毒性很小，但具有明显的动物种属特异性，必须是病毒感染的早期应用，且需要反复多次。兽医临诊上常用于治疗仔猪腹泻、仔猪传染性胃肠炎与猪瘟等。

（2）白细胞介素2　白细胞介素是淋巴细胞、巨噬细胞等细胞之间相互作用的介质，主要有3种，临诊应用较多的是IL-2。

2.中药

药理试验证明，穿心莲、板蓝根、大青叶、金银花、鱼腥草、龙胆草、地丁、黄芩、紫草、贯众、大黄、茵陈、虎仗等中药，都具有某种抗病毒作用；尤其是在农业部公告第560号规定金刚烷胺类等人用抗病毒药禁止移植兽用之后，兽用抗病毒药物已渐渐有倾向于中药之态势。然而，中药的特点是整体观念与辨证施治，其抗病毒有效浓度一般都太高，大多是通过调节机体免疫功能与诱导干扰素等途径来发挥抗病毒作用的，临诊上直接应用的效果并不太好，而是要辨证施治。

根据农业部要求，为避免影响国家动物疫病强制性免疫政策落实，给重大动物疫病防控工作带来不良后果，除经批准生产、使用的疫苗外，禁止使用其他药物防治高致病性禽流感等一类动物传染病。猪的一类传染病有口蹄疫、猪水泡病、猪瘟、非洲猪瘟、高致病性猪蓝耳病。

四、抗寄生虫类药物的分类与作用特点

寄生虫病是猪场的常见疾病之一，但因其表现往往不明显而容易被养猪户所忽视。除成虫与猪争夺营养，致使猪生长不良与料肉比增加外，幼虫移行还可破坏猪的肠壁、肝脏组织结构和生理功能，诱发肺炎、肠炎、痢疾、贫血等，给猪场造成巨大的经济损失。因此，寄生虫病防治应该得到每个猪场的重视，选择合适的抗寄生虫药物。驱虫前除要做好药物、投药器械及栏舍的清理等准备工作外，在对大批生猪进行驱虫或使用多种药物混合驱虫时，应先用少数生猪进行预试，在确保安全有效的前提下，再全面使用。常见抗寄生虫药物的种类及特点如下。

1.大环内酯类

该类药物以阿维菌素类药物为代表，主要包括阿维菌素、伊维菌素等，其中以伊维菌素使用最为广泛。该类药物是一种新型的广谱、高效、低毒的抗寄生虫药，对体内外寄生虫特别是线虫和节肢动物均有良好驱杀作用，但对绦虫、吸虫及原生动物无效。

伊维菌素对虾、鱼及水生生物有剧毒，故切记避免残存药物的包装等污染水源。2014年4月24日，欧盟发布418/2014法规，对原37/2010进行了增补，规定食用哺乳动物肌肉组织中伊维菌素的最高残留限量为30微克/千克，并自2014年6月24日正式实施。

2.脒类化合物

本类药物为接触性外用广谱杀虫药，使用最多的是双甲脒。双甲脒不仅是广谱的杀螨剂，对虱、蜱、蝇等亦有杀灭作用；且能抑制虫卵活力，具有触杀、拒食、驱避作用，也有一定的内吸、熏蒸作用。使用时配成0.05%溶液，常用于猪体及畜舍地面和墙壁等处的喷洒、药浴等。

3.咪唑并噻唑类

本类药物为广谱、高效、低毒的驱线虫药，对猪蛔虫、食管口线虫有良好的驱除效果；但对毛首线虫效果不稳定，对猪疥螨和原

虫类无效。应用最多的是左旋咪唑。左旋咪唑可引起肝功能损害，患肝病猪禁用。中毒症状与胆碱酯酶抑制剂相似，可用阿托品解毒。注射休药期不少于7天，混饲给药休药期不少于3天。

4.苯并咪唑类

本类药物属于广谱、高效、低毒的驱虫药，对许多线虫、吸虫和绦虫均有驱除效果，但对猪疥螨和原虫类无效。使用最广的是阿苯达唑（又名丙硫苯咪唑、抗蠕敏）。该药有致畸的可能性，应避免大量连续使用。

5.有机磷酸酯类

本类药物为低毒有机磷化合物，是一种老牌的广谱杀虫药和驱虫药。其代表是敌百虫，内服对多种消化道线虫（如猪蛔虫等）有效；外用可杀灭虱、蚤等体外寄生虫。但其毒性较大，安全使用范围窄，妊娠猪和患胃肠炎病的猪禁用；不能与碱性药物配合使用，否则会增加其毒性。

第二节　抗感染类药物的临诊使用与配伍

一、常用抗菌药物增效配伍

1.青霉素类药物

阿莫西林与硫酸链霉素、庆大霉素及其他半合成青霉素配伍，具有增效作用。阿莫西林与克拉维酸以4 ∶ 1比例配伍，可以使抗菌活性提高1000倍；与磺胺增效剂（TMP）以5 ∶ 1比例配伍，可增强抑制大肠杆菌的效果；与盐酸环丙沙星配合，亦能增强抗大肠杆菌的效果。氨苄西林与盐酸环丙沙星以3 ∶ 1比例配伍，或与硫酸链霉素以1 ∶ 3比例配伍，可以获得更好的效果。

2. 头孢菌素类药物

头孢菌素类与庆大霉素、卡那霉素、新霉素联合应用，可产生协同或相加作用。但头孢噻呋主要从肾脏排泄，肾功能不全时少用或不用，也不能与其他肾脏毒性较强的药物（如阿米卡星、庆大霉素等氨基糖苷类抗生素）联合应用。

3. 氨基糖苷类药物

新霉素配强力霉素、四环素，可提高抗大肠杆菌病效果。庆大霉素配TMP、头孢氨苄，卡那霉素配TMP，大观霉素与林可霉素配合使用，均有增效作用。

3. 喹诺酮类药物

盐酸环丙或盐酸恩诺+阿司匹林，恩诺+TMP+氨基比林，沙星类药物和TMP配合使用，均可增强其临诊疗效。吡哌酸、诺氟沙星、环丙沙星、恩诺沙星、左旋氧氟沙星、培氟沙星、二氟沙星、达诺沙星与青霉素类、链霉素、新霉素、庆大霉素合用，疗效增强。

5. 氯霉素类药物

氟苯尼考与二甲氧苄氨嘧啶（DVD）和甲氧苄氨嘧啶（TMP）配合后，抗菌效果会显著增强。

6. 四环素类药物

30毫克/千克支原净、100毫克/千克金霉素与90毫克/千克莫能菌素；或金霉素与泰妙菌素以3 ∶ 1比例混合，饲料添加200克/吨，可降低病猪病死率、提高治愈率。四环素+痢特灵、强力霉素+新霉素、盐酸强力霉素+盐酸环丙沙星、土霉素+痢特灵、土霉素+新霉素、土霉素+莫能菌素、土霉素+洛克沙生、金霉素+磺胺类药、金霉素+磺胺二甲嘧啶+普鲁卡因青霉素（猪），均有较好临诊效果。

7. 红霉素类药物

泰乐菌素+痢特灵、泰乐菌素+磺胺嘧啶钠（泰磺合剂）、红霉素+TMP、红霉素+磺胺嘧啶钠，有提高治疗大肠杆菌和沙门菌病的临诊效果。罗红霉素+泰乐菌素+增效剂，有延长药效的效果；

罗红霉素配合环丙沙星，治疗大肠杆菌、沙门菌、葡萄球菌混合感染效果更好。

8.磺胺类药物

抗菌增效剂与磺胺类药物按1∶5比例配合使用，或磺胺二甲嘧啶+金霉素+青霉素、磺胺二甲嘧啶+泰乐菌素、磺胺喹噁啉钠+氨丙啉+维生素K_3，治疗球虫效果较好。使用磺胺类药物时，应在饮水中添加0.05%～0.1%的碳酸氢钠，并保证饮水充足；饲料中宜添加0.05%的维生素K_3和倍量B族维生素。磺胺嘧啶、磺胺二甲嘧啶、磺胺甲噁唑、磺胺对甲氧嘧啶、磺胺间甲氧嘧啶、磺胺噻唑与TMP、新霉素、庆大霉素、卡那霉素合用，疗效增强。

9.林可霉素类药物

林可霉素配合大观霉素（比例为1∶1或1∶2）、林可霉素+球痢灵、林可霉素+莫能菌素，均有较好的效果。盐酸林可霉素（盐酸洁霉素）、盐酸克林霉素（盐酸氯洁霉素）等与甲硝唑、氨基糖苷类合用，有协同作用。

10.大环内酯类药物

红霉素、罗红霉素、硫氰酸红霉素、替米考星、吉他霉素（北里霉素）、泰乐菌素、乙酰螺旋霉素、阿齐霉素等与碱性物质同用，可增强稳定性、增强疗效。

11.多黏菌素类药物

多黏菌素与磺胺类、甲氧苄啶、利福平、强力霉素、氟苯尼考、头孢氨苄、罗红霉素、替米考星、喹诺酮类等合用，疗效增强。杆菌肽与青霉素类、链霉素、新霉素、金霉素、多黏菌素等合用，作用协同、疗效增强。

二、常用抗菌药物的不良配伍及其反应

1.青霉素类

青霉素钠盐、钾盐、氨苄西林类、阿莫西林等药物，与喹诺酮

类、氨基糖苷类（庆大霉素除外）、多黏菌类合用，可使疗效与毒性同时增强；与四环素类、头孢菌素类、大环内酯类、氯霉素类、庆大霉素、利巴韦林、培氟沙星配伍，可以出现相互拮抗或疗效相抵或产生副作用，应分别使用、间隔给药；与维生素C、B族维生素、罗红霉素、维生素C多聚磷酸酯、磺胺类、氨茶碱、高锰酸钾、盐酸氯丙嗪、过氧化氢等配伍，可出现沉淀、分解、失效。

2. 头孢菌素类

“头孢”系列药与氨基糖苷类、喹诺酮类合用，可使疗效与毒性同时增强；与青霉素类、洁霉素类、四环素类、磺胺类配伍，可出现相互拮抗或疗效相抵或产生副作用，应分别使用、间隔给药；与维生素C、B族维生素、磺胺类、罗红霉素、氨茶碱、氟苯尼考、甲砜霉素、盐酸强力霉素同用，可出现沉淀、分解、失效；强利尿药、含钙制剂与头孢噻吩、头孢噻呋等配伍，会增加副作用。

3. 氨基糖苷类

卡那霉素、阿米卡星、核糖霉素、妥布霉素、庆大霉素、大观霉素、新霉素、巴龙霉素、链霉素等，与大多数抗生素联用会增加毒性或降低疗效；与碱性药物（如碳酸氢钠、氨茶碱等）、硼砂合用，疗效增强，但毒性也同时增强；与维生素C、B族维生素同用，疗效减弱；与氨基糖苷同类药物、头孢菌素类、万古霉素配伍，毒性增强。大观霉素与四环素合用，作用拮抗，疗效抵消。卡那霉素、庆大霉素不可与其他抗菌药物同时使用。

4. 大环内酯类

红霉素、罗红霉素、硫氰酸红霉素、替米考星、吉他霉素（北里霉素）、泰乐菌素、替米考星、乙酰螺旋霉素、阿齐霉素等，与洁霉素类、麦迪霉素、螺旋霉素、阿司匹林同用，可降低疗效；与青霉素类、无机盐类、四环素类合用，可出现沉淀、降低疗效；与酸性物质同用，不稳定、易分解失效。

5. 四环素类

土霉素、四环素（盐酸四环素）、金霉素（盐酸金霉素）、强力霉素（盐酸多西环素、脱氧土霉素）、米诺环素（二甲胺四环素），不宜与含钙、镁、铝、铁的中药（如石类、壳贝类、骨类、矾类、脂类等），含碱类、含鞣质的中成药，含消化酶的中药（如神曲、麦芽、豆豉等），含碱性成分较多的中药（如硼砂等）联用，如确需联用应至少间隔2小时；不宜与绝大多数其他药物混合使用。

6.氯霉素类

氯霉素、甲砜霉素、氟苯尼考等，与青霉素类、大环内酯类、四环素类、多黏菌素类、氨基糖苷类、氯丙嗪、洁霉素类、头孢菌素类、B族维生素、铁类制剂、免疫制剂、环林酰胺、利福平等合用，作用拮抗，疗效抵消；与碱性药物（如碳酸氢钠、氨茶碱等）合用，易发生分解与失效。

7.喹诺酮类

吡哌酸、诺氟沙星、环丙沙星、恩诺沙星、左旋氧氟沙星、培氟沙星、二氟沙星、达诺沙星等，与洁霉素类、氨茶碱、金属离子（如钙、镁、铝、铁等）合用，易发生沉淀、失效；与四环素类、氯霉素类、呋喃类、罗红霉素、利福平配伍，疗效降低；与头孢菌素类合用，毒性增强。

8.磺胺类

磺胺嘧啶、磺胺二甲嘧啶、磺胺甲噁唑、磺胺对甲氧嘧啶、磺胺间甲氧嘧啶、磺胺噻唑等，与青霉素类合用，易发生沉淀、分解、失效；与头孢菌素类合用，疗效降低；氯霉素类、罗红霉素合用，毒性增强。磺胺嘧啶与阿米卡星、头孢菌素类、氨基糖苷类、利卡多因、林可霉素、普鲁卡因、四环素类、青霉素类、红霉素配伍，疗效降低或抵消或产生沉淀。

9.抗菌增效剂

二甲氧苄啶、甲氧苄啶（三甲氧苄啶、TMP）与青霉素类合用，易发生沉淀、分解、失效；与许多抗菌药物用可起增效或协同作用，其作用明显程度不一，也不是与任何药物合用都有增效、协同作用，不可盲目合用。

10.洁霉素类

盐酸林可霉素（盐酸洁霉素）、盐酸克林霉素（盐酸氯洁霉素）等，与青霉素类、头孢菌素类合用，疗效降低；与喹诺酮类、B族维生素、维生素C合用，易发生沉淀、失效。

11.多黏菌素类

多黏菌素与阿托品、先锋霉素、新霉素、庆大霉素合用，毒性增强。杆菌肽与喹乙醇、吉他霉素、恩拉霉素合用，作用拮抗，疗效抵消，禁止并用。恩拉霉素与四环素、吉他霉素、杆菌肽合用，作用拮抗，疗效抵消，禁止并用。

三、抗病毒、抗寄生虫药物配伍

1.抗病毒类药

干扰素等与抗菌类药合用，无明显禁忌，无协同、增效作用。合用时主要用于防治病毒感染后再引起继发性细菌类感染，但有可能增加毒性，应防止滥用。

2.抗寄生虫药

苯并咪唑类（达唑类），长期使用易产生耐药性；联合使用易产生交叉耐药性，并可能增加毒性，一般情况下应避免同时使用。其他抗寄生虫药，一般毒性较强，应避免长期使用；与同类药物合用，毒性增强，应间隔用药，确需同用应减低用量；与其他药物合用，容易增加毒性或产生拮抗，应尽量避免合用。

四、猪场寄生虫病的防治与控制程序

猪寄生虫可以分为体内寄生虫和体外寄生虫，前者主要有蛔虫、线虫、绦虫等，后者主要是疥螨。猪场应根据虫体的种类、发育情况和季节确定驱虫时间与用药。

首次给仔猪驱虫，可在断奶时皮下注射1%的伊维菌素0.5毫升/头。

60日龄时，猪体重30千克左右，可选拌料给药，连用7天。育肥猪50千克体重时，拌料给药驱虫1次，连用7天。后备公猪、母猪转入繁殖猪群前，拌料给药驱虫1次，连用7天。妊娠母猪转入产房前，体表喷雾杀螨1次。引进猪只并群前，拌料给药驱虫1次，连用7天。种公猪、种母猪每3个月拌料给药驱虫1次，连用7天。种猪孕期，用药须谨慎。母猪怀孕期不宜选用毒性大的驱虫药。

驱除胃肠道线虫时，可选清晨饲喂前给药，并在投药后或同时应用盐类泻药，以促进麻痹虫体或残留的驱虫药排出体外。饲喂给药，将药物与少量精料拌匀，争取让猪一次吃完。若猪不吃，可加入少量盐水或糖精。驱虫用药要剂量准确，严防过量中毒。群体用药，计算好用药量，将药研碎，均匀拌入料中。为确保驱虫效果，可间隔一段时间再进行第2次用药；尤其是对那些只作用于寄生虫某一个生长环节的驱虫药来说，驱虫更应注意间隔2次用药。用药后，猪会排出含有虫体和虫卵的粪便，可造成严重污染。因此，使用驱虫药期间，猪粪应及时清理，并集中堆积发酵或焚烧处理。

第十二章 chapter twelve

其他类药物的安全使用

第一节　其他类西兽药的安全使用

一、其他类西兽药的分类与作用特点

1.健胃与助消化药

（1）健胃药　健胃药是指能够促进猪唾液和胃液的分泌，调整胃的功能活动，提高食欲和加强消化的一类药物。健胃药种类多，根据其性质和药理作用特点可分为苦味健胃药、芳香性健胃药和盐类健胃药。

① 苦味健胃药　本类药物多来源于龙胆、大黄、马钱子等植物，主要是通过其本身所具有的苦味来刺激猪的味觉感受器，反射性地兴奋食物中枢，引起消化腺分泌增加，增进食欲，并不直接作用于胃肠道，因此多需制成散剂或酊剂经口投药。这类药物不宜长期或反复多次使用，以免产生适应性而影响药效。应与其他健胃药配合使用，并在使用几天后更换其他类健胃药。不可直接投入胃中，宜在饲喂前给药。使用量不宜过大，以免抑制胃酸的分泌。

另一些含有生物碱等成分而具有较强苦味的植物，如黄连、延胡索、益母草等，由于具有其他特殊作用，虽不列为苦味健胃药，但内服时也有一定的苦味健胃作用。

② 芳香性健胃药　这类药物均为含有挥发油的植物药，如陈皮、桂皮、茴香等。经口内服，可对消化道黏膜产生轻度的刺激作用，再通过迷走神经的反射，增加胃肠消化液的分泌，促进胃肠的蠕动。同时还有轻微的制止发酵作用，故可用于治疗猪的消化不良、积食和轻度臌气等。与其他健胃药配合使用能增加药效。

③ 盐类健胃药　盐类健胃药主要通过咸味刺激味觉感受器与盐类药物在胃肠道中的渗透压作用，轻微地刺激胃肠道黏膜，反射性地引起消化液分泌与胃肠蠕动增强，而发挥健胃作用。剂量增大，能起缓泻作用。常用于治疗猪的消化不良、胃肠卡他、便秘等。常用的有碳酸氢钠、人工矿泉盐等碱性盐类和氯化钠等中性盐类健胃药。

（2）助消化药　助消化药是指能促进胃肠消化过程，补充消化液或其所含某些成分不足的药物。其一般为消化液中的主要成分，如稀盐酸、胃蛋白酶、胰酶、淀粉酶、干酵母等。临诊上常与健胃药配合使用，可提高猪的食欲，从而恢复正常消化功能。

① 稀盐酸　一方面口服时，能刺激味觉感受器，反射性地兴奋食物中枢，促进消化液分泌与胃肠蠕动；另一方面，稀盐酸进入胃后能促进胃蛋白酶原转变为有活性的胃蛋白酶，并维持一定的酸度，有助于胃蛋白酶活动与钙、铁的溶解吸收。常用于胃酸缺少所致的消化不良及胃功能减弱的胃内发酵及碱中毒等。禁止与碱类、盐类健胃药、有机酸、洋地黄及其制剂配合使用。用药浓度或用量过大，可因食糜酸度过高而反射性地引起幽门括约肌痉挛，影响胃的排空而产生腹痛，故用前需加水稀释成0.2%的溶液。

② 胃蛋白酶　胃蛋白酶能使蛋白质分解成蛋白胨，常用于仔猪因胃蛋白酶缺乏而引起的消化不良。它在弱酸性环境中作用最大，用药前先将稀盐酸加水稀释，再加入胃蛋白酶片，于饲喂前灌服。忌与碱性药物配合使用，超过70℃时会迅速失效，遇鞣酸、重金属盐产生沉淀。

③ 干酵母　本品为酵母科几种酵母菌的干燥菌体，含蛋白质不少于44%，富含B族维生素。每克酵母含硫胺0.1～0.2毫克、核黄素0.04～0.06毫克、烟酸0.03～0.06毫克，此外还含有维生素B_6、维生素B_{12}、叶酸、肌醇以及转化酶、麦芽糖酶等。它们均是体内酶系统的重要组成物质，参与体内糖、蛋白质、脂肪等代谢过程和生物氧化过程。常用于治疗猪的食欲不振、消化不良以及B族维生素缺乏症。用量过大会发生轻度下泻。

2.泻下药与止泻药

（1）泻下药　泻下药是指能够促进肠道蠕动，或增加肠内容积，软化粪便，加速粪便排泄的一类药物。根据作用方式和特点，泻下药可分容积性泻药、刺激性泻药和润滑性泻药三类。临诊上主要用于治疗便秘、排除胃肠内毒物及腐败分解物，或与驱虫药物合用以驱除肠道寄生虫。诊断未明不可随意使用泻药。用药量不宜过大，次数不宜过多，以防泻下过度而导致失水、衰竭或继发肠炎等。治疗便秘须根据病因而采取综合措施或选用不同的泻药。极度衰竭而呈现脱水状态、机械性肠梗阻以及妊娠末期的动物，应禁止使用泻下药。救治高脂溶性药物或毒物中毒时，禁止使用油类泻下药，以防止毒物加速吸收而加重病情。

① 容积性泻药　又称盐类泻药。其内服后不易被肠道吸收，在肠内可形成高渗盐溶液，致使大量水分及电解质在肠腔内滞留，从而扩张肠道容积、软化粪便。同时，其对肠壁产生机械性刺激，促使肠道蠕动加快而产生致泻作用。常用的有硫酸钠、硫酸镁等。泻下作用的强弱与其离子被肠道吸收的难易和溶液浓度有关，其顺序为$K^+ > Na^+ > Ca^{2+} > Mg^{2+}$，$Cl^- > Br^- > NO_3^- > SO_4^{2-}$，溶液浓度稍高于等渗浓度时效果较好。硫酸钠的等渗浓度为3.25%，硫酸镁的等渗浓度为4.0%。使用盐类泻药前后，多给其饮水或输液补充体液，可提高临诊疗效。

② 刺激性泻药　又称植物性泻药。其在胃中多不发生作用，而进入肠内，能分解出刺激性物质，刺激局部肠黏膜及肠壁神经，反

射性地引起肠道蠕动增加而产生泻下作用。常用的刺激性泻药有蓖麻油、酚酞、大黄等。

③ 润滑性泻药　这类药物多为无刺激性的植物油（如豆油、花生油等）和矿物油（如液体石蜡）及动物油等，故又称油类泻药。其能润滑肠壁，软化粪便，使粪便易于排出，作用比较和缓，故在孕畜和患有肠炎的家畜中均可应用；但由于许多毒物、驱虫药易溶于油，吸收后致使猪中毒，故禁用于排除毒物及配合驱虫药使用。

（2）止泻药　止泻药是指具有制止腹泻作用的一类药物。其多具有保护肠黏膜、吸附有毒物质和收敛消炎的作用。腹泻不仅是临诊上常见的一种症状或疾病，而且也是动物机体的保护性防御功能之一。过度腹泻不仅会影响营养成分的吸收和利用，而且易造成机体内水和钠、钾、氯等离子的缺失，导致体内脱水和电解质平衡失调乃至酸中毒，此时止泻是必需的。由于腹泻的原因与病情复杂而多样，其治疗也应根据原因和病情采取综合措施。首先应消除原因（如排除毒物、抑制病原微生物、改善饲养管理等），其次是应用止泻药物和对症治疗（如补液、纠正酸中毒等）。止泻药种类很多，常见的有保护性止泻药、抑制肠蠕动性止泻药、吸附性止泻药等。

① 保护性止泻药　本类药物多具有收敛作用，内服后不被吸收，主要是附着在胃肠黏膜的表面而呈机械性保护作用，减少对胃肠道黏膜刺激而止泻。其对胃肠道中微生物、肠道的运动和分泌均不起作用。常用的有鞣酸、鞣酸蛋白、碱式硝酸铋、碱式碳酸铋等。

② 抑制肠蠕动性止泻药　本类药物主要是通过抑制肠道平滑肌的过度兴奋，减缓肠蠕动而达到止泻目的。其对机体的影响比较多，临诊使用时应慎重。主要有阿片类和阿托品类药物。

③ 吸附性止泻药　本类药物性质稳定，无刺激性，一般不溶于水。内服后多不被吸收，但吸附性能很强，能吸附胃肠道内毒素、腐败发酵产物及炎症产物等，并能覆盖胃肠道黏膜，使胃肠黏膜免受刺激，从而减少肠管蠕动，达到止泻效果。其吸附作用属物理性质，是可逆的，因此当吸附毒物时，必须用盐类泻药促使其迅速排

出。常用的有药用炭、白陶土等。

3. 祛痰镇咳平喘药

（1）祛痰药　痰液是呼吸道炎症的产物，可刺激呼吸道黏膜引起咳嗽，并加重感染。祛痰药是通过增加呼吸道分泌，使痰液变稀而易于排出。痰液不能及时排出，黏附气管内并刺激黏膜下感受器引起咳嗽，故祛痰药还有间接的镇咳作用。

祛痰药按其作用方式可分为三类：一是恶心性祛痰药和刺激性祛痰药，前者如氯化铵、碘化钾等，后者则是一些挥发性物质（如桉叶油）；二是黏液溶解剂，如乙酰半胱氨酸；三是黏液调节剂，如溴己新（溴苄环己铵）等。

（2）镇咳药　咳嗽是呼吸系统的一种防御性反应，轻度咳嗽有助于祛痰；但频繁剧烈咳嗽可影响休息，甚至加重病情或引起其他并发症，需要治疗。镇咳药主要是通过降低咳嗽中枢兴奋性，来减轻或制止咳嗽的一类药物。在对因治疗咳嗽时，加用镇咳药可以提高疗效；尤其是在阵发性或频繁性无痰干咳时，应用效果更明显。根据作用部位，镇咳药可分为中枢性镇咳药与末梢性镇咳药两大类。中枢性镇咳药直接抑制延脑咳嗽中枢而产生镇咳作用，如吗啡、可待因、吗啉吗啡（Pholcodine）、美沙酚（Dectromethorphan）等，多用于干咳治疗。末梢性镇咳药则主要是通过抑制咳嗽反射弧感受器、传入或传出神经以及效应器中任何一个环节而止咳，如甘油、蜂蜜及其糖浆合剂等，是通过保护呼吸道黏膜，减少刺激而止咳；支气管扩张药（平喘药），通过缓解支气管痉挛亦可止咳。

（3）平喘药　气喘，简称喘，是呼吸困难的一个表现形式，以呼吸急促为特征，严重时可出现张口耸肩、鼻翼翕动、不能平卧等，可见于多种急慢性病症。它与咳嗽不同的是，后者是先迅速吸气，随即强烈地呼气，伴随声带振动发声；而前者只是呼吸急促，没有声带振动发声。两者常相伴发生，但咳嗽常伴气喘，而气喘则可以没有咳嗽。

平喘药是指能解除支气管平滑肌痉挛，扩张支气管的一类药物。有些镇咳性祛痰药因能减少咳嗽或促进痰液的排出，减轻咳嗽引起的喘息而有良好的平喘作用。对单纯性支气管哮喘或喘息性慢性支气管炎的病例，临诊上常用平喘药治疗。根据其作用特点，平喘药可分为支气管扩张药和抗过敏药物。支气管扩张药主要作用于支气管平滑肌和支气管黏膜上肥大细胞，既能使平滑肌松弛，又能抑制肥大细胞释放活性物质（如组胺、慢反应物质等），从而减少由这些物质引起的黏膜充血性水肿、腺体分泌和支气管痉挛，临诊上常用的有拟肾上腺素类药物（如麻黄碱、异丙肾上腺素）和茶碱类药物（如氨茶碱）等。抗过敏药包括糖皮质激素类和肥大细胞稳定药，在兽医临诊很少应用，人医临诊常用于以缓解或预防哮喘发作。

4.维生素与微量元素

（1）维生素　维生素是动物维持生理功能所必需的一类特殊的低分子有机化合物，需要量甚微，但作用极大。多数维生素是辅酶的组成成分，缺乏会影响辅酶的合成，导致代谢紊乱，出现各种病症，影响动物健康和生产，严重时甚至可引起动物死亡。

目前已知的维生素有20余种，根据其溶解性分为脂溶性维生素（如维生素A和维生素D等）和水溶性维生素（如B族维生素和维生素C等）两大类。动物对维生素的需要主要由饲料供给。猪大肠内的微生物虽然也能合成多种维生素，但多半不易被宿主利用。维生素制剂主要用于防治维生素缺乏症，但应采取综合防治措施，严禁滥用。如补充饲喂富含维生素的青饲料或其他饲料，给缺乏维生素D的病猪多晒太阳，对营养极度贫乏的病猪同时补充蛋白质等。无限增大维生素的剂量，不仅造成浪费，而且脂溶性维生素A和维生素D过量，常可引起中毒等严重后果。因此，在治疗维生素缺乏症时，开始可给予较大剂量，此后逐减至日需量为妥。

① 脂溶性维生素　主要有维生素A、维生素D、维生素E、维生素K四种。溶于脂肪及有机溶剂而不溶于水，在肠道内吸收与脂肪的吸收密切相关。当腹泻、胆汁缺乏、内服液状石蜡或脂肪吸收受阻时，脂溶性维生素的吸收大为减少。饲料中含有大量钙盐时，

也可影响脂肪和脂溶性维生素的吸收。脂溶性维生素吸收后在体内的转运与脂蛋白密切有关。吸收后主要是在肝脏和脂肪组织中储存，其储存量较大，饲料中长期缺乏才会出现维生素缺乏症。临诊上用量过大，或长期过量摄入，则引起猪中毒。

② 水溶性维生素　包括B族维生素和维生素C等。前者包括硫胺素（维生素B_1）、核黄素（维生素B_2）、烟酸和烟酰胺、维生素B_6、泛酸、叶酸、生物素、胆碱、维生素B_{12}及肌醇等。B族维生素几乎都是辅酶或辅基的组成部分，参与机体各种代谢。水溶性维生素不能在体内储存，超过机体需要的多余部分完全由尿排出，因此水溶性维生素毒性很低，但短时期缺乏或不足就能影响动物生产和健康。一般情况下，维生素C在成年动物体内均可合成并满足需要，仅在逆境或应激条件下才会不足。

（2）微量元素　微量元素是指在动物体内存在的极微量而又必需的一类矿物质，仅占体重的0.05%。它们是酶、激素和某些维生素的组成成分，对酶的活化、物质代谢和激素的正常分泌均有重要影响，也是生化反应速率的调节物。常见的微量元素主要有硒、钴、铜、锌、锰、铁、碘等。日粮中微量元素不足时，动物可产生微量元素缺乏综合征。添加一定的微量元素，就能改善动物的代谢，预防和消除这种缺乏症，从而提高畜禽的生产性能。然而微量元素过多时，也可引起动物中毒。

5.防腐消毒药

防腐消毒药是指具有杀灭或抑制病原微生物生长繁殖的一类药物。一般来说，消毒药多指能迅速杀灭病原微生物的药物，而防腐药则是指能抑制病原微生物生长繁殖的药物；但消毒药低浓度时抑菌，防腐药高浓度时也可杀菌，两者并无严格界限，故统称为消毒防腐药。消毒防腐药对病原微生物和动物组织细胞无明显选择性，在抑杀病原微生物时对宿主也有一定程度的损害，切不可内服。刺激性较弱的可以外用，称为外用消毒防腐药，常见的有乙醇、苯扎溴铵、醋酸氯己定、度米芬、癸甲溴铵溶液、辛氨乙甘酸溶液、碘、聚维酮碘、碘仿、醋酸、硼酸、过氧化氢溶液、高锰酸钾、乳酸依沙吖啶与甲紫等；而作用强烈、对组织有剧烈作用的消毒药，则主要用于器械、用具、环境及排泄物的消毒，称为环境消毒药，常见的有苯酚、甲酚、六氯酚、甲醛溶液、聚甲醛、戊二醛、氢氧化钠、氧化钙、含氯石灰、二氯异氰脲酸钠、二氧化氯、过氧乙酸、硫酸、盐酸、硼酸、乳酸、醋酸、苯甲酸、水杨酸等。影响消毒防腐药作用发挥的因素主要有以下几点。

（1）药物的浓度与作用时间　一般来说，药物的浓度越高，抗菌作用就越强，但外用时还必须考虑对组织的刺激性和腐蚀性。药物与病原微生物的作用时间越长，抗菌作用越能得到充分发挥。

（2）药物的溶剂　同一药物可因溶剂不同而消毒效果不同。如碘酊的作用好于碘甘油。

（3）药物作用环境　环境中存在粪、尿或猪体创面上有脓、血、坏死组织及其他有机物存在而减弱抗菌能力，因此，在用药前必须充分清洁被消毒对象。一般来说，温度每升高10℃，消毒药杀菌效力增强1～1.5倍。例如氢氧化钠溶液，在15℃经6小时可杀死炭疽杆菌芽孢，而在55℃时只需1小时，75℃时仅需6分钟。表面活性剂在碱性环境中作用较强，而酸类消毒药在酸性环境中作用增强。硬水中的矿物性离子浓度较高，能与季铵盐类、碘等结合形成难溶性盐类，影响其药效的发挥。

（4）病原体状况　不同种类的微生物对药物的敏感性有很大的差别，如多数消毒防腐药对细菌的繁殖型有较好的抗菌作用，而对芽孢型的作用很小；病毒通常对碱类较敏感，对酚类常耐药。污染量越大，所需消毒药量越大、消毒时间越长。

（5）配伍禁忌　在两种或两种以上消毒防腐药合用时，可能由于物理性或化学性的配伍禁忌而使消毒效果下降。如新洁尔灭属阳离子表面活性剂，与肥皂等阴离子表面活性剂合用，可发生置换反应而使效果减弱。高锰酸钾等氧化剂与碘等还原剂合用，可发生氧化还原反应，不仅减弱消毒效力，还会加重对皮肤的刺激性。硬水中的矿物质可拮抗新洁尔灭、洗必泰的作用。

二、其他类西兽药的临诊使用与配伍

1.助消化与健胃药

乳酶生与酊剂、抗菌剂、鞣酸蛋白、铋制剂合用，疗效减弱。许多中药能降低胃蛋白酶的疗效，应避免合用，确需与中药合用时应注意观察效果；胃蛋白酶与强酸、碱性、重金属盐、鞣酸溶液合用及在高温下，可产生沉淀或灭活、失效。干酵母与磺胺类合用，作用拮抗、降低疗效。稀盐酸、稀醋酸与碱类、盐类、有机酸及洋地黄合用，可发生沉淀、失效。人工盐与酸类合用，作用中和、疗效减弱。胰酶与强酸、碱性、重金属盐溶液合用及在高温下，可发生沉淀或灭活、失效。碳酸氢钠（小苏打）与镁盐、钙盐、鞣酸类、生物碱类等合用，疗效降低或分解或沉淀或失效；与酸性溶液作用，发生中和失效。

2.平喘药

茶碱类（氨茶碱）与其他茶碱类、洁霉素类、四环素类、喹诺酮类、盐酸氯丙嗪、大环内酯类、氯霉素类、呋喃妥因、利福平合用，副作用增强或失效；与酸性药物合用，可增加氨茶碱排泄；与碱性药物合用，可减少氨茶碱排泄，应酌情增减用量。

3.维生素类

长期、大剂量使用，尤其是脂溶性维生素，易导致中毒甚至致死。B族维生素与碱性溶液合用，可发生沉淀、破坏、失效；与氧化剂、还原剂合用或在高温下，易发生分解、失效；与青霉素类、头孢菌素类、四环素类、多黏菌素、氨基糖苷类、洁霉素类、氯霉素类合用，易发生灭活、失效。维生素C与碱性溶液、氧化剂合用，易发生氧化、破坏、失效；与青霉素类、头孢菌素类、四环素类、多黏菌素、氨基糖苷类、洁霉素类、氯霉素类合用，易发生灭活、失效。

4.消毒防腐类药

漂白粉与酸类同用，易发生分解、失效。酒精（乙醇）与氯化剂、无机盐等合用，易发生氧化、失效。硼酸与碱性物质、鞣酸同用，疗效降低。碘类制剂与氨水、铵盐类同用，生成爆炸性的碘化氮；与重金属盐同用，易发生沉淀、失效；与生物碱类同用，易析出生物碱沉淀；与淀粉类同用，溶液变蓝；与龙胆紫同用，疗效减弱；与挥发油同用，易发生分解、失效。高锰酸钾与氨及其制剂同用，易发生沉淀；与甘油、酒精（乙醇）同用，易发生失效。过氧化氢（双氧水）与碘类制剂、高锰酸钾、碱类、药用炭合用，易发生分解、失效。过氧乙酸与碱类（如氢氧化钠、氨溶液等）同用，易发生中和失效。碱类（生石灰、氢氧化钠等）与酸性溶液同用，易发生中和失效。氨溶液与酸性溶液合用，易发生中和失效；与碘类溶液合用，易生成爆炸性的碘化氮。

第二节　猪病防治常用中兽药

一、常用中兽药的分类与作用特点

1.解表药

解表药物适用于猪外感风寒或风热所致的精神沉郁、食欲不振，被毛逆乱，拱背缩腰，行动呆滞，恶寒振颤，发热，肌肉痛或骨节痛等病症。可分辛温解表和辛凉解表两类。辛温解表用于外感风寒表证，症见恶寒发热、弓背夹尾、鼻塞喷嚏、耳尖发凉、皮温不均、被毛逆乱、寒战、舌苔薄白、脉浮，常用药物主要有麻黄、桂枝、荆芥、防风、细辛、羌活、白芷、紫苏、藁本、苍耳子、辛夷、柽柳、生姜、葱白等；辛凉解表用于外感风热与温热病初期，症见发热重、恶寒轻、见水急饮、目赤、舌苔薄黄、脉浮数等，常用药物有薄荷、柴胡、升麻、葛根、桑叶、菊花、牛蒡子、蝉蜕、淡豆豉、浮萍草等。

解表药使用不可过量，中病即止，否则易耗伤阳气，损及津液。虚证，以及疮疡日久、淋证和失血者，虽有表证，均当忌用或慎用。临诊应辨证选用并注意配伍，兼内热者，配清热药；夹湿者，配祛湿药；兼燥邪者，与润燥药同用；对于虚弱和津液不足的病畜，不可应用解表药，如果必须采用，则应配合补养药，扶正发表并施。解表药多含挥发油，入汤剂不宜久煎，以免有效成分挥发而降低疗效。

2. 清热药

本类药物性多寒凉，多具泻火、燥湿、解毒、凉血及清虚热等功效，主要用于表热已解、积滞已除的外感热病、高热不退，烦渴引饮、热痢肠黄、湿热黄疸、血分郁热、温毒发斑、痈肿疮毒及阴虚发热等症见口色赤红、脉象洪数的病症。这类药物性寒凉，易伤脾胃，脾胃气虚、食少便溏者慎用；易伤津化燥、损阴耗津，阴虚津伤者也应当慎用；如遇阴盛格阳，真寒假热者更不可妄用。针对热邪所犯部位与虚实等的不同清热药可分为清热泻火药、清热燥湿药、清热解毒药、清热凉血药和清热解暑药五类。

（1）清热泻火药　本类药物适用于高热火盛所引起的里热壅盛、高热烦躁、口渴喜饮、尿赤、肺热咳喘、口舌生疮、舌苔黄燥、口色赤红、脉象洪大等气分实热证，对心火、肝火、肺热、胃热等引起的脏腑火热之证用之尤佳。常用药物主要有石膏、知母、栀子、芦根、天花粉、淡竹叶、寒水石、鸭跖草等。

（2）清热燥湿药　本类药物适用于湿热证及火热证，如湿温，暑温，湿热蕴结脾胃之痞满，大肠湿热之泄泻、痢疾，肝胆湿热之黄疸，湿热带下，热淋，湿热痹证，湿疹，湿疮。常用药物有黄连、黄芩、黄柏、龙胆草、苦参、秦皮、白鲜皮、三棵针、马尾连等。

（3）清热解毒药　本类药物适用于痈肿疗疮、丹毒热邪、瘟毒发斑、咽喉肿痛、热毒下痢、虫蛇咬伤、水火烫伤，以及其他急性热病等证。常用药物有金银花、连翘、板蓝根、大青叶、青黛、蒲公英、紫花地丁、野菊花、山豆根、射干、马勃、鱼腥草、败酱草、白头翁、贯众、穿心莲、千里光、半边莲、重楼、黄药子、白药子、木蝴蝶、漏芦、马齿苋、金荞麦、地锦草、鸦胆子、白花蛇舌草、白蔹等。

（4）清热凉血药 本类药物适用于温热病邪入营血，高热不退，舌绛，发斑出血，以及内伤杂病血热妄行之吐血、衄血等症。常用药物有生地黄、玄参、牡丹皮、赤芍、水牛角、白茅根、紫草等。

（5）清热解暑药 本类药物主要用于暑热所致的病畜汗多、气虚、神衰等。常用药物有香薷、荷叶、白扁豆、绿豆、苦瓜等。

3.消食药

本类药物适用于食积停滞之食欲不振、脘腹胀满、嗳腐吞酸、恶心呕吐、大便秘结或溏泻不爽，泻物酸腐臭秽，且多腹痛则泻、泻后痛减和矢气臭秽等症。此类药虽然大多作用缓和，但部分药也有耗气之弊，脾胃虚弱者当先调养脾胃，不宜单用或过用消食药，以免再伤脾胃。暴食食积急重者，当用涌吐法尽快排出胃中宿食，以免消食药缓不济急之误。常用药物有山楂、神曲、麦芽、稻芽、莱菔子、鸡内金、鸡矢藤、隔山消、阿魏等。

4.泻下药

本类药物适用于大便不通、宿食壅阻、瘀血停滞、实热内结、寒积或水饮停蓄等里实证；也可用于某些实热症见高热不退，或火热上炎而热邪壅盛、头痛、目赤、口疮、牙龈肿痛及火热炽盛引起的衄血、吐血、咯血等上部出血诸证。不论有无便秘，均可用苦寒攻下之品，清除实热，导热下行。根据泻下作用的不同，其可分为润下药、攻下药和峻下逐水药三类。其中以峻下逐水药作用最强，攻下药次之，润下药缓和。攻下药与峻下药容易损伤正气或脾胃，故幼畜、年老及体虚患畜慎用，必要时可攻补兼施。对体壮里实者，亦应中病即止，切勿过剂。妊娠期禁用，哺乳期慎用，以免损害胎儿和孕畜。

（1）润下药 本类药物以植物的种仁为多，富含油脂，大多味甘质润而药性平和，适用于年老体弱、血少津枯、产后血虚、热病伤阴或失血所致，多与相应的行气药、补血、补虚药、养阴药同用。常用药物有火麻仁、郁李仁、松子仁、菜油、麻油等。

（2）攻下药　本类药物泻下通便作用较强，常用于各种便秘证，尤其适合于热结便秘、大便燥结及实热积滞之症。常用药物有大黄、芒硝、番泻叶、芦荟等。

（3）峻下逐水药　本类药物多苦寒有毒，泻下作用峻猛，适用于水肿胀满、小便不利，或水积腹内，腹部胀满，或痰饮内停胁下引起的胁下胀痛、咳喘气短，患畜正气尚可，邪盛证急，仅用利水等法又难以见效者。部分药物又可利尿，则可使水湿从二便排出。有的峻下药小剂量轻用，还可收到攻下便秘或导行积滞的效果。常用药物有甘遂、京大戟、芫花、商陆、牵牛子、巴豆、千金子等。

5.温里药

本类药物以温里祛寒为主要功效，适用于治疗里寒证，又称祛寒药。因其归经不同，有温脾、温胃、温肾、暖肝、温肺、温通经脉之不同；部分药物还兼有助阳、回阳、止痛之功，主要适用于里寒证、阳气不足证和亡阳证。本类药物性多辛温燥烈，易耗伤阴液、动火助热，故实热、阴虚火旺、津血亏虚者忌用，炎热气候与孕畜慎用。有毒药物（如附子）应注意炮制、剂量及用法，以避免患猪中毒与保证用药安全。常用药物有附子、干姜、肉桂、吴茱萸、小茴香、丁香、高良姜、胡椒、花椒、荜茇、荜澄茄等。

6.行气药

本类药物具有顺气宽中、破气散结、疏肝解郁、降气止逆、行气止痛等功能，适用于脾胃气滞、肺气壅滞和肝气郁滞所致的肚腹胀满、腹痛不安、反胃吐逆、大便失常、气逆咳喘、乳房或睾丸肿痛等症。本类药物易耗气伤阴，故气虚、阴虚的家畜慎用，必要时配合补养药。常用药物有陈皮、青皮、枳实、枳壳、木香、檀香、川楝子、柿蒂、乌药、青木香、香附、佛手、荔枝核、大腹皮、甘松、薤白、香橼等。

7.祛湿药

这类药物具有祛除湿邪的作用，根据其功效之异，又可分为祛风湿药、化湿药与利水渗湿药三类。

（1）祛风湿药　临诊主要用于治疗肢体疼痛、关节不利、关节肿大、筋脉拘挛以及腰膝酸软、后肢痿弱等症。常用药物有独活、威灵仙、川乌、海风藤、路路通、青风藤、丁公藤、秦艽、防己、桑枝、豨莶草、臭梧桐、海桐皮、雷公藤、老鹳草、穿山龙、五加皮、桑寄生、千年健等。

（2）化湿药　本类药物主要治疗湿困脾胃、身体倦怠、脘腹胀闷、胃纳不馨、口甘多涎、大便溏薄、舌苔白腻等症，对湿温、暑温诸症亦有治疗作用。常用药物有藿香、佩兰、苍术、厚朴、砂仁、白豆蔻、草豆蔻、草果等。

（3）利水渗湿药　本类药物主要用于治疗小便不利、水肿、泄泻、痰饮、淋证、黄疸、湿疮、带下、湿温等水湿所致的各种病症。有些药物有较强的通利作用，孕畜慎用。常用药物有茯苓、薏苡仁、猪苓、泽泻、冬瓜皮、玉米须、车前子、滑石、川木通、通草、瞿麦、萹蓄、地肤子、海金沙、石韦、灯心草、萆薢、冬葵子、金钱草、茵陈、虎杖、地耳草、垂盆草等。

8.理血药

理血药物包括活血化瘀药和止血药两类，活血化瘀药适用于治疗血瘀证，止血药适用于各种出血证的治疗。止血药物须根据出血原因和具体证候辨证选用，并配伍应用相关药物，以增强疗效。如血热妄行者，应选用凉血止血药，并配伍清热凉血药；阴虚阳亢者，应配伍滋阴潜阳药；瘀血阻滞而出血不止者，应以化瘀止血药为主，配行气活血药；虚寒性出血，应配伍温阳、益气、健脾等药；出血过多而导致气虚欲脱者，应急予大补元气之药，以益气固脱。

（1）凉血止血药　常用的有小蓟、大蓟、地榆、槐花、侧柏叶、苎麻根、羊蹄等。化瘀止血药常用的有三七、茜草、蒲黄、降香、花蕊石等。

（2）收敛止血药　常用的有白及、仙鹤草、棕榈炭、血余炭、藕节、紫珠等。温经止血药常用的有艾叶、炮姜、灶心土等。

（3）活血止痛药　常用的有川芎、延胡索、郁金、姜黄、乳香、没药、五灵脂等。

（4）活血调经药　主治血行不畅所致的产后瘀滞腹痛、跌打损伤、疮痈肿毒等，常用药物有丹参、红花、桃仁、益母草、泽兰、牛膝、鸡血藤、王不留行、月季花、凌霄花等。

（5）活血疗伤药　主要用于瘀肿疼痛、跌打损伤、骨折筋损、金疮出血等伤科疾患，常用药物有土鳖虫、马钱子、自然铜、苏木、骨碎补、血竭、儿茶、刘寄奴等。

9.化痰止咳平喘药

该类药物多能宣降肺气、化痰止咳、降气平喘，多用于治疗外感引起的痰多咳嗽气喘诸证，也可用于内伤所致的眩晕、麻木肿痛等病症。由于痰有寒、湿、热、燥之分，该类药物也有温化寒痰、润肺化痰、清化热痰和止咳平喘之别，使用时应根据病症不同，选择不同的药物，并根据痰、咳、喘之成因和证型作适当的配伍，以期达到治病求本，标本兼顾。

（1）温化寒痰药　常用的有半夏、天南星、白芥子、白前、皂荚、旋覆花等。

（2）清化热痰药　常用的有川贝母、浙贝母、瓜蒌、竹茹、竹沥、前胡、桔梗、胖大海、海藻、昆布、海蛤壳、海浮石、瓦楞子、礞石等。

（3）止咳平喘类药　常用的有杏仁、紫苏子、百部、紫菀、款冬花、马兜铃、白果、枇杷叶、桑白皮、葶苈子、洋金花、满山红等。

10.平肝息风药

这类药物具有祛除肝邪、明目退翳，或平肝阳、熄肝风作用，多用于肝经风热，翳膜遮睛，或肝阳偏亢、肝风内动等病症。本类药物多偏于寒凉，但也有偏于温燥者，应区别使用。凡脾虚慢惊，非寒凉药所宜；而阴虚血亏者，又当慎用温燥之品。依其主要功效，可分为平肝明目、平肝息风、平肝潜阳等。

（1）平肝明目药 也称清肝明目药，有平肝、泄热、镇痉、熄风的功效，临诊主要用于温热病的热盛动风或惊风癫痫或破伤风等证。常用的有草决明、谷精草、密蒙花、青箱子、夏枯草、木贼草、夜明砂等。

（2）平肝息风药 有降压、抗惊厥、镇静、抗组织胺、清热解毒等作用，常用药物有牛黄、天麻、珍珠、钩藤、全蝎、蜈蚣、僵蚕、地龙、山羊角、蔓荆子、天竺黄、白附子等。

（3）平肝潜阳药 能缓和或抑制狂躁不安、抽风、癫痫或眩晕等，常与熄风止痉药、养心安神药、养阴药、清热药配伍，可增强疗效。常用药物有石决明、珍珠母、牡蛎、紫贝齿、代赭石、白蒺藜、罗布麻等。

11.镇惊安神与开窍药

本类药物具有镇惊安神、除狂定惊、开窍醒神等功效，适用于多种原因所致的心神不宁、躁动不安、癫狂、惊痫、窍闭神昏、高热风痰壅塞，气滞郁结或寒气内闭所致，或由大汗、大下、大失血引起的脱证等。本类药物多为金石介壳，有的尚具副作用，尤其易伤胃气，引起食欲不振或消化不良，不可久服滥用；有的多辛散走窜，常耗气损阳，临诊主要用于实闭。一般作急救暂用，不可过用，待回苏后再辨证论治；虚证脱证禁用。本类药物多为救急、治标之品，多用会耗伤正气，故不可久用。有效成分易于挥发，不宜入煎剂，只入丸剂、散剂。

（1）重镇安神药 常用的有朱砂、磁石、龙骨、琥珀等。

（2）养心安神药 常用药物有酸枣仁、柏子仁、远志、灵芝、缬草、夜交藤、合欢皮等。

（3）开窍药 主要用来治疗温病热陷心包、痰浊蒙蔽清窍之神昏谵语，以及惊风、癫痫、中风等卒然昏厥、痉挛抽搐等症。常用药物有麝香、冰片、苏合香、石菖蒲等。

12.补虚药

具有补虚扶弱、增强体质与抵抗力、治疗虚证的作用，也称补养药或补益药。补虚药应做到四点：一是防止不当补而误补，犯“虚虚实实”之戒；二是避免当补而补之不当，不分气血，不别阴阳，不辨脏腑，不明寒热，盲目补虚，不仅收不到预期的疗效，而且还可能导致不良后果；三是扶正祛邪要分清主次，处理好祛邪与扶正的关系，从而达到“祛邪而不伤正，补虚而不留邪”之目的；四是注意补虚而兼顾脾胃。部分补虚药药性滋腻，过用或用于脾运不健者可能妨碍脾胃运化，应适当配伍健脾消食药而顾护脾胃。同时，补气还应辅以行气、除湿或化痰，补血还应辅以行血等。

（1）补气药　本类药物具有补益脏气，纠正动物脏气虚衰病理偏向的作用；但部分味甘的药物易致壅中，有碍气机运行而助湿滞，故对湿盛中满者慎用，必要时可辅以理气除湿之药。根据其作用侧重的不同，又可分为补脾气、补肺气、补心气、补元气等。常用药物有人参、党参、太子参、黄芪、白术、山药、甘草、大枣、刺五加、绞股蓝、红景天、沙棘、饴糖、蜂蜜等。

（2）补阳药　本类药物具有补充动物机体阳气，治疗各类阳虚病症的功效，也称助阳药或壮阳药。这类药物多温热燥烈，易伤阴，故阴虚火旺者忌用。常用药物有鹿茸、紫河车、淫羊藿、巴戟天、仙茅、杜仲、续断、肉苁蓉、锁阳、补骨脂、益智仁、菟丝子、沙苑子、蛤蚧、核桃仁、胡芦巴、韭菜子、阳起石、紫石英、羊红膻等。

（3）补血药　具有滋补生血，治疗动物血虚证的作用，也称养血药。补血药性多黏腻，故脾虚湿阻，气滞食少者慎用。必要时，应与健胃助消化的药物同用，或配伍化湿行气消食药，以助运化。常用药物有当归、熟地黄、白芍、阿胶、何首乌、龙眼肉、楮实子等。

（4）补阴药　具有滋养阴液，治疗阴虚证的作用，又叫养阴药或滋阴药。根据其功效的偏重不同，又可分为补肺阴、养胃阴、益肝阴、滋肾阴、补心阴药等，分别用于治疗肺阴虚、胃（脾）阴虚、肝阴虚、肾阴虚、心阴虚证。本类药多有一定滋腻性，脾胃虚弱，痰湿内阻，腹满便溏者慎重。常用药物有沙参、天冬、麦冬、百合、石斛、玉竹、黄精、枸杞子、墨旱莲、女贞子、黑芝麻、龟甲、鳖甲等。

13.收涩药

具有收敛固涩的作用，适用于自汗、盗汗、久泻久痢、遗精、滑精、遗尿、尿频、虚咳、虚喘，以及崩带不止等滑脱不禁之症的治疗。本类药性涩多易恋邪，故凡表邪未解、湿热所致的泄泻、血热出血，以及郁热未清者不宜使用，以免“闭门留寇”。根据其作用功能，本类药物又可分为固表止汗药、敛肺涩肠药和固精缩尿止带药。

（1）固表止汗药　具有固表止汗之功，常用于治疗气虚肌表不固，腠理疏松，津液外泄而自汗；阴虚不能制阳，阳热迫津外泄而盗汗。治自汗当与补气固表药同用，治盗汗宜与滋阴除蒸药共伍，以治病求本。实邪所致汗出，应以祛邪为主，非本类药物所宜。常用药物有麻黄根、浮小麦、糯稻根须等。

（2）敛肺涩肠药　具有敛肺止咳喘或涩肠止泻痢的作用，适用于肺虚喘咳、久治不愈或肺肾两虚、摄纳无权的虚喘证；或大肠虚寒不能固摄或脾肾虚寒所致的久泻、久痢。本类药酸涩收敛，痰多壅肺所致的咳喘不宜用；又具涩肠止泻之功，对泻痢初起，邪气方盛，或伤食腹泻者不宜用，以免关门留蔻。常用药物有五味子、乌梅、五倍子、罂粟壳、诃子、石榴皮、肉豆蔻、赤石脂、禹余粮等。

（3）固精缩尿止带药　具有固精、缩尿、止带，或甘温补肾之功，适用于肾虚不固所致的遗精、滑精、遗尿、尿频以及带下清稀等证的治疗，多与补肾药配伍同用，以求标本兼治。本类药酸涩收敛，对外邪内侵和湿热下注所致的遗精、尿频等不宜用。常用药物有山茱萸、覆盆子、桑螵蛸、金樱子、海螵蛸、莲子、芡实、刺猬皮、椿皮、鸡冠花等。

二、中兽药配伍与禁忌

1.清热中药配伍

（1）黄芩、黄连、黄柏　三者与栀子配伍组成黄连解毒汤，治疗猪丹毒、急性肠炎、菌痢及猪温热性疾病，效果好。黄连解毒汤加生石膏治疗猪丹毒，加桔梗、杏仁治肺炎和气喘，加白头翁、炒白术治仔猪副伤寒，加大青叶治仔猪白痢等，临诊疗效好。

（2）栀子　栀子与牡丹皮、生地黄、黄芩、蝉蜕、茯神、远志、赤小、天竺黄、钩藤、甘草配伍，组成丹皮地黄汤，治疗李氏杆菌病效果满意。栀子与淡豆豉配伍，清解并用、解肌发汗、发表透邪，对普通感冒和流行性感冒用之效果好；尤其是对动物外感初热用银翘散或荆防之类无效者尤佳，对热病后余热未清、躁扰不宁用之也佳。栀子与茵陈为伍，清热利湿效应大增，治疗动物湿热黄疸效果尤佳，如龙胆茵陈汤、茵陈五苓散、茵陈蒿汤等。

（3）连翘　连翘与牛蒡子配伍，对牙龈肿痛、口舌生疮、喉咙肿痛等效果好，酌加马勃和青黛其效果会更佳。连翘与蔓荆子治疗风寒之证，若酌加防风和荆芥穗用之更好；若证属风热，酌加菊花和桑叶，疗效会好。连翘与金银花配伍，对风热外感用之效果好。

（4）山豆根　山豆根与射干、板蓝根相伍，如强力咳喘宁等，治疗痰热郁结、咽喉肿痛、喉中痰鸣等症效果良好。

（5）夏枯草　夏枯草与浙贝母配伍，清肝火以解毒热、散郁结而消瘰疬，对瘰疬诸症用之尤佳，酌加海藻、昆布、生牡蛎疗效更好。夏枯草与蒲公英配伍，对胃、十二指肠炎症或溃疡效果显著；加紫花地丁，对乳房炎有良效；酌加忍冬藤、益母草、当归等，对子宫内膜炎有效。夏枯草与泽泻配伍，酌加石韦、补骨脂、车前子等，组成石韦解毒散，治疗传染性支气管炎效果好。

（6）龙胆草　龙胆草与柴胡、栀子配伍，对猪目赤肿痛用之效果好。龙胆草与黄芩酌加石膏、贝母、栀子等，治疗乳房肿大甚至继发乳痈的乳头风效果佳。龙胆草与钩藤加桑叶、菊花、金银花等组成经验方，治疗猪高热神昏抽搐、目赤肿痛乃至惊厥，有良效。龙胆草与青黛配伍，如当归龙荟丸，治疗外感内伤或饲养失调等引起的粪便燥结、精神沉郁、少食喜饮、疼痛不安、弓腰努责、排粪困难、触摸腹部可摸到肠中干粪球的猪热秘证，效果极佳；清瘟抗毒散治疗非典型性猪瘟并发附红细胞体病，效果佳。

（7）金银花　金银花与连翘配伍，清热解毒之功大增，消肿散结止痛效应明显。

2.促生长中药配伍

（1）麦芽与谷芽　两者配伍拌料喂猪，治疗僵猪效果好。山楂、麦芽、神曲，号称“三仙”，是消食导滞的最佳组方。

（2）陈皮　陈皮炒炭与沉香巧配伍，对胃胀和腹胀均有较好的疗效；若酌加台乌和香附，对腹胀甚者疗效更好。与诃子配伍，对咽喉发炎、声嘶喑哑用之效果佳；与厚朴相配，治胃肠气滞所致的脘腹胀满疼痛效果佳；与木香配伍，治疗猪脾胃气机呆滞而见肚腹胀痛、纳呆吐泻用之尤为适宜；与青皮配伍，治食积气滞、脘腹胀痛、食少吐泻效果佳；与枳实，对消化不良、脾胃不健、气机失调用之较好，对急慢性胃肠炎、胃和十二指肠球部溃疡用之效果佳；与竹茹配伍，如清暑解热汤，主治感暑热症效果佳。

3.补中益气药相伍

（1）黄芪　与防风相配，如玉屏风散，用于表虚易感风邪之病症效果佳；与防己配伍，利水消肿多用汉防己，祛风止痛与疗痹多用木防己。熟附子与大剂量黄芪一次性浓煎灌服，治疗脉微欲绝、四肢逆冷的休克效果佳。

（2）山药　与牡蛎配伍，适宜于动物脾肾阴亏、开阖失职之泄泻；与牛蒡子配伍，对动物慢性气管炎、支气管炎哮喘而属虚证者用之效果佳；与扁豆配伍，适宜于脾胃虚弱之水草迟细、四肢迈步乏力、慢性泄泻。

（3）白术　与槟榔配伍，可用于治疗猪脾虚运化不畅、气滞便秘与治疗仔猪贫血等。与苍术配伍，可用于治疗脾胃不健、纳运无常所致消化不良和食欲不振，或湿阻中焦、气机不利、呼吸不畅，或湿气下注、水走肠间之证见腹胀、肠鸣和泄泻等。与当归配伍，如当归芍药散，治疗母猪乳汁缺乏、拒绝哺乳等。

4. 中药十八反与十九畏

（1）中药十八反　本草明言十八反，半蒌贝蔹芨攻乌；藻戟遂芫俱战草，诸参辛芍叛藜芦。

乌头（川乌、草乌、附子）反半夏、瓜蒌（瓜蒌皮、瓜蒌仁、天花粉）、贝母（川贝、浙贝、伊贝）、白蔹、白芨。

甘草反大戟、芫花、甘遂、海藻。

藜芦反人参、西洋参、党参、苦参、丹参、南北沙参、玄参、细辛、赤芍、白芍。

（2）中药十九畏　硫黄原是火中精，朴硝一见便相争。水银莫与砒霜见，狼毒最怕密陀僧。巴豆性烈最为上，偏与牵牛不顺情。丁香莫与郁金见，牙硝难合荆三棱。川乌草乌不顺犀，人参最怕五灵脂。官桂善能调冷气，若逢石脂便相欺。大凡修合看顺逆，炮爁炙煿莫相依。

注：硫黄畏朴硝（芒硝、元明粉）；水银畏砒霜；狼毒畏密陀僧；巴豆畏牵牛；丁香畏郁金；牙硝（芒硝、元明粉）畏三棱；川乌、草乌（附子）畏犀角（广角）；人参畏五灵脂；官桂（肉桂、桂枝）畏赤石脂。

5. 妊娠禁忌

螈斑水蛭与虻虫，乌头附子及天雄，野葛水银暨巴豆，牛膝薏苡并蜈蚣，棱莪赭石芫花麝，大戟蝉蜕黄雌雄，砒石硝黄牡丹桂，槐花牵牛皂角同，半夏南星兼通草，瞿麦干姜桃木通，硇砂干漆鳖爪甲，地胆茅根与蔗虫。

这些药物多能引起动物流产，在临诊中应该慎用。实际上有可能引起流产的远不止这些药物，凡是活血化瘀、渗利、软坚散结、利水、泻下走窜、大寒、大热之品，妊娠动物均应慎用。

三、常用中西兽药配伍与禁忌

1.协同与增效配伍

（1）抗菌药　青霉素与金银花、鱼腥草、青蒿、板蓝根、蒲公英合用有协同作用，能加强青霉素对耐药金黄色葡萄球菌的抑制作用。灰黄霉素与茵陈合用，可促进前者在肠内的吸收而提高疗效。庆大霉素与枳实合用治疗胆道感染时，可降低胆道内的压力，提高庆大霉素的有效浓度，提高疗效。庆大霉素与硼砂合用也有增效作用。蟾酥、朱砂、公丁香可使异烟肼治疗淋巴结核的疗效明显增加。辛夷花、苍耳子、防风、白芷、黄芩、桔梗、半夏等与磺胺类药物合用，可提高其疗效。呋喃坦啶与山楂、甘草等合用，可收到增效减毒的效果。痢菌净或磺胺增效剂（TMP）与苦参、黄柏、蒲公英等合用，治疗痢疾有协同作用。

（2）抗寄生虫药　常山、柴胡与盐霉素合用可提高治疗猪球虫病的效果。酒石酸锑钾与法半夏、甘草合用，能减轻前者对胃肠道的刺激作用，并能解除平滑肌痉挛，起协同作用。呋喃丙胺与槟榔合用可以提高呋喃丙胺的驱虫效果。敌百虫与大黄合用，能增强对胆道蛔虫的驱虫效果。枸橼酸哌嗪与苦楝根皮合用，可以提高前者的驱虫效果。

（3）镇静药　氯丙嗪与地龙合用，可以减轻氯丙嗪对消化系统、肝脏的不良反应，减轻副作用。戊巴比妥与灵芝、山楂、香附合用，可产生协同作用。环己巴比妥钠与蝉蜕、秦皮、附子、丹参等合用，能产生协同作用。

（4）消化道用药　碳酸氢钠与广木香、高良姜合用，可以提高胃肠溃疡的治愈率。

2.降低疗效的配伍禁忌

（1）胃蛋白酶　大黄酸可吸附或结合胃蛋白酶而抑制其活性，故胃蛋白酶不可与大黄及其制剂（如牛黄解毒片、麻仁丸、解暑片等）合用；元胡、槟榔、硼砂等中的碱性物质可中和部分胃酸，降低胃蛋白酶活性。

（2）胰酶　山楂、女贞子、五味子、山茱萸、木瓜、乌梅等可提高肠道的酸性，使胰酶等酶制剂不能正常发挥作用，不宜配伍。

（3）乳酶生　黄连能使乳酶菌活力丧失，导致乳酶生等的功能丧失，不宜配伍。

（4）酶制剂　雄黄主要成分为硫化砷，而砷可与酶蛋白、氨基酸分子结构上的酸性基团结合形成不溶性沉淀，从而抑制酶的活性，降低疗效，故含雄黄的中成药（如冠心苏合丸、牛黄解毒丸、六神丸等）不宜与酶制剂配伍。血余炭、地榆炭、蒲黄炭、大黄炭、槐米炭、棕炭、十灰散等可吸附酶制剂使其药效降低，不宜配伍。

（5）活菌剂　具有抗菌作用的中药（如金银花、连翘、蒲公英、地丁、黄芩、黄连、黄柏、栀子、龙胆草、鱼腥草、穿心莲、白头翁、草河车等），可抑制益生菌的生长而降低其疗效，故不宜与活菌制剂（如乳酶生、乳康生、促菌生、克痢灵等）配伍。

（6）磺胺　神曲及其制剂可干扰磺胺类药物与细菌的竞争，使后者失去疗效，故不宜配伍。

（7）土霉素　铝离子可与土霉素结合生成不溶于水且难以吸收的铝络合物，故明矾、赤石脂等含铝中药不宜与土霉素配伍。镁离子可与土霉素结合生成不溶于水且难以吸收的铝络合物，故滑石、赤石脂、阳起石、伏龙肝、寒水石等含镁中药不宜与土霉素配伍。钙离子可与土霉素结合生成不溶于水且难以吸收的铝络合物，石膏、龙骨、牡蛎、乌贼骨、瓦楞子、阳起石，寒水石等含钙中药不宜与土霉素配伍。

（8）喹诺酮　铁离子与喹诺酮类药物的氧基和羟基结合生成螯合物，可导致喹诺酮类药物疗效降低，故禹余粮、代赭石、磁石、自然铜等含铁中药不宜与后者配伍。镁离子、铝离子可与喹诺酮类药物结合生成不溶于水且难以吸收的铝络合物，含镁含铝中药不宜与喹诺酮类药物配伍。

（9）抗生素　庆大霉素、红霉素等抗生素可抑制穿心莲有效成分的活性，使其疗效降低，故不宜与穿心莲及其制剂配伍。

（10）含钙、镁、铁等矿物质成分的中药及其中成药 石膏、石决明、瓦楞子、龙骨、牡蛎、止咳定喘丸、龙牡壮骨冲剂等中的多价金属离子能与四环素类、大环内酯类、异烟肼、利福平等药物分子内的酰胺基和酚羟基结合，生成难溶性的化合物或络合物而影响吸收，降低药效，故它们不宜配伍。

（11）含鞣质的中药及其中成药 五倍子、石榴皮、山茱萸、虎杖、大黄、黄连上清丸、牛黄解毒片、七厘散等中的鞣质可与四环素类、红霉素、克林霉素在胃肠道结合产生沉淀，降低四环素类、红霉素、克林霉素的生物利用度，故它们不宜配伍。

（12）丹参 铝离子可与丹参有效成分结合，生成不溶于水且难以吸收的铝络合物，故胃舒平等含铝西药不宜与丹参及其制剂配伍。维生素C可使丹参有效成分发生还原反应而失效或减效，故不宜与丹参及其制剂配伍。

（13）抗酸类西药 碳酸氢钠、人工盐等抗酸类西药可破坏芦荟、大黄、虎杖等中的大黄素、大黄酸、大黄酚等蒽醌衍生物，使其失去活性，两者不宜配伍。可与山楂、女贞子、五味子、山茱萸、木瓜、乌梅等酸性中药发生酸碱中和反应，使其疗效降低，不宜配伍；可破坏山药的淀粉酶，使其疗效降低，不宜配伍。

（14）含麻黄碱的中成药 如麻杏止咳露、止咳定喘丸、防风通圣丸等中的麻黄碱可使血管收缩，有升高血压的作用，不宜与降压药配伍。

（15）氢氧化铝凝胶、氨茶碱、碳酸氢钠、胃舒平等 这些药物与保和丸、六味地黄丸、肾气丸等同时服用时，会发生酸碱中和，使中药、西药均失去治疗作用，不宜配伍。

（16）奎尼丁、氯霉素 两者与茵陈、蛇胆川贝散（液）、哮喘姜胆片等形成络合物影响吸收，降低疗效，不宜配伍。

（17）牛黄解毒片 其中的钙离子与诺氟沙星可形成诺氟沙星-钙络合物，溶解度下降，肠道难以吸收，降低疗效，互相服用必须间隔2～3小时。

（18）麻黄碱　其具有中枢兴奋作用，与氯丙嗪、苯巴比妥等同用，则会产生药效的拮抗，不宜同用。

（19）枳实　其抗休克的有效成分N-甲基酰胺对羟福林主要作用于α-受体，而酚妥拉明为α-受体阻断剂，同用会使药效降低。

3.增加毒性的配伍禁忌

（1）芒硝、石膏、寒冰石、硫黄等含硫类中药，能增强磺胺类药物的血液毒性，引起硫络血红蛋白血症，不宜配伍。山楂、山茱萸、女贞子、五味子、乌梅、木瓜等含有机酸的中药，可使尿液酸性增加，引起磺胺类药物在肾小管中析出结晶，损害肾脏，不宜配伍。

（2）山楂、山茱萸、女贞子、五味子、乌梅、木瓜等含有机盐或有机酸的中药，可使尿液pH值下降，引起喹诺酮类药物在肾小管中析出结晶，损害肾脏；或可加强先锋霉素、利福平等具有肾毒性抗生素在肾小管中的吸收，从而增强其肾脏的毒性，不宜配伍。

（3）地榆、诃子、五倍子等含鞣酸的中药，可增强红霉素、四环素、利福平等具有肝毒性抗生素的毒性反应，甚至可引起药原性肝病，不宜配伍。

（4）庆大霉素与柴胡注射液合用，有引起过敏性休克的报道，应慎用。

（5）青霉素G与板蓝根、当归、穿心莲等注射液合用，有增加过敏反应的危险性，应慎用。

（6）麻黄、丹参等有促进去甲肾上腺素大量释放的作用，而痢特灵有抑制单胺氧化酶的活性使去甲肾上腺素不被破坏的作用，两者合用可导致血压升高和脑出血的毒性反应，不宜配伍。白酒及其制剂有增强痢特灵毒性反应的作用；参苓白术散（丸）可与痢特灵发生酪胺反应，使痢特灵毒性增强，轻者呕吐、血压升高，重者危及生命，不宜配伍。

（7）含有乌头碱、黄连碱、贝母碱的中药及制剂，如小活络丹、香莲丸、贝母枇杷糖浆等，可增加阿托品、咖啡因、氨茶碱等的毒性，出现药物中毒，不宜配伍。

（8）氨茶碱与麻黄及其制剂同服，药效不仅减低，且能使毒性增加1～3倍，引起呕吐、心动过速、头晕、心律失常、震颤等，不宜配伍。

（9）含莨菪烷类生物碱的中药及制剂，如曼陀罗、华山参、洋金花、颠茄合剂等，具有松弛平滑肌、减慢胃肠蠕动的作用，与强心苷类药物同用，可使机体对强心苷类药物的吸收和蓄积增加，易引起中毒反应，不宜配伍。

（10）含有糖皮质激素样物质的中药（如甘草及其制剂），与肾上腺素同用，可使胃溃疡发生率升高，不宜配伍。

（11）阿斯匹林与含酒类中药制剂同用，可引起胃黏膜屏障损伤和导致胃出血；与银杏叶制剂同用，可增加血小板功能的抑制，造成出血现象，不宜配伍。

（12）银杏叶制剂与乙酰氨基酚、麦角胺或咖啡因等成分的药物同用，会引起膜下血肿；与噻嗪类利尿剂同用，会引起血压升高，不宜配伍。

（13）洋地黄制剂与含钙较多的中药（如石肯、牡蛎、龙骨、乌贼骨、阳起石、瓦楞子等）同用，有增强洋地黄制剂毒性的作用，不宜配伍。

（14）敌百虫有抑制体内胆碱酯酶活性，使乙酰胆碱过量积聚，与槟榔同用，可使槟榔兴奋胆碱能节后纤维的末梢器官的作用增强而呈现副作用，甚或可导致中毒死亡，不宜配伍。

（15）氯丙嗪与曼陀罗、洋金花、天仙子等，都具有抗胆碱作用，合用可呈现副作用，不宜配伍。

（16）Br^-有抑制大脑皮层运动中枢的作用，且排泄缓慢；而朱砂及其制剂都含有汞离子，有抑制神经中枢作用，排泄亦转缓慢。两者合用可产生$HgBr_2$而增强毒性，不宜配伍。硫酸亚铁与朱砂及其制剂配伍，硫与汞生成HgS，毒性增强，不宜配伍。

（17）碘与汞发生反应，毒性增强，引起中毒，特别对眼睛毒性较大，故碘化钾不宜与朱砂配伍。

（18）维生素C可使含砷类中药中所含的无害五价砷转变为有剧毒的三价砷，导致砷中毒，不宜配伍。

（19）催眠镇静药，如甲喹酮、氯氮平、地西泮等，与桃仁、白果、杏仁等同用，会抑制呼吸中枢，损害肝功能，不宜配伍。

（20）保钾利尿药与富含钾的中药，如夏枯草、白茅根同用，可产生高血钾，引起血压升高，不宜配伍。

（21）低分子右旋糖酐与复方丹参注射液同用，因低分子右旋糖酐本身是一种抗原，易与丹参等形成络合物，可导致过敏性休克或严重的过敏症，不宜配伍。

（22）扑尔敏与含乙醇的中成药同用，易导致相互协同作用的中枢神经系统抑制，产生呼吸困难、心悸等，故不宜配伍。

四、猪病防治常用中兽药处方

1.促进生产性能

（1）肥猪散　贯众、何首乌各30克，麦芽、黄豆各500克为末，加食盐30克，混匀，每日混饲喂100克。驱虫、开胃、补养，主治猪食少、瘦弱、虫积。

（2）钩吻散　钩吻，洗净，晒干，粉末拌饲，或煎服，2克/千克体重，连用7～10天。行血散瘀、消肿止痛、开胃进食、杀虫扶壮，主治僵猪，也可用于催肥。

（3）僵猪散　生牡蛎、芒硝、山楂各10克，食盐、麦芽各5克，使君子3克，共为末，混饲内服，5～10千克猪5～10克。健脾开胃，催肥，主治僵猪。

（4）育肥散　何首乌、贯众、鸡内金、炒神曲、苍耳子各45克，炒黄豆150克，共为末，25克/日，早上拌饲喂服。驱虫扶正，进食育肥，主治猪生长迟滞、僵猪。

（5）双芽健猪散　大麦芽、谷芽各500克，苦参200克，为末拌饲，每次30～60克，每日早晚各1次。连服7～10天。开胃进食，主治僵猪。

2.防病治病

（1）银翘散　连翘、金银花各15克，桔梗、薄荷、牛蒡子、鲜芦根各10克，淡竹叶、荆芥各5克，生甘草、淡豆豉各5克。诸药加水1000毫升，煎取500毫升，去渣，候温灌服。1日服2剂。病不解者，可再服。不可煎得时间太长，肺药取轻清，过煎则味厚而入中焦也。主治温病初起，症见发热无汗或有汗不畅，微恶风寒，头痛口干，咳嗽咽痛，舌尖红，苔薄白或微黄，脉浮数。

（2）麻杏甘石汤　麻黄30克，杏仁45克，炙甘草30克，石膏120克，煎汤去渣，候温灌服，30～60克/（头・次）。辛凉宣泄，清肺平喘。主治表邪化热、壅遏于肺所致的咳喘。

（3）白虎汤　知母45克，石膏250克，炙甘草15克，粳米45克，水煎至米熟汤成，去渣温灌，50～100克/次。清热生津，主治阳明经证或气分实热证。

（4）增液承气汤　芒硝40克，玄参30克，麦冬、莲子心、生地黄各25克，大黄10克。后5味药加水1500毫升，一起煮取500毫升，去渣，候温加入芒硝，分2次灌服。主治热结阴亏证。症见燥屎不行、下之不通、脘腹胀满、口干唇燥、舌红苔黄、脉细数。

（5）清营汤　生地黄15克，水牛角、玄参、淡竹叶、麦冬、丹参、黄连、金银花、连翘（连心用）各10克。诸药加水1000毫升，一起煮取500毫升，去渣，候温灌服。主治热入营血证，症见温邪入营、体热神昏、舌红无苔、脉象细数。

（6）清宫汤　水牛角30克，元参心、连心麦冬各9克，竹叶卷心、连翘心各6克，莲子心2克。水煎服，主治温病邪陷心包、发热、神昏谵语者。

（7）犀角地黄汤　生地黄20克，白芍、牡丹皮各15克，水牛角10克。诸药加水1000毫升，煎取500毫升，去渣，候温灌服。主治实热引起的一切出血之证。症见衄血、便血、阳毒发斑、舌降、脉数。

（8）羚羊钩藤汤　山羊角5～15克（先煎），钩藤9克（后下），霜桑叶6克，川贝母9克，鲜竹茹10克，生地黄15克，菊花9克，白芍12克，茯神木10克，生甘草3克。水煎服。主治肝经热盛，热极动风所致的高热不退、烦闷躁扰、四肢抽搐甚至神昏、发为痉厥、舌绛而干、脉弦而数。

（9）黄连解毒汤　黄连、栀子各45克，黄芩、黄柏各30克，煎汤去渣，候温灌服，30～50克/（头·次）。泻火解毒，主治三焦热盛。

（10）青蒿鳖甲汤　鳖甲15克，细生地12克，丹皮9克，青蒿、知母各6克。水煎服。主治温病后期，邪伏阴分证。夜热早凉，热退无汗，舌红少苔，脉细数。

（11）清瘟败毒散　生石膏120克，水牛角60克，生地、栀子、连翘、知母各30克，黄芩、赤芍、玄参、桔梗、淡竹叶各25克，黄连、丹皮各20克，甘草15克，为末，开水冲调，候温灌服，50～100克/（头·次）。泻火解毒，凉血，主治热毒发斑，高热神昏。

（12）仙方活命饮　金银花、陈皮各45克，白芷、贝母、防风、赤芍、当归、甘草、炒皂角刺、炙穿山甲、天花粉、乳香、没药各15克，煎汤去渣，酒为引，候温灌服，40～80克/（头·次）。清热解毒、消肿溃坚、活血止痛，主治疮肿疔毒初起，证见红肿热痛、舌红苔黄、脉数有力。

（13）青蓝石膏汤　大青叶、板蓝根、生石膏各60克，芒硝80克，大黄30克。大青叶、板蓝根、大黄煎汤，石膏研细末与芒硝混合，用药液冲服。清热解毒、泻火，主治猪高热不退。粪便不干者，可去大黄、芒硝，加焦三仙、青皮、陈皮；气喘者，加百部、百合。

（14）白头黄柏散　白头翁、黄柏、秦皮各50克，黄连、金银花、连翘各30克，混匀粉碎，仔猪开食前，在哺乳母猪的饲料中添加每天1剂，连用3天；开食仔猪，10克/（头·天），连用7天。主治仔猪下痢。

（15）滑霍雄黄散　滑石15克，藿香11克，雄黄4克，为末，仔猪每次2～4克，调灌或制成舔剂服。清热利湿、解毒止痢。主治仔猪白痢。

（16）胃肠活　玄明粉3克，大黄2.5克，黄芩、陈皮、知母、神曲、牵牛子各2克，青皮、白术、木通、石菖蒲、乌药各1.5克，槟榔1克，为末，开水冲调，候温灌服，或拌饲服用。理气、消食、清热、通便，主治猪消化不良、食欲减少、便秘。

（17）二苓黄芪散　茯苓、猪苓、黄芪、地龙各25克，泽泻、木通、车前子、金银花、蒲公英、党参、白术、甘草、桂枝各20克，肉桂、当归各15克，粉碎混于50千克饲料中，连用10天。主治断奶猪水肿病。

（18）石膏知母散　石膏、知母、元参、柴胡、金银花、连翘、黄芩各30克，寸冬25克，桔梗、当归、赤芍、甘草各20克，粉碎混于50千克饲料中，连用10天。主治猪喘咳病。

（19）无名高热散　黄芪、白术、茯苓、泽泻、丹参、大青叶、连翘、甘草各30克，党参、桂枝、柴胡各20克，粉碎混入100千克饲料中，连用7天。主治猪无名高热并发胸膜性肺炎。

（20）益母散　益母草、地丁草各100克，车前草、夏枯草各80克，黄芩60克，黄连、香附子各50克，金银花、枳壳、陈皮、厚朴各40克，猪苦胆1个，醋200毫升，煎液加入稀饭中一次喂给，每天1剂，连喂3天；完全不吃的，煎液灌服，可改善食欲。主治母猪产后不食、子宫内膜炎。

（21）地骨茵陈散　地骨皮90克，茵陈60克，连翘40克，黄芩、黄芪，柴胡、贯众、栀子、花粉各30克，黄柏、木通、云苓、牛蒡子、桔梗各15克，黄连12克，粉碎拌料100千克，连用7天。主治猪附红细胞体病。

（22）大黄石灰散　大黄末、熟石灰（各等分），焙成粉红色。局部扩创，清除坏死组织，洗净后撒布本方药。功能止血，解毒，生肌。主治猪坏死杆菌病。

（23）石膏阿司匹林散　生石膏150克，复方阿司匹林（APC）片15片，为末，冷水调灌。功能是退热，主治猪发热。

（24）银花升麻合剂　金银花400克，黄芩300克，升麻300克，盐酸普鲁卡因10克，将金银花、黄芩、升麻捣成大块，煎沸2次，混合滤液，浓缩成糖浆状，加入普鲁卡因及0.3%苯甲酸（防腐用），用蒸馏水稀释成1000毫升。大猪每次5～15毫升，小猪1～5毫升，口服。散热解表、清化湿热、泻肺止咳，主治猪喉炎、肺炎、胃肠炎、尿路感染、无名高热。

3.驱虫中药

（1）万应散　大黄60克，槟榔30克，苦楝皮30克，皂角30克，黑丑30克，雷丸20克，沉香10克，木香15克，具有攻积杀虫之效，但本方药性猛烈，攻逐力极强，孕畜及体弱畜慎用。

（2）驱虫散　鹤虱30克，使君子30克，槟榔30克，芜荑30克，雷丸30克，贯众60克，炒干姜15克，制附子15克，乌梅30克，诃子肉30克，大黄30克，百部30克，木香25克，可用于驱杀胃肠道寄生虫。

（3）贯众散　贯众60克，使君子30克，鹤虱30克，芜荑30克，大黄40克，苦楝子15克，槟榔30克，具有下气行滞、驱杀胃肠道寄生虫的功效。

4.催情散

淫羊藿、阳起石、益母草各6克，当归4克，香附5克，为末，每次30～60克。催情，主治母猪不发情。

参考文献

REFERENCES

[1] 曾振灵.兽药手册.北京：化学工业出版社，2012.

[2] 郑继方.兽医中药学.北京：金盾出版社，2012.

[3] 刘富来，冯翠兰.兽用中草药方剂与猪病防治.广州：广东科技出版社，2009.

[4] 郑继方.兽医药物临床配伍与禁忌.北京：金盾出版社，2007.

[5] 罗超应.牛病中西医结合治疗.北京：金盾出版社，2008.

[6] 瞿自明.新编中兽医治疗大全.北京：中国农业出版社，1998.

[7] 甘孟侯，杨汉春.中国猪病学.北京：中国农业出版社，2005.

[8] 编委会.中华兽药大典.北京：北京科大电子出版社，2014.

[9] 杨志强.兽药安全使用知识.北京：中国劳动和社会保障出版社，2011.

[10] 吕慧序，杨赵军.猪场兽药使用与猪病防治.北京：化学工业出版社，2013.

[11] 王春璈.猪病诊断与防治原色图谱.北京：金盾出版社，2010.

[12] 陈怀涛.兽医病理学图谱.北京：中国农业出版社，2008.

[13] 崔治中，金宁一.动物疫病诊断与防控彩色图谱.北京：中国农业出版社，2013.

[14] 农业部.《高致病性禽流感防治技术规范》等14个动物疫病防治技术规范.2007.

[15] 农业部农医发［2007］10号《关于做好2007年猪病防控工作的通知》，2007.

[16] 农业部公告第278号《兽药国家标准和部分品种的停药期规定》，2003.

[17] 农业部公告第560号《兽药地方标准废止目录及禁用兽药补充》，2005.

[18] 农业部公告第168号《饲料药物添加剂使用规范》，2001.

[19] 农业部公告第176号《禁止在饲料和动物饮用水中使用的药物品种目录》，2002.

[20] 农业部公告第193号《食品动物禁用的兽药及其它化合物清单》，2002.

[21] 农业部公告第265号《进一步做好出口肉禽养殖用药管理工作》，2003.

化学工业出版社同类优秀图书推荐

ISBN	书名	定价（元）
26196	鸡病防治及安全用药	68
25590	鸭鹅病防治及安全用药	68
25608	猪病临床诊疗技术与典型医案	88
21960	牛病临床诊疗技术与典型医案	98
23925	肉鸡规模化健康养殖与疾病诊治指南	35
21860	鸡传染病形态学诊断与防控	45
21631	肉鸡饲养与疫病防控实用技术	25
20074	鸡常见病诊治彩色图谱	30
20139	猪常见病诊治彩色图谱	39
17523	羊病诊治原色图谱	85
16937	鸡病快速诊治指南	25
17388	犬猫寄生虫病	39
16863	宠物犬驯养与疾病防治	35
16576	畜禽疫病防治手册	29
15655	猪场兽药使用与猪病防治技术	29.8
13574	兽医临床外科诊疗技术及图解（上册）：家畜疾病	80
13575	兽医临床外科诊疗技术及图解（下册）：宠物疾病	128
14641	家禽病毒病的临床诊断与防治	18
13678	兽医临床病原微生物诊断技术及图谱	28
13717	兔病误诊误治与纠误	25
13788	商品肉鸡常见病防治技术	24
13728	猪病速诊快治技术	25

邮购地址：北京市东城区青年湖南街13号化学工业出版社（100011）

服务电话：010-64518888/8800（销售中心）

如要出版新著，请与编辑联系。

编辑联系电话：010-64519829，E-mail：qiyanp@126.com。

如需更多图书信息，请登录www.cip.com.cn。